개발학개론

개발학개론
: 연구와 실무를 위한 이론과 방법

초판 1쇄 발행 2022년 2월 22일

지은이 앤디 섬너 · 마이클 트라이브
옮긴이 권상철 · 김권호 · 신보람

펴낸이 김선기
펴낸곳 (주)푸른길
출판등록 1996년 4월 12일 제16-1292호
주소 (08377) 서울시 구로구 디지털로 33길 48 대륭포스트타워 7차 1008호
전화 02-523-2907, 6942-9570-2
팩스 02-523-2951
이메일 purungilbook@naver.com
홈페이지 www.purungil.co.kr

ISBN 978-89-6291-951-6 93980

International Development Studies: Theories and Methods in Research and Practice

개발학개론

연구와 실무를 위한 이론과 방법

푸른길

과거부터 현재까지 나를 지원해 준 친구, 가족, 동료들에게 감사를 전한다.

앤디 섬너

영국 서식스 개발연구소 특별연구원

나는 특히 아내 캐스린이 수년간 나를 지원하고 이해해 주었음을 인정하고 싶다. 개발학에서 첫 기회를 갖고, 엄격한 분석을 접할 수 있게 해 주신, 이후에 이스트앵글리아 대학교 개발학과의 명예교수가 되신 고 이언 리빙스턴 교수님께 감사하고 싶다.

마이클 트라이브

브래드퍼드 대학교 국제개발센터 명예 방문 수석 특별연구원,

스트래스클라이드 대학교 경제학과 조교

· 차 례 ·

박스

표

그림

서론

개발학은 독특한 업계이다.

Development Studies is an unusual enterprise(Corbridge, 2005: 1).

1. 이 책은 무엇을 다루는가?

이 책에서는 '개발학(Development Studies)' 또는 '국제개발(international development)' 분야의 연구와 지식을 다룬다.■1 지난 10~15년 동안 이 분야에 대한 관심이 증가하면서, 이제는 학교와 대학에서도 개발학을 주제로 다루는 다양한 수준의 강좌들이 개설되어 운영되고 있다. 하지만 같은 기간 동안 개발학이 가진 본질적인 특성 및 개발학 연구의 질과 엄격성에 대한 비판도 지속적으로 제기되어 왔다. 이는 곧 개발학에 대한 성찰로 이어져, 필자는 이 책을 통해 다음 두 가지 중요한 질문에 답하고자 한다.

i. 개발학이란 무엇인가?(즉 개발학의 초점, 목표 및 접근 방식은 무엇인가?)

ii. 개발학에서 연구의 엄격성은 어떻게 구현되는가?(즉 양질의 개발학 연구의 특성은 무엇인가?)

이 책의 주된 목표는 이 두 질문에 답하는 것이다. 첫 번째는 연구와 조사의 주제로서 개발학이 지닌 독특한 성격에 관한 질문이다. 그리고 두 번째는 각 연구의 단계에서 이용할 수 있는 분석 도구와 접근법, 그리고 정책과 실무에 적용 가능하도록 신뢰하고 정당화할 수 있는 연구를 구성하는 방법에 관한 질문이다. 그렇다고 이 책에서 최종 답을 내려 질문을 종결짓겠다는 것은 결코 아니다. 오히려 이 책을 통해 논의가 계속되길 바라며, 그 과정에 이바지하는 것이 우리의 목표이다. 그러기 위해 우리는 핵심 문제를 규명하고 이에 대한 가능한 답안들을 제시함으로써, 더 깊이 있게 설명해 보려 한다.

우리가 이 책을 쓰며 직면한 문제 중 하나는, 개발학의 주요 주제이기도 한 '세계의 지역을 어떤 방식으로 구분해야 하는가?'였다. 이 책의 제1장에서 다루듯이, 개발학은 세계의 빈곤 국가가 발전(큰 맥락에서 변화)하는 과정에 관한 것이지만, 여기서 활용하는 개념과 접근 방식은 중간소득국이나 고소득국과도 관련이 있다. 일관성을 유지하기 위해 이 책에서는 상대적으로 가난한 경우 '개발도상국', 상대적으로 소득이 높은 경우 '산업국'이라고 지칭했다. 제1장에서 조금 더 자세히 논하겠지만, 딱히 우리가 이 표현에 만족했다기보다는 더 나은 용어를 달리 찾지 못했기 때문에 활용했다. 21세기 초 현대사회에는 기본적인 공통 특성에 따라 국가들을 구분하여 설명하는 다양한 용어가 있지만, 이는 단순화의 오류를 반복한 결과일 뿐이다.

의미의 명료화가 필요한 또 다른 질문은 '엄격한 연구(또는 체계적인 연구)란 무엇인가?'였다. 제5장에서 어느 정도 확대해서 논의할 예정이나, 이 책에서 '엄격한(rigorous)'과 '체계적(systematic)'이라는 표현이 매우 자유로이 사용되었기 때문에 서론에서 먼저 정의를 내려 두는 편이 적절해 보인다. 본질적으로 대개는 두 단어를 호환해서 사용할 수 있는데, 두 단어의 의미는 다음 두 가지 측면과 밀접한 관련이 있다.■2 먼저 논리의 순으로 구분된 여러 단계를 순서대로 수행하는 연구와 조사의 절차적 측면과 관련된다. 물론 연구란 것이 수행 과정에서 앞뒤 단계를 오가는 과정을 반복하기 마련이다. 여기서 '절차'란 '연구 사이클'이라는 맥락으로 이해할 수 있다. 자세한 내용은 제5장의 2절에서 다루겠지만, 이 절차 중 가장 중요한 단계는 연구 문제를 명확히 하는 것이다. 두 번째 측면은 연구 중에 적절한 연구 방법론, 방법 및 기법, 데이터/정보('투명한' 출처 활용법 포함)를 활용하는 방법과 관련되어 있다. 연구와 조사가 체계적인 방식으로 수행되었다면, 당연히 그 결과나 산출물도 논리적일 것이다.

또한 우리는 이 책을 통해 학술 연구를 비롯하여 정책 연구, 조사, 평가까지 포함한 전반적인 개발학 연구와 그 방법론이 실제 개발 실무와 밀접한 관련이 있음을 강조하고자 했다. 이 책에서 연구의 '과학적' 성격에 대해 논의한 내용 일부가 일면으로 현실의 정책적 고민과 동떨어져 보일 수 있으나, 책 전반에 걸쳐 단순히 '학문적' 활동뿐만 아니라 '실천'에도 초점으로 맞추려 했다.

마지막으로 사회과학에서 개발학이 역할하는 수준도 쟁점이다. 이 책 전반에서 '개발학에서 수행되는 학술·정책 관련 연구, 조사, 분석이 다른 사회과학 연구와 차별성 있는 쟁점을 얼마나 포함하고 있는가?'를 반복적으로 묻는다. 이는 산업화 정도에 관계없이 모든 국가에 해당하는 질문이다. 이 의문의 답을 찾기 위해 노력한 결과, 개발도상국과 산업국 각각의 방식과 관행이 크게 중첩됨을 곳곳에서 확인할 수 있었다. 반복적으로 제기되는 또 다른 물음은 '개발학의 교차학문적 속성이 사회과학을 넘어 어디까지 확장될 수 있는가?'였다. 그 답을 찾으려면 매우 길고 긴 여정이 동반되어야 할 것이다. 농업, 환경, 보건 이 세 가지 주제만 놓고 보더라도 관련 연구 주제를 이해하려면 개발도상국과 산업국 모두에 적용할 수 있는 기술적 지식과 판단력을 가진 전문가의 참여가 필요할 것이다. 이는 여러 학문에 걸쳐 있는 사회과학 너머까지 확장되어야 함을 의미한다. 더욱 자세한 논의는 제3장의 3절과 4절에서 다룬다.

2. 이 책은 누구를 위해 쓰였는가?

이 책은 학술이나 실무 차원에서 개발학을 다루는 연구자와 대학원생을 위해 쓰여졌다. 의사결정에 필요한 연구를 계획, 실행, 검토하는 데 도움이 될 만한 자료를 찾는 국제개발 분야의 정책입안자, 비정부기구 및 공여기관 근무자, 전문 컨설턴트 같은 실무자들 역시 이 범주 안에 포함된다.

'개발 커뮤니티(development community)'가 지닌 가장 중요한 특성은 학술적이지 않은 실무자가 포함된다는 점이다. 표 1과 같이 학문/연구 기반 집단과 실무/정책 기반 집단을 명확히 구분할 수 있다면 편하겠지만, 사실 두 진영 사이의 경계는 매우 모호하다.■3 어떠한 시대적 상황에서 어떤 개별 경력을 가지는가에 따라 두 진영 사이의 경계를 양방향으로 오가는 일이 허다하다(Bernstein, 2005). 이 때문에 개발 커뮤니티는 '실용주의 사상가'와 '반성하는 행동가'로 구성되어 있어, 이 분야 진출을 꿈꾸는 학생은 아래 세 가지 핵심 역량을 갖출 필요가 있다는 주장도 존재한다(Woolcock, 2007: 57).

> '수사관'(자료 수집, 분석 및 해석), '번역가'(주어진 생각을 다양한 집단을 위해 재구성), 그리고 '외교관'(협상, 분쟁 조정, 거래)(Woolcock, 2007: 55).

개발 커뮤니티에 학술적이지 않은 집단이 포함된다는 점은 '연구를 실무로 연계'하는 측면에서 개발 커뮤니티가 가진 강점을 보여 준다. 하지만 연구와 실무가 분명히 구분되지 않는다는 점은 역으로 개발학 연구의 '엄격성'에 의문이

표 1. '개발 커뮤니티'의 전형적 기술

학문/연구 기반 집단	실무/정책 기반 집단
'남부'와 '북부' 국가의 대학, 기관, 싱크탱크의 연구자	노동조합, 비정부기구(NGO), 자원 단체, 교회/종교 단체, 기타 압력 집단/운동 단체, 국제 사업을 포함한 민간부문의 시민사회 단체
'남부'와 '북부'의 노동조합, NGO, 자원 단체, 교회/종교 집단과 같은 시민사회 조직의 연구 직원	'남부'와 '북부'의 언론에서 일하는 사람
'남부'와 '북부'의 KOICA(대한민국), DfID(영국), DANIDA(덴마크), GTZ(독일), USAID(미국)와 같은 여러 양자 간 공여기관을 포함한 정부나 공공기관의 연구자	'남부'와 '북부'의 KOICA, DfID, DANIDA, GTZ, USAID와 같은 여러 양자 간 공여기관을 포함한 정부와 공공기관의 정치인이나 관료
초국가기구(IMF, 세계은행과 같은 다국적기구와 UNDP, UNICEF, FAO, ILO, UNCTAD, WTO와 같은 그 부속기관)의 연구 직원	초국가기구(IMF, 세계은행과 같은 다국적기구와 UNDP, UNICEF, FAO, ILO, UNCTAD, WTO와 같은 그 부속기관)의 운영 직원

제기되는 주된 요인이었다. "담론 형성에 학자가 아닌 사람이 포함되면서, 개발학의 과학적 지위가 모호하다고 받아들이는 학자가 많아질 것이다"(Molteberg and Bergstrøm, 2000: 8). 또한 개발학 연구 다수가 응용적 특성을 가지고 있어, 연구의 엄격성에 의문을 불러일으키곤 한다. '변화 이루기'를 추구하는 규범적 특성도 부분적으로 이러한 의문을 제기하는 데 영향을 미친다. 그렇기에 이 책의 중심 주제는 개발학의 본질, 연구의 엄격성의 본질, 마지막으로 연구와 실천의 연계가 가진 본질을 파악하는 것이다. 이러한 이유로 이 책은 개발학의 각 요소를 실용주의적 관점에서 다루며, 지식을 활용하는 목적은 사회변화로 본다. 시작점이 이러하기에 누구의 지식이 중요하고, 지식에 대한 갈등은 어떻게 다루어야 하며, 우리가 '안다'고 생각하는 것이 우리가 지닌 편견, 가치, 가정에 어떻게 영향을 받는지와 같은 다양한 윤리적 문제를 다룰 것이다. 요컨대 지식과 발전의 본질은 그 자체로 논쟁적이다.

이 책의 '이력'에 관해서도 어느 정도 설명할 필요가 있어 보인다. 이 책은 개발학의 특성과 개발학 연구의 방법 및 엄격성을 주제로 2004년에 쓰인 두 편의 학술논문(Sumner and Tribe, 2004; Tribe and Sumner, 2004)에 그 뿌리를 두고 있다. 개발학 분야는 그 방법론, 연구 방법 및 기법에 대한 문헌이 이미 상당 수준 쌓여 있음에도, 개발학이 어떤 주제로 구성되었으며, 개발학의 학술 및 정책 분야 연구가 지닌 고유한 특성이 무엇인지 명확히 하지 못하고 있었다. 이 책의 출판사인 SAGE는 자체적으로 개발학의 연구방법론과 관련한 상당한 문헌 연구를 해 왔고(SAGE, 2007), 데사이(Desai)와 포터(Potter)가 편집하여 2006년에 발간한 책은 비교적 간략히 구성된 여러 장을 통해 다양한 주제를 개발학 연구와 관련지어 검토했다. 이러한 연구들과 달리 이 책은 개발학 분야 연구와 실무에 폭넓은 관점을 제시하고, 개발학의 '구성 학문(constituent discipline)'으로 인해 발생하는 방법론과 인식론적 문제를 더욱 상세히 논의하기 위해 발간되었다.

3. 저자는 누구인가?

개발학 연구자 또는 연구 집단이 늘 고민하는 한 가지를 꼽자면 '위치성' 혹은 '상황성'의 문제가 있다. 개인과 집단의 배경이나 정체성(인종, 젠더, 나이, 국적, 사회경제적 지위 등의 특성)이 직간접적으로 그들의 경험, 가치, 선입견, 이념, 해석, 연구에 영향을 미칠 수 있다. 이에 대해 개발학자인 하다드(Haddad)는 다음과 같이 말했다.

> 나는 경제학자이기 때문에 기술을 중시하고 복잡한 현실은 외면하는 경향을 학습을 통해 습득한 바 있고, 그러다 보니 비정치적이고 비역사적인 관점을 추구하곤 한다. 사회정의에 대한 걱정이 나의 정신 깊숙이 작용하고 있어 성장과 효용성이 저하되지나 않을까 늘 걱정한다(2006: 2).

이렇듯 위치성은 개발학에 가해진 수많은 비판의 핵심 논리로서, 개발학이 서구 또는 지역 엘리트의 사고방식을 가난하고 주변화된 타자에게 강요하고 있다는 비판을 제기한다. 이 책의 두 저자가 지닌 위치성 혹은 상황성은 (하다드처럼) 자신들의 전공인 경제학의 영향을 받았으나, 두 사람은 교차학문적(cross-disciplinary) 연구에 높은 관심을 가져왔다는 점에 차이가 있다. 이 책은 개발학이 여러 학문에 걸쳐 있고, 또 그래야만 한다는 익히 알려진 견해를 취한다. 추가로 두 저자 모두 영국인이고, 영국 기관에서 일했으며, 오늘날의 개발학이 대부분 그러하듯 후기 식민시대의 영향을 받아 왔다. 또한 둘 다 남자라는 사실은 불평등의 근본 차원 중 하나인 젠더 문제에 대한 그들의 이해에 영향을 미쳤을 것이다. 요약하자면 저자들은 자신의 배경과 경험이 이 책을 저술하는 과정에 불가피한 영향을 미쳤다는 점을 분명히 인지하고 있다. 아마 스스로가 지닌 인지의 한계를 인식하고, 반성적이고 열린 글을 써내는 것이 가장 어려운 과제였을 것이다.

4. 이 책은 어떻게 구성되었는가?

이 책은 서론에 이어 실질적으로 7개의 장으로 구성되어 있다. 각 장은 도입부 인용문에서 도출한 핵심 주제와 질문에 관한 기초적인 논의로 시작한다. 이 책의 구조는 베번(Bevan, 2006: 7-12)이 제시한 '지식의 기본 개념구조'을 채택하여 활용했다(표 2). 이 개념은 이 책 전반에서 일종의 안내도이자, 지식과 지식 생산의 의미를 고민하기에 유용한 점검표 역할을 했다.

제1장에서는 개발학의 핵심인 '개발' 자체가 지닌 논쟁적 속성에 대해 논의한다. 다음 제2장에서는 개발학의 목적으로서, 개발학의 규범적 출발점과 이로 인한 쟁점을 다룬다. 제3장은 '개발학으로 알 수 있는 것은 무엇인가?'라는 질문

표 2. 베번의 '지식의 기본 개념구조'

1. 연구의 초점, 영역, 또는 문제: 구체적으로 무엇에 관심을 가지는가?	• 제1장
2. 가치/관점/이념: 왜 관심을 가지는가?	• 제2장
3. 존재론과 인식론: 세계는 어떠해야 한다고 가정되는가? 세계는 어떤 방식으로 알려지는가?	• 제3장
4. 이론/개념의 틀과 모델: 연구의 목적을 어떻게 설명하고 이해할 수 있는가?	• 제4장
5. 연구 전략, 방법론, 연구 도구, 분석 방법 그리고 실증적 결론: '실제' 나타나고 있는 것을 어떻게 입증할 수 있는가? 연구로부터 어떤 결론을 도출할 수 있는가?	• 제5장
6. 화술과 실무: 어떤 방법과 기술이 개발학 현장에서 채택되어 사용되는가? 개발학 연구의 접근 방식이 개발 실무자에게 얼마나 적합한가?	• 제6장

출처: Bevan, 2005: 7-12.

에 중점을 두고, 지식에 있어 적합한 학문적 목표, 실천, 주장을 구성하는 것은 무엇인지 다양한 관점에서 탐구해 본다. 그리고 제4장에서는 이론적·개념적 틀로서 개발학이 품은 '큰 그림'을 그려 본다. 제5장은 개발학 연구의 엄격성, 방법론, 연구 방법 및 기술에 관한 장으로, '무엇이 실제로 일어났는가?'라는 질문에 개발학이 답할 수 있는 정도를 살펴본다. 다음 제6장은 개발학의 연구와 실무 간의 연계성에 관심을 기울이고,■4 마지막 제7장에서는 결론과 향후 전망을 제시하려 한다.

다시 한번 말하지만, 이 책의 목적은 결코 특정 쟁점에 관한 논쟁을 '종결'짓는 것이 아니며, 단지 개발학과 연구의 엄격성에 관해 다면적이고 복잡하게 진행되는 최근 논의를 제시하여 독자들이 향후 길을 찾는 데 도움을 주고 싶었을 뿐이다. 우리는 이 책이 개발학과 국제개발의 밝은 미래에 밑거름이 될 수 있는논의를 활성화하는 데 이바지하길 바란다. 그런 면에서 어떤 의견도 환영하니 저자인 앤디 섬너(a.sumner@ids.ac.uk) 또는 마이클 트라이브(m.a.tribe@bradford.ac.uk)에게 언제든지 연락해 주시라(물론 영어로!).

주

1. '개발'을 주제로 하는 연구는 여러 명칭을 활용할 수 있다. 전형적으로 '개발학(Development Studies)'은 교육 분야, '국제개발(International Development)'은 정책 및 실무 분야에서 주로 사용된다. 그 밖에도 '제3세계 연구(Third World Studies)', '세계 발전(World Development)', '지구적 관점(Global Perspectives)'과 같은 이름표를 붙이기도 한다. 일부에서는 빈곤 극복과 정책 관련 분야를 강조하는 현대 추세에 따라, '빈곤 연구(Poverty Studies)' 혹은 '정책 연구(Policy Studies)' 같은 표현이 더 적절하다고 제안한다(Apthorpe, 1999). 이 책에서는 개발학과 국제개발의 합성어인 '국제개발학(International Development Studies)' 명칭을 사용할 것을 제안했다. 다만, 본문에서는 주로 개발학이라는 용어를 활용했는데, 이는 가장 일반적으로 활용되는 명칭이기 때문이다.
2. 그러나 제5장에서 언급한 바와 같이 엄격하다는 표현은 다양하게 해석할 수 있다.
3. 그 밖에도 『2000년 세계개발보고서(World Development Report 2000)』 준비에 참여했다가 미국 재무부가 최종본에 검열을 시도하자 사임했던 라비 칸버(Kanbur, 2001)의 구분을 대안으로 사용할 수 있다(Wade, 2001). 그는 개발 커뮤니티는 '재무/금융 정부 부처'와 '시민사회' 그룹으로 구분할 수 있다고 제시했다. 칸버가 제시한 두 그룹의 주된 대조점은 시장구조에 대한 인식(재무 부처는 시장을 경쟁적으로 인지하나, 시민사회는 그렇지 않음), 분석 규모(재무 부처는 높은 수준의 총체적 분석을 요구하나, 시민사회는 그렇지 않음), 시간적 범위(재무 부처는 주로 중기적 목표에 집중하나, 시민사회는 단기 또는 장기적 목표를 설정함) 등의 차이를 들 수 있다.
4. 예를 들자면, 위치성은 제6장에서 다루는 내용과도 밀접히 관련되어 있다. 이 장에서는 개발학 분야의 연구, 정책 관리, 평가에서 일반적으로 (하지만 충분한 논의 없이) 사용되고 있는 다양한 연구 방법과 기술이 지닌 특성, 배경, 사례를 다룬다. 하지만 이 장에서 선택된 연구 방법과 기술 그리고 이들이 활용되는 맥락은 어쩔 수 없이 저자가 지닌 전문적 배경과 경험에 영향을 받았다. 만약 다른 배경과 경험을 가진 작가가 썼다면, 그 장은 아마 다른 방법과 기술이 전혀 다른 맥락에서 작성되었을 것이다. 이렇듯 제6장은 개발경제학자가 현장을 바라보는 관점에 편향되어 있을지 모른다. 하지만 이 책은 개발학이 지닌 교차학문적 특성에 따라 보다 넓은 관점을 채택했으며, 이에 따라 책에서 다루는 연구 방법과 접근 방식은 본문의 비교적 간략한 논의보다 훨씬 광범위한 맥락에서 활용될 수 있다는 점을 주장하고 싶다.

참고문헌

Apthorpe, R. (1999) 'Development studies and policy studies: in the short run we are all dead', *Journal of International Development*, 11: 535-546.

Bernstein, H. (2005) 'Development studies and the Marxists', in Kothari, Uma (ed.), *A Radical History of Development Studies*. London: Zed Books.

Bevan, P. (2006) *Researching Wellbeing across the Disciplines: Some Key Intellectual Problems and Ways Forward*. Wellbeing in Developing Countries (WeD) Research Group Working Paper 25. Bath, UK: WeD.

Corbridge, S. (2005) *Queuing, Complaining, and Photocopying: Notes on the (Im)possibility of Development Studies*. Paper presented at the Development Studies Association Annual Conference, Milton Keynes, UK. Available at www.devstud.org.uk

Desai, V. and Potter, R. (eds). (2006) *Doing Development Research*. London: Sage Publications.

Haddad, L. (2006) *Reinventing Development Research: Listening to the IDS40 Roundtables*. Paper prepared for IDS40 Conference, 'Reinventing Development Research', 20-22 September.

Kanbur, R. (2001) 'Economic policy, distribution and poverty: the nature of disagreements', *World Development*, 29(6): 1083-1094.

Molteberg, E. and Bergstrøm, C. (2000) *Our Common Discourse: Diversity and Paradigms in Development Studies*. Centre for International Environment and Development Studies, Agricultural University of Norway (NORAGRIC) Working Paper Number 20. Norway: NORAGRIC.

SAGE. (2007) *Sage Publications Catalogues (Books)*. Downloadable from http://www.sagepub.co.uk/books.nav

Sumner, A. and Tribe, M. (2004) *The Nature of Epistemology and Methodology in Development Studies: What do we Mean by 'Rigour'?*. Paper prepared for the DSA Annual Conference, Church House, London, 6 November. Available at http://www.devstud.org.uk/conference/workshops/3.2-devstud.htm

Tribe, M. and Sumner, A. (2004) *The Nature of Development Studies*. Paper prepared for the DSA Annual Conference, Church House, London, 6 November. Available at http://www.devstud.org.uk/conference/workshops/ 3.2-devstud.htm

Wade, R. (2001) 'Making the world development report 2000: attacking poverty', *World Development* 29(8): 1435-1441.

Woolcock, M. (2007) 'Higher education, policy schools, and development studies: what should Masters degree students be taught?', *Journal of International Development* 19(1): 55-73.

제1장

'개발'이란 무엇인가?

'개발'은 이론적·정치적으로 논쟁적인 개념으로서, 근본적으로 복잡하고 모호하다. … 하지만 최근 들어서는 개발기관의 역할 중 특히 빈곤퇴치와 새천년개발목표(Millennium Development Goals, MDGs)를 일컫는 의미로 한정되고 있다(Thomas, 2004: 1, 2).

1950년대와 1960년대의 개발 현장에 활기를 불어넣었던 '사람의 자유화'라는 비전은 점차 '경제의 자유화'라는 비전으로 대체되었다. '구조적 변화'라는 목표는 점차 '공간적 통합'이라는 목표로 대체되었고…. 경제와 사회의 장기적 변화가 지닌 역동성에 관한 관심은 사라지고, 단기적 성장과 재정 균형을 달성하는 것에만 주의를 기울이게 되었다. 이러한 비역사적 관점의 성과평가 방식은 후기근대적(post-modern) 개발정책 분석 방식이 반영된 결과로 해석할 수 있다(Gore, 2000: 794-795).

후기근대주의 접근법은 … 특정 자산을 다른 것보다 중시하는 경제적 이해관 속에 [빈곤과 발전에 대한 인식이] 사회적으로 구성되어 내재하게 된다고 보았다. 이렇듯 후기근대주의 방식은 경제와 빈곤을 해석하는 방식이 사회에 내재되어 있음을 공공연히 드러냄으로써, 빈곤한 사람을 낙인찍지 않고 이들이 지닌 정신적·문화적 자산을 인정할 수 있는 대안적 가치체계를 찾았다(Hickey and Mohan, 2003: 38).

개발 분야 문헌자료에서 보편적으로 등장하는 혼란 요소는 개발을 내재적이고 의도적이지 않은 과정으로 보는 관점과 … 개발을 의도적인 활동으로 보는 관점 사이의 불일치에서 발생한다(Cowen and Shenton, 1998: 50).

개발이 좋은 변화를 의미하는 것이 맞다면, 좋은 것은 무엇이고 어떤 변화가 중요한가에 대해 의문을 제기해야 한다. … 모든 개발의제는 가치판단적이다. … 좋은 일을 실천하려는 고민이 없다면 운명론에 암묵적으로 굴복하는 행위이다. 아마 바람직한 방식은 우리 개개인이 자기 생각이 일시적이며 틀릴 수 있음을 인지하여 그 생각을 반영하고, 분명히 표현하고 또 공유하는 것이다(Chambers, 2004: iii, 1-2).

[개발]은 좋은 삶에 대한 가치관 또는 그에 대안적 개념으로 정의되기 때문에, 획일적이거나 유일한 해답은 있을 수 없다(Kanbur, 2006: 5).

1. 서론

'개발학'의 초점은 어디에 있는가?[1] 그리고 우리는 구체적으로 무엇에 관심을 갖는가? 첫 장에서는 개발학에 대한 가장 근본적인 질문인 '개발이란 무엇인가?'에 대해 논의할 것이다. 서론에서 간략히 설명한 베번의 접근법(Bevan, 2006: 7-12)을 따르면, 이는 첫 번째로 '지식의 기초' 또는 '연구의 초점 및 주요 범위'의 단계라 할 수 있다.

그럼 본격적으로 도입부의 인용문부터 논의해 보자. 물론 위에 인용된 저자들만 특별히 개발의 의미에 관해 언급한 것은 아니며, 독자들에게 현재 존재하는 다양한 관점을 소개하기 위해 몇 명을 선별했다.

'개발'의 정의가 시간이 지남에 따라 점차 논쟁적이고 모호해졌다고 생각했다면, 이는 논의를 과소평가하는 행위이다. 토머스가 말했듯 개발은 처음부터 늘 경쟁적이고, 복잡하고, 모호했다(Thomas, 2004: 1). 우선 고어는 1950~1960년대의 개발은 구조적 변혁에 기초해 '사람의 자유화'라는 비전이 지배적이었다고 말했다(Gore, 2000: 794–795). 하지만 이러한 관점은 개발학 연구자들의 시야에서 점차 사라져 갔다. 두 번째로 토머스가 언급한 관점은 국제개발 공여기관이 받아들이는 정의라 할 수 있다. 이는 빈곤퇴치와 새천년개발목표(MDGs), 지속가능개발목표(SDGs)의 달성이라는 목적의식과 직결된다.

세 번째 관점은 히키와 모한(Hickey and Mohan, 2003: 38)이 포괄적으로 후기근대주의자(post-modernist)라 구분한 집단의 입장이다.■2 후기근대주의에 따르면 개발은 현실의 권력관계를 규정하는 구조화된 '담론'이다. 이는 담론이 특정 가치를 다른 것보다 중요한 것으로 규정하기 때문이다. 예를 들어, 물질주의적 관점에서 보았을 때 경제적 자산을 가지지 못한 사람은 열등한 것으로 해석된다. 하지만 '현실적 개발'의 측면에서 보면 정신적·문화적 자산을 더 높이 평가하는 대안적 가치체계가 새로운 담론이 될 수도 있다. 이러한 관점에서는 경제적 자산을 가지지 못한 사람도 상당한 자산을 소유한 사람으로 해석될 수 있는 것이다.

이처럼 다변화된 개념으로 인해 혼란이 발생하고 있다는 사실은 그리 놀랄 일도 아니다. 카우언과 셴턴(Cowen and Shenton, 1998: 50)은 한발 더 나아가 자본주의의 발전처럼 내재적(비의도적 또는 기본적)으로 발생하는 개발과 제2차 세계대전 이후 식민주의에서 벗어나 계획적으로 진행된 제3세계의 개발처럼 긴박하게(의도적 또는 자의적으로) 발생하는 개발을 구분한 바 있다.

그래도 개발에 대한 대다수 정의에서 공통으로 포함되는 주제가 있다면 다양한 측면에서 '인간이 처한 조건의 변화'이다. 사실 개발의 가장 간단한 정의는 체임버스가 말한 '좋은 변화(good change)'일 것이다(Chambers, 2004, iii, 2-3). 물론 체임버스도 인식하고 있듯이, 좋은 것은 무엇이고 어떤 변화가 중요한지, 그리고 이와 더불어 '나쁜 변화'도 발전의 형태로 볼 수 있는지는 추가적인 고민이 필요하다.

결국 '변화'라는 주제가 가장 중요하다고 볼 수 있다. 그렇지만 칸버가 획일적이거나 유일한 해답은 있을 수 없다고 했듯이(Kanbur, 2006: 5), 좋은 변화는 무엇인가에 대해서는 논쟁이 따를 수밖에 없다. 어느 개발 커뮤니티 일부에서만 크게 받아들여지는 국한되는 관점을 굳이 그 커뮤니티의 다른 사람이나 커뮤니티를 넘어 사회 전체에 공유할 필요는 없다.

이 장에서는 이러한 주제를 다루며 개발의 의미와 해석에서 다양성을 녹여내는 방안을 모색할 것이다. 2절에서는 개발에 대한 다양한 정의를 비판적으로 검토할 것이다. 3절에서는 다양한 정의에 따라 개발학의 범주(즉 '개발도상'국은 무엇인가)는 어디까지를 의미하는지 질문한다. 4절은 '개발'의 지표를 다루고, 마지막으로 5절에서 이 장의 내용을 요약한다.

2. '개발'이란 무엇인가?

이 절에서는 '개발'의 의미를 세 가지 관점으로 가정해 보고자 한다(그림 1.1). 개발 커뮤니티의 일부는 세 관점 중에 하나 이상을 무시할 수 있으나, 또 어떤 사람은 그것을 강력하게 옹호할 수도 있다. 각각 경쟁 관계에 있는 개념 사이 다양한 관점이 존재할 여지가 있고, 서로 다른 학파 사이에 개념이 중첩되기도 한다. 이렇듯 개발 정의에 관한 논쟁은 복잡한 양상을 띠지만, '개발'은

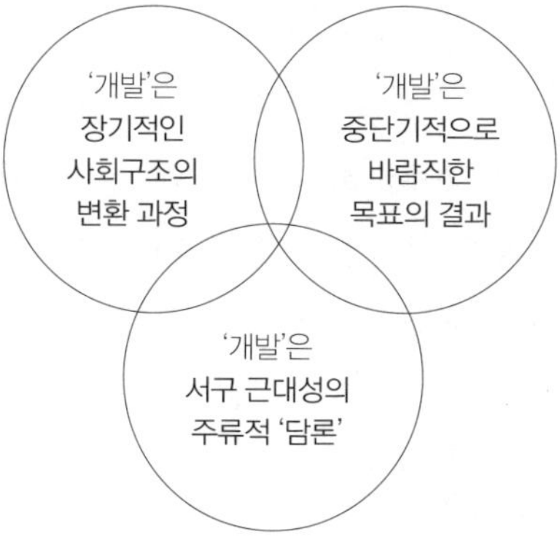

그림 1.1 '개발'이란 무엇인가?

다양한 측면에서 인간 사회의 지속적인 '변화'를 포함한다는 인식에는 대체로 동의한다. 개발을 구성하는 요소는 경제, 사회, 정치, 법, 제도, (물리·자연 과학, 공학, 통신 등을 포함한) 다양한 형태의 기술, 환경, 종교, 예술, 문화 등 너무도 다양하다. 아마 이 책을 읽는 독자 중 일부는 이마저도 그 범위가 너무 제한적이라고 느낄 수도 있다. 실제로 개발학은 '(사실 항상 그래 왔지만) 알아야 할 것이 너무 많다'라는 푸념이 들더라도(Corbridge, 1995: x), 이는 전혀 비판받을 만한 일이 아니니 걱정하지 말자.

필자는 '개발'의 정의는 세 가지로 구분된다고 주장한다(그림 1.1). 첫째는 역사적, 장기적, 그리고 상대적으로 가치중립적인 변화의 과정으로서 개발을 정의하는 방식이다. 둘째는 가치지향적이며, 정책과 연관되었거나 평가 및 지표에 기반을 둔 정의로, 새천년개발목표(MDGs)와 지속가능개발목표(SDGs)가 대표적인 예이다. 셋째는 자민족 중심적이고 이데올로기적인 서구식 정의에 문제의식을 느끼고 대안적인 개념의 가능성을 제기하는 후기근대주의식 정의이다.

1) 구조적 사회변화의 장기 과정으로서의 '개발'

첫 번째로 다룰 정의는 '개발'을 구조적 사회변화의 과정으로 개념화하는 관점이다. 토머스(Thomas, 2000; 2004)는 이러한 의미에서 개발을 "역사적 변환의 과정"이라 언급한 바 있다. 앞서 고어(Gore)의 설명에서 확인할 수 있듯이, 개발을 '구조적 변환' 혹은 '장기적 변환'으로 보는 관점은 특히 1950년대와 1960년대에 지배적이었다. 하지만 오늘날 이러한 정의는 학문 또는 연구 차원에서 강조되고 있을 뿐, (이미 서론에서 이야기했듯이) 실무자들에게는 그다지 중요하지 않아 보인다.

이 관점이 지닌 핵심 특징은 구조적 사회변화 과정에 초점을 맞추고, 역사적이며 장기적으로 전망한다는 점이다. 이는 주요 사회적 변화의 어느 한 측면이 다른 측면에도 강력한 영향을 줄 수 있음을 의미한다. 예를 들어, 보통 전통에서 근대로의 변천이라 표현되는 농업기반 사회에서 산업기반 사회로의 변화는 생산관계(즉 자본 소유와 노동 사이 관계)와 같은 사회구조의 변화에도 지대한 영향을 주었다. 곧 개발은 소유권, 생산조직, 기술, 제도 및 법을 포함한 사회경제적 구조 전반의 변화임을 뜻한다.■3

이렇게 개념화한다면, 개발은 다양한 사회경제적 변화를 다루는 폭넓은 관점과 연결될 수 있다. 어느 특정 목적을 추구하는 것이 아니므로 그 과정이 권위적일 필요가 없다. 마찬가지로 모든 사회가 거의 유사한 발전 과정을 밟을 것이라는 기대에 기반을 두고 분석하지도 않는다.

모든 국가는 시간이 지남에 따라 변하고, 일반적으로 경제성장과 사회변화를 경험한다. 이 과정은 수백 년에 걸쳐 나타났으며, 지금까지 논의한 맥락에 따르면 '개발'로 받아들여졌다. 그렇다고 이 관점이 개발을 의도적이거나 '좋은' 변화로만 연결 짓는 것은 아니다. 실제로 일부의 경우 개발은 위기 등 다양한 사회 문제를 수반했으나, 이 모두를 사회경제의 변화로 다루는 폭넓은 관점에서 개발의 일부로 포용할 수 있었다.

이 관점이 지닌 비권위적인 특성에도 불구하고, 냉전기에는 당시 개발학을 지배했던 '메타서사(meta-narrative, 이는 사회변화 이론을 무시하며, 제4장에서 자세히 다룬다)'로 지대한 반향을 일으켰다. 메타서사는 근대화나 저개발 탈출을 이상적인 사회변혁으로 단정하는 일종의 거대한 환상이었다. 이와 관련하여 여러 관점을 세분화할 수 있었지만, 일반적으로 신생 독립국을 산업국으로 전환하기 위해 저마다 고유한 방식을 처방하려 했다. 메타서사 이론들이 개발을 구조적 사회변화로 규정하여 큰 파급력을 보인 것은 분명한 사실이나, 1980년대 후반 이후에는 대중에게 설득력을 잃어 갔다. 메타서사 이론의 실패는 개발을 사회변화와 동일선에 놓고 정의하는 방식에서 벗어나는 경향 때문이라는 주장이 제기되었다(Hickey and Mohan, 2003: 4).

히키와 모한은 국제개발 연구에서 유의미한 성과를 만들어야 한다는 압박감으로 인해 기존의 정의가 점차 약화하고 도구적인 정의를 선호하게 되었다고 보았다(Hickey and Mohan, 2003)(이에 대한 더 상세한 논의는 제2장에서 다룬다). 장기적이고 폭넓은 관점은 큰 그림을 제시하기에는 유리하지만, 4~5년 주기 정부 정책이나 3년 주기 빈곤감소전략보고서(Poverty Reduction Strategy Papers, PRSPs) 등 단기에 초점을 맞추는 전형적인 개발 실무 영역에서 할 수 있는 역할은 제한적일 수밖에 없다.

2) 이상적 목표를 위한 중단기 성과로서의 '개발'

'개발'에 대한 두 번째 관점은 앞서 간략히 언급된 비판에서 유추할 수 있다. 이 두 번째 접근 방식을 토머스는 '점진적 변화의 비전 혹은 척도'라 칭했으며(Thomas, 2000; 2004), 고어는 이를 '실행 평가'라는 개념으로 연결 지었다(Gore, 2000: 794). 이 견해에 의한 개발 정의는 더욱 한정적이며, 기술주의적이고 도구적이다. 실제로 일부에서는 이러한 접근 방식이 과도하게 기술 중심적이라 비판하기도 한다. 기본적으로 이 관점에서는 개발을 중단기적 차원의 단순한 성과나 산출물 같은 실행 지표(performance indicator)를 성취하는 것으로 보고, 빈곤이나 소득수준의 변화 같은 실제 목표를 기준으로 그 정도를 측정 및 비교하려 한다. 이처럼 도구적 요소를 상당히 포함하고 있어 개발기관 중 특히 국제개발기구의 실무자들이 선호한다.■4 일반적으로 활용되는 중단기적 빈곤감소목표, 특히 새천년개발목표(MDGs)와 지속가능개발목표(SDGs)가 이제는 OECD(경제협력개발기구), UNDP(유엔개발계획), 세계은행 같은 국제기구와 그 밖에 양자 원조기구의 의사결정에서 중요한 역할을 하고 있다.

두 번째 관점의 주요 특징은 변화의 성과에 초점을 맞추어 상대적으로 단기적이라는 점으로, 고어와 같은 일부 연구자들은 이를 '비역사적'이라 칭했다. 개발 커뮤니티 중 학문기반 집단은 이러한 정의 방식이 관료적이고 국가적인 목표나 목적을 가정하기 때문에, 개발의 혜택을 필요로 하는 많은 사람에게까지 공유되지 못할 수 있다는 점을 문제시하곤 한다. 이는 보편적 가치와 특성에 따라 사람들의 삶에 무엇이 좋은지 고민할 때 국가주의적인 논리가 개입될 수 있음을 의미한다. 이 때문에 개발의 주인 의식은 정부나 국가보다는 개인, 특히 빈곤층의 관점에서 문제로 지적된다. 다시 말하면, 개발에 대한 두 번째 접근 방식은 그 맥락 속에 누구의 목적과 가치가 반영되었는지, 그리고 그 목적을 민주적으로 표현하며 시민사회의 효과적 참여를 전제하고 있는지가 이슈이다. 이 주제는 빈곤감소전략 프로그램의 국가별 사례연구를 다룬 부스(Booth, 2004)의 책에서 더 자세히 논의된다. 이러한 단기적이고 도구적인 개념을 따른다면, 개발이 고어가 강조했던 사회변혁의 장대한 비전을 잃고, 사회경제 구조와 사회관계 및 정치로부터 분리될 수 있다는 우려가 존재한다. 예를 들어, 해리스는 이 분리 현상에 대해 아래와 같이 주장했다.

부의 축적과 배분의 사회 과정에서 … 탈정치화가 [진행되고 있다]. … [지금 필요한 것은] … 개인적인 박탈에 대한 설명이 아닌 불평등, 권력의 배분, 부와 기회 등 사회현상에 대한 설명으로 전환하는 것이다(Harris, 2006: 5).

이는 개발 분야 연구가 지나치게 기술주의적 접근을 취함으로써 개발을 탈정치화시킬 수 있다는 우려를 보여 준다(Ferguson, 1994: 19). 오로지 빈곤(혹은 이전 경우 경제성장)에만 초점을 맞춤으로 인해, 개발이 지닌 중요하고 영향력 있는 다른 측면을 간과할 수 있다는 점 역시 우려된다.

3) 서구 근대화라는 지배적인 '담론'으로서의 '개발'

개발에 대한 세 번째 정의 방식은 이전 두 관점과는 근본적으로 다른 접근 방식을 취하기 때문에 직접적인 비교가 어렵다. 따라서 이전 두 가지 정의 방식보다 더 주의 깊게 살펴볼 필요가 있다.

앞서 두 가지 관점의 특징은 각각 변화의 비전과 결과에 기초하여 개발을 정의한다는 점이었다. 이에 비해 세 번째 정의 방식은 서구 사회가 자민족 중심의 관점을 제3세계에 강요하여, '나쁜' 변화와 결과를 초래했다는 주장에 근거한다. 이는 개발의 '후기근대주의(post-modernism)'식 정의라 칭해지며, 그 밖에도 후기개발주의(post-development), 후기식민주의(post-colonial-ism), 후기구조주의(post-structuralism) 등의 표현으로 불리곤 한다(이에 대한 세부 논의는 제3장에서 다룬다).

세 번째 관점은 제2차 세계대전이 끝난 후 개발이라는 이름으로 의도적으로 진행된 일련의 과정에 대한 반작용이었으며, 그 시작은 1949년 미국 트루먼 대통령의 선언에서 촉발되었다.

우리의 과학적 진보와 산업화의 혜택을 미개발 지역의 개선과 성장을 위해 이용할 수 있도록, 대담하고 새로운 프로그램을 시작해야 합니다(Esteva,

1992: 6에서 인용).

'후기근대주의' 접근은 개발을 새롭게 정의했다기보다는, 연구자, 실무가, 그리고 원조기관을 포함한 당대 '개발 산업'에 대한 일종의 정면 도전으로 보아야 한다. 아래 박스 1.1의 '후기근대주의' 관점에 대해 정리된 내용을 참고하기 바란다.

후기근대주의 접근에 누구보다 가장 큰 영향을 준 사람은 미셸 푸코(Foucault, 1966; 1969)였다. 그의 방식에 따르면, 특히 후기근대주의자들에게 있어 개발(과 빈곤)은 결코 담론(일련의 사고, 개념, 이론) 외적으로 존재할 수 없

박스 1.1

개발의 후기근대주의적 정의

[개발은] 제3세계를 생산하고 관리하기 위한 장치였다. … 제3세계에 관련된 진실의 생산을 구조화하여 … 현실을 식민화했으며, 이것이 곧 현실이 되었다. … 1950년대 수많은 이론가와 정치인들이 제시한 풍요의 왕국 대신, 개발의 담론과 전략은 대량의 저개발과 빈곤화, 무수한 착취와 압제를 양산했다. … 대다수 개발은 하향식, 자민족 중심, 기술중심주의 접근 방식을 택하여 사람과 문화 같은 추상적인 개념과 과정을 도표상에서 오르내리는 통계수치 정도로 취급했다. … [개발에 대한] 담론은 분석하고 해결해야 하는 문제들을 실제로는 스스로 만들어 내고 있다(Escobar, 1992: 413-414, 419; 1995: 4, 44-45).

오늘날 개발에 관한 사람들의 인식은 황폐한 지성과도 같다. 그 그늘은 우리의 시야를 가리고 있고 … 망상, 실망, 실패와 범죄만이 꾸준히 함께하여, 입을 모아 개발이 제대로 역할하지 못하고 있음을 증명하고 있다. … 무엇보다도 개발을 높이 날아오르게 했던 희망과 바람은 이제 고갈되어 쓸모없게 되었다(Sachs, 1992: 1).

개발은 약탈과 폭력을 덧씌운 이름표이며, 선별의 장치이다(Alvares, 1992: 1).

빈곤은 특정 문명이 만들어 낸 미신이고, 구성품이며, 발명이다(Rahnema, 1997: 158).

문화적으로 인지된 빈곤이 꼭 실제 물질적인 빈곤을 의미하는 것은 아니다. 박탈당하고 있는지를 기준으로 보면, 자급자족하는 생계 경제는 전혀 가난한 것이 아니다. 그런데도 개발은 이를 가난하다고 규정한다(Shiva, 1988: 10).

으며, 오로지 담론을 통해서만 그 실체를 인지할 수 있다. 즉 그 어떠한 '객관적 실체'도 존재할 수 없다. 이러한 '담론'적 접근 방식에 대해 다음과 같이 설명할 수 있다.

> 사람들은 그들 자신이나 다른 사람을 표현하기 위해 어떤 언어나 이미지를 사용할지 검토한다. 이때 주목하는 점은 이러한 이미지의 기저에는 어떤 권력관계가 자리 잡고 있고, 어떻게 재생산되는가이며, 그것의 사실 여부보다는 사회적·정치적·경제적으로 어떤 영향을 주는지에 맞추어져 있다. … 현실을 정의하는 힘은 권력의 중요한 요소이며, 특정 집단을 침묵시키고 억압하는 주된 수단이 되곤 한다(Booth et al., 2006: 12-13).

첫 번째 개발의 정의 방식은 사회변화를 인식하는 두 가닥의 폭넓은 견해로 구성되는데, 하나는 규범적 견해이며, 다른 하나는 비규범적 견해라 볼 수 있다. 규범적 견해는 '근대화'를 대부분 국가가 장기적으로 달성해야 할 이상적인 모습으로 상정하고 있다. 여기에는 정치학(Apter, 1967)과 경제학 혹은 경제사학(Rostow, 1960) 분야의 연구가 크게 공헌한 개발이론이 영향을 미쳤다. 다른 하나는 후기근대주의자들이 주장하는 것처럼 개발에 관한 앞선 두 가지 정의 방식이 일부 사람과 국가를 다른 더 '발전'한 국가보다 '열등'함을 암시한다고 지적하는 견해이다. 후기근대주의자들은 개발의 개념과 담론을 만드는 사람의 기저에는 열등과 우등이라는 요소가 내재한다고 보고 있다. 생산기술 측면에서 농촌 공동체에 대해 갖게 되는 후진적 인상이 대표적인 예이다. 실제로 후기근대주의자들은 우월한 상황으로 표현되는 근대성이라는 담론과 개발을 동의어로 정의하는 형태를 중점적으로 비판했다.■5 이러한 담론은 남부국가들이 가지지 못한 자산에 사회적 가치를 부여하여 남부국가를 '열등'한 곳으로 전락시켰다.■6 전통적이거나 비근대/비서구적인 의약품, 그 밖에 사회 산물들이 열등한 존재로 인식되는 것이 그 예이다. 이러한 사고를 발전시킨 에드워드 사이드(Edward Said)는 서구 사회가 만든 '제3세계'라는 정치적 · 지적 표상이 '오리엔탈리즘(orientalism)'이라는 개념으로 제3세계를 종속시키는 데 핵심적인 역할을 했다고 주장했다(박스 1.2 참조).

개발에 대한 후기근대주의적 정의 방식을 비판하는 이들은 후기근대주의가 가진 허무주의적 인식, 심각한 궁핍을 문화적 자율성이라 믿는 착각, 낭만화된 '고귀한 야만성', 남부국가의 모든 사회운동을 해방적이라 보는 성급한 가정 등에 주목한다(더 세부적인 논의는 Kiely, 1999; Parfitt, 2002; Pieterse, 2000을 참조). 또한 후기근대주의자는 그들이 처한 내적 모순에 대해서도 고민해야 했는데, 푸코는 이를 '수행적 모순(performative contradiction)'이라 칭한 바 있다. 더 구체적인 예로 설명하자면, 사람들이 담론을 통해서만 현실을 인식할 수 있다면, 후기근대주의 같은 특정 설명 방식이 다른 방식보다 가

박스 1.2

에드워드 사이드와 '오리엔탈리즘'

에드워드 사이드(Said, 1993; 1995)가 공헌한 핵심 개념은 바로 '오리엔탈리즘'이었다. 그는 서구의 소설, 인류학 문헌, 기행문, 오페라, 미디어 등 다양한 자료를 분석하여, 서구 제국주의를 서구 문화와 연결 지었다. 그의 주장에 따르면, 제3세계에 대한 서구의 문화적 재현과 종속 방식이 서구의 문학작품(찰스 디킨스, 제인 오스틴, 헨리 제임스, 토머스 하디 등의 명저)과 현재의 제3세계 언론에 의해 재현되어 널리 퍼져 있다. 그리고 그 재현 방식은 결코 중립적이지 않으며, 권력의지의 욕심이 담겨 있다.

> 오리엔탈리즘은 유럽의 문화가 정치적, 사회적, 군사적, 이념적, 과학적, 망상적으로 오리엔트를 관리할 수 있도록 만든 체계적인 규율이다(1995: 3).

'오리엔트'는 모든 제3세계 또는 비서구 사회와 동의어로 사용된다. 이에 따라 후기 식민시대의 작가, 특히 후기개발주의 작가들은 자신들의 활동으로 인해 지식인과 개발 종사자들이 식민주의적 지식을 재생산하거나 악화시키도록 유도하여, 결국 개발도상국의 주변화에 침묵하게 할 수 있음을 명심해야 한다.

치 있다 주장할 수 있는지 의문이 생길 수밖에 없다. 모든 설명은 동일하게 '사회적으로 형성된' 것일 테니 말이다.

3. 개발학의 범위

1) 개발학과 '제3세계'

개발을 정의하는 모든 방식이 개발학의 연구 범위를 규정하고, 개발도상국의 정의를 확립하는 역할을 한다. 역사적으로 개발학은 제3세계로 분류되는 개발도상국에 주로 초점을 맞추어 왔으나, 사실 제3세계의 의미는 명확히 정의된 적이 없다.■7 제3세계는 냉전 시기 미국과 소련 그 어느 편에도 가담하지 않고자 1955년에 출범한 '비동맹운동(Non-Aligned Movement)'과 관련 있는 1950, 1960년대의 신생독립국가를 포괄적으로 묶은 개념이다. 또한 1960년대에 UNCTAD(유엔무역개발회의)에서 형성된 77그룹(G77)이라는 연합체도 제3세계의 성립과 밀접한 관련이 있다.■8 하지만 제1세계(산업국)와 제2세계(공산주의 블록)의 구분이 명확하던 냉전기에 만들어진 제3세계라는 용어는, 냉전의 종식과 함께 그 명칭에 대해서도 의문이 제기되고 있다. 이 용어의 사용 자체가 개발도상국과 선진국은 질적으로 구분됨을 암시한다는 것이다.

이러한 개발이라는 개념의 입지로 인해, 개발학의 범위가 절대빈곤율이 높거나 1인당 국민소득이 낮은 등 가난한 국가로 한정되는 경향이 있다. 이는 빈곤감소와 소득 증진 같은 중단기적 목표와 성과물에 관심을 기울인다는 점에서 앞서 다룬 개발의 두 번째 정의와 일맥상통한다. 실제로 제3세계 혹은 개발도상국이라는 용어를 사용하는 것 자체가, 개발도상국과 선진국 사이에는 완연한 차이가 있어서 직접적인 비교가 불가능함을 암시한다. 탄자니아의 전 대통령이자 남부국가위원회(South Commission)의 의장이었던 줄리어스 니에레레(Julius Nyerere)는 개발도상국들이 보유한 공통점은 그들의 차이점을 아득히 초월한다고 주장했다. 대표적으로 대부분의 개발도상국은 식민 지배를 당했던 경험을 공통적으로 가지고 있다(Toye, 1987). 하지만 제3세계가 과연 적합한 용어인지, 그리고 제3세계에 포함된 국가 간 이질성이 지닌 중요성 등은 여전히 논쟁의 소지가 있다(박스 1.3에서 세부적인 내용을 볼 수 있다). 후기근대주의자는 어떠한 명칭이든 암묵적 또는 명시적으로 개발도상국은 열등하다는 의미를 내포하고 있고, 이는 곧 선진국에 의한 통제의 필요성으로 연결된다고 주장한다. 요컨대 후기근대주의자가 주장하는 '개발 담론'의 기능은 사람들을 통제하기 위해 그들을 문제의 소지가 있는 범주로 구분하는 것이다[푸코는 이를 통치성(governmentality)이라 불렀다]. 이 때문에 후기근대주

박스 1.3

개발도상국을 칭하는 일반적인 용어와 그에 대한 비판

- 개발도상국(developing country): 지나치게 반사실적(counterfactual)이거나 낙관적인 용어
- 저개발국(less developed country): 열등함을 시사하는 경향이 강한 지나치게 자만적인 용어
- 저소득국(low income country): 지나치게 경제 중심의 결정론적 용어
- 남부국가(the South): 지리적으로 완벽히 구분되지 않으나, 1980년 브란트위원회(Brandt Commission)와 1990년 남부국가위원회에 의해 사용된 용어
- 다수의 세계(majority world): 세계 인구의 80%를 차지하는 국가를 의미하는 지나치게 일반적인 표현의 용어
- 후기 식민사회(post-colonial societies): 식민 지배에서 해방된 국가들을 이르나, 수백 년 전에 독립한 국가들마저도 식민주의 프레임을 씌우는 경향이 있어, 역사적으로 지나치게 결정론적인 용어
- OECD 비회원국: OECD의 회원국이 아닌 국가들을 이르나, 근본적으로 OECD는 산업국의 경제적 이익을 대변하는 기구임

박스 1.4

국제개발기구가 사용하는 국가 구분

개인소득이 낮은 국가

세계은행(World Bank)은 2005년 1인당 국민총소득에 기초하여 국가군을 구분했다. US$875 미만은 저소득국, US$875에서 US$3,465는 중저소득국, US$3,466에서 US$10,725는 중고소득국, 그리고 US$10,726 이상은 고소득국이다(World Bank, 2006: 285).

'인간개발'이 낮은 국가

UNDP(유엔개발계획)는 교육, 건강, 소득을 기준으로 산정되는 복합지표인 유엔(UN)의 인간개발지수(Human Development Index)에 근거하여 상위, 중위, 저위 인간개발 국가군을 그룹화했다(UNDP, 2007: 393-399, 413).

'최저개발' 국가

UNCTAD(유엔무역개발회의)는 세 가지 요소를 기준으로 최저개발국(least developed country)을 선정했는데, 그 세 요소는 ① 2002~2004년의 3년 평균 '1인당 국민총소득', ② 영양, 아동 사망률, 학교 재학률, 성인 문해율을 포함한 '인적 재원 지수', ③ 농업생산의 불안정, 자연재해로 인한 인구이동, 수출 불안정, 수출과 국내총생산 중 농업 비중, 경제적 왜소도(인구 7500만 미만)와 소외도 대용 지표를 포함한 '경제 취약성 지수'이다(UNCTAD, 2006: 25-32).

의자들은 개발학이 간섭을 정당화하기 위해 이러한 문제의 소지가 있는 범주를 만들어 냈다고 맹렬히 비난한다(제2장에서 더 세부적으로 다룬다).

국가를 구분하는 다양한 기술과 표현 방식이 문헌에 등장하는데, 발전하는 중인 국가를 의미하는 개발도상국(developing country)과 그렇지 못한 최저개발국(least developed country)의 구분의 예에서 볼 수 있듯이, 대부분 '좋은 변화'를 경험한 국가와 그렇지 못한 국가의 의미로 구분하는 경향을 보인다(세부적인 내용은 박스 1.4를 참조). 또한 경제적인 요소를 중요시한다는 점 역시 이러한 구분 방식의 특징이다.

이 복잡성을 대변하듯 오늘날에는 NICS, MIC, BRICs 등 개발도상국을 분류하는 다양한 약어가 사용되고 있는데, 이들을 박스 1.5에 정리해 보았다. 조

국제개발과 관련된 머리글자 약어	박스 1.5
BRICs	브라질, 러시아, 인도, 중국(Brazil, Russia, India, China)
BRICET	BRIC+동유럽, 터키(Brazil, Russia, India, China, Estern Europe, Turkey)
HIPC	고채무빈곤국(heavily indebted poor country)
LDC	저개발국(less developed country)
LIC	저소득국(low income country)
LICUS	곤경에 처한 저소득국(low income country under stress)
LLDC	내륙개발도상국(land-locked developing country)
LMC	중저소득국(lower middle income country)
MIC	중간소득국(middle income country)
NICs	신흥공업국(Newly Industrializing Country)
UMC	중고소득국(upper middle income counry)

금 더 자세히 설명하자면, '곤경에 처한 저소득국(LICUS)'이란 낮은 1인당 소득뿐만 아니라 정부 시스템도 취약한 국가를 의미한다.

1990년 이래에는 '체제전환국(transition country)'이 새로운 국가 구분으로 추가되었다(World Bank, 1996). 이는 동유럽처럼 구소련의 가맹국이었던 국가들과 중국, 몽골, 베트남, 캄보디아, 라오스처럼 계획경제 체제에서 부분적으로 시장경제 체제로 전환한 국가들을 칭한다.

그 밖에도 분쟁 상황, 에이즈(HIV/AIDS) 감염률, 원조의존성(국내총생산 중 원조의 비중: 0.2% 클럽과 20% 클럽) 등 다양한 범주에 따라 국가를 분류하고 있다.■9

2) '제3세계'를 넘는 개발학

개발학의 관심 분야는 개발도상국에 국한되지 않는다. 빈곤과 부는 모든 나라에 존재하기 때문이다. 중국은 세계 최대의 경제 규모를 자랑하지만, 빈곤율 역시 높다. 마찬가지로 고소득국에도 불평등이 존재한다는 점은 개발도상국 내 빈곤퇴치 프로그램을 분석한 정책 연구가 고소득국과도 관련되어 있음을 의미한다. 21세기가 막 시작될 무렵 영국 글래스고 칼턴(Calton) 지역의 기대수명은 고작 53.9세로 오늘날 다수 개발도상국의 평균 기대수명보다 낮은 상태였다.[10] 이렇듯 인구와 기술 변화로 인한 사회경제적 파급력을 다루는 사회구조의 변화에 대해서는 개발도상국만큼이나 산업국에서도 신중한 정책 연구가 필요하다. 현재 모든 국가에서 어떤 의미에서든 개발이 진행되고 있으며, 산업국 역시 개발도상국만큼이나 사회경제의 구조적 변화를 경험했다. 그렇기에 개발학 연구의 교차학문적 분석은 산업국에서도 유의미하다고 할 수 있다(Bown and Veitch, 1986).

이와 관련된 예를 들어 보자. 개발도상국은 비교적 높은 인구성장률, 낮은 기대수명, 높은 유아 인구 비중과 같은 인구학적 특징을 보인다. 반대로 산업국은 비교적 낮은 인구성장률, 높은 기대수명, 높은 노인 인구 비중을 보인다. 사망률은 개발도상국이 더 높은 경향이 있는데, 사망을 일으키는 복합적인 요인은 선진국과는 상당히 다른 양상을 보인다.[11] 이러한 구조적 차이는 교육과 보건 등 정책을 구상하는 데 중요한 의미를 내포하며, 개발도상국과 산업국이 시간이 지남에 따라 겪는 구조적 특성의 변화 역시 정책적으로 중요성이 매우 크다. 물론 이러한 변화에 기술적 변화가 동반된다면, 개발도상국과 산업국 사이에 기술적 수준의 차이를 떠나 정책적 중요성은 더욱 분명해질 것이다.

개발학의 관심사와 연계될 수 있는 산업국의 사회경제적 쟁점들은 그 밖에도 매우 다양하다. 예를 들어, 산업국에서 지나친 개발로 발생한 문제 중 하나인 불균형적 식단과 과체중은 복잡한 사회과학적 인과관계를 형성한다. 산업국의 높은 소비력은 많은 이산화탄소(CO_2)를 배출하고, 그 결과는 자국만이 아닌 개발도상국까지 전 지구적으로 영향을 미치기 때문이다. 그 밖에도 산업국과 개발도상국 사이 상호연계성의 증가를 나타내는 사례로 테러, 안보, 전염병(에이즈, 조류인플루엔자, 코로나19 등)의 세계적 유행이 대표적이며, 연구와 정책 분석에서도 교차학문적 분석을 통해 국제적 맥락에서 분석하는 방식이 점차 설득력을 얻고 있다(Mehta et al., 2006).

선진국도 다양한 특성을 가지며, 이는 개발도상국과 다른 양상을 보인다는 주장이 큰 반향을 일으키기도 했다(Seers, 1963). 이러한 접근 방식에 기초하면 산업국 또는 선진국은 특별하다고 보는 시각을 정당화할 수 있다. 선진국이 지닌 중요한 특징은 높은 문해율과 노동의 이동성 같은 '생산요소', 1차 산업 대비 월등히 재조업 비중이 높은 '경제적 산업구조', 직접세 비중이 높은 '공공재정', 생계 수준보다 대부분 높고 비교적 적절히 소득이 분배되는 '가계경제 상황', 발달한 금융기관을 통한 '저축과 투자', 더딘 인구성장과 높은 도시화로 대표되는 '동적 영향(dynamic influence)'을 들 수 있다. 하지만 이 주장이 처음 제기된 후로 35년이 지난 지금은 개발도상국과 선진국 사이의 경계가 모호해졌기 때문에 더 이상의 이분법적 구분은 적합하지 않다는 비판이 다음과 같이 제기된다.

> 영국의 빈곤선은 … 세계은행이 개발도상국을 대상으로 설정한 [하루 1달러의] 빈곤선보다 17배 높게 책정되어 있지만, … 제대로 비교하려면 단순히 삶의 수준만이 아니라 국가 내에서 집단 간 경제적·정치적·사회적 특성의 차이에 주목해야 하며, 이를 연구할 수 있는 분석 도구를 활용해야 한다(Maxwell, 1998: 25).

이렇듯 개발학의 연구 범위를 전 세계로 넓히는 방식은 개발을 담론의 틀 속에서 사회구조의 변화로 보는 후기근대주의의 거시적 개념화 관점과 맥을 같이한다. 개발에 대한 후기근대주의의 비판은 서구 근대성이라는 주류적 담론을 제3세계에 강요하고 있다는 인식에 기반을 두고 있음을 기억할 것이다. 하지만 1980년의 브란트위원회[Brandt Commission, 국제개발문제독립위원회(Independent Commission on International Development Issues)]와 1987년 브룬틀란위원회[Brundtland Commission, 세계환경개발위원회(World Commission on Environment and Development)]가 그랬듯 개발의 정의가 전 지구를 포함하는 개념으로 확립되고, 국가 사이에 그 어떠한 우열 없이 다양한 가치까지 세계화하여 상호연계성을 포괄할 수 있게 된다면, 이 장에서 설명한 개발의 첫 번째 정의와 세 번째 정의 사이의 간극도 어느 정도 줄어들 것이다. 이에 대해 후기근대주의자들은 개발도상국의 사회경제적 변화에 대한 관점은 해당 국가의 국민에게 일임하는 것이 최선이며, 개발학의 범위를 세계의 발전 전반으로 확장하는 것은 단순히 산업국의 가치를 또 다른 방식으로 개발도상국에 강요하는 것일 뿐이라고 반박할지도 모른다. 하지만 요즘같이 인간 활동에서 영역의 경계가 중요성을 잃어 가는 시기에 이러한 구분을 고수하는 관점은 몹시 철 지난 대응일지도 모른다.

4. '개발'의 지표

1) 지표에 대한 간략한 역사

개발과 이로 인한 변화가 실제로 발생했는지, 또 그 규모가 어느 정도인지를 어떻게 평가해야 할까? 이 질문에 대답하기 위해서는 이를 체계적으로 다룰 수 있는 통계분석과 다양한 기술자료(descriptive data)가 필요하다. 이런 이유로 지난 50년간 개발지표를 연구한 문헌이 폭발적으로 증가했고, 그만큼이나 지표 활용에 대한 우려 역시 증가했다(세부적인 논의는 제5장 박스 5.8에서 다룬다).

개발지표는 1960년대 이후에 상당히 진보했다. 하지만 그 연구 과정에는 크게 세 가지 문제점이 뒤따랐다. 우선, 대부분의 개발도상국에서는 지수 계산에 필요한 2차 자료가 없거나 불완전하여 신뢰할 수가 없었다. 두 번째로 1인당 국민소득처럼 가용한 데이터가 많은 개념과 개발, 복지, 빈곤같이 데이터의 해석과 산출이 필요한 개념 사이에는 상당한 간극이 존재했다. 마지막으로 일부 개념은 데이터 자체가 근본적으로 정량적이지 않아, 정확한 지수 산출을 위해서는 대안을 찾는 것이 필수적이다.■12

국가의 경제성장을 양적 측면에서 다룬 쿠즈네츠(Simon Kuznets)의 주요 연구성과(1956; 1971; 1979; 1982; 1983), 바우어(Raymond Bauer)의 『사회지표(Social Indicators)』(1966), 시어스(Dudley Seers)가 저술한 「특수사례의 한계(The limitations of the special case)」(1963), 「개발의 의미(The meaning of development)」(1969), 「우리는 무엇을 측정하려 하는가(What are we trying to measure?)」(1972)와 같은 문헌은 1인당 국민소득 증가에만 의존해 왔던 기존 개발지표에 관해 다시 생각하게 했다.

> 한 국가의 발전을 평가하려면 다음 세 가지의 질문에 관한 확인이 필요하다. '빈곤은 어떻게 되었나?', '실업은 어떻게 되었나?', '불평등은 어떻게 되었나?' 만일 이 세 가지 모두 그다지 심각한 상황이 아니라면, 의심의 여지 없이 그 국가는 발전의 시기에 있는 것이다. … 하지만 이 주요 문제 중 한두 가지라도 악화하고 있다면, 특히 세 가지 모두가 그러하다면, 설령 1인당 국민소득이 높아졌다고 한들 발전했다고 말하기가 민망할 것이다(Seers, 1972: 24).

시어스는 개발의 정의가 기본적 욕구의 충족이라면, 1인당 국민소득의 증가는 개발을 측정하는 올바른 방법이 아닐 수 있다는 의문을 제기했다(보다 세부적인 내용은 Hicks and Streeten, 1979; ILO, 1976; 1977; Stewart, 1985; Streeten, 1980; 1984 참조). 개발지표에는 일자리와 소득 같은 경제적 수단만이 아니라 식량, 숙소, 공공서비스 같은 물리적 필수 요소가 포함되어야 했다. 이와 관련한 지표들은 1970년대 많은 개발도상국에서 보건, 교육 등 관련 자료의 이용이 가능해지면서 진전을 이룰 수 있었다. 그 결과 분배 문제를 다룬 연구에서 개발의 혜택이 도시와 농촌의 취약계층에게는 효과적으로 전달되지 않았다는 사실이 증명되면서 큰 파장을 일으켰다(Adelman and Morris, 1973; Chenery et al., 1974).

관련 연구 중 상당수는 ILO(국제노동기구), 그 안에서도 특히 세계취업프로그램(World Employment Programme)이 주도하여 진행되었다(ILO, 1976; 1977 참조). 이와 동시에 1960년대와 1970년대에 1인당 국민소득을 복지와 개발의 지표로 활용하는 것에 대한 불만이 제기됨에 따라 삶의 질을 측정하는 새로운 지표가 속속 등장했다. 개발을 측정하기 위한 통계적 지표는 1960년대부터 1970년대 그리고 1990년대까지 점진적으로 개선되었음을 확인할 수 있다. 특히 배스터(Baster, 1979), 맥그라나한 외(McGranahan et al., 1985), 모리스(Morris, 1979), UNRISD(유엔사회개발연구소, 1970)의 연구는 이후 아마르티아 센(Amartya Sen)과 UNDP가 인간개발지수를 개발하는 토대를 만들었다는 의의가 있다(UNDP, 1990).

2) 보편적이며 상황특이적(context specific)인 최근의 개발지표

1990년에 간행된 UNDP의 『인간개발보고서(Human Development Report)』는 센(Amartya Sen), 후크(Mahbub ul Huq), 졸리(Richard Jolly), 스튜어트(Frances Stewart), 그리고 데사이(Meghnad Desai)의 훌륭한 연구 성과 덕분에 완성될 수 있었다. 이 보고서에서는 '인간개발(Human Development)' 혹은 '역량 접근(Capabilities Approach)'으로 알려진 새로운 정책 틀(framework)(박스 1.6 참조)과 함께, 인간개발지수(Human Development Index, HDI)라는 복합지표를 제시했다(표 1.1 참조).■13 특히 센은 '역량'에

주목했는데, 이는 인간이 '기능'하기 위해 필요한 수단, 기회, 기본적 자유로 구성되며, 그 각각은 사람들이 '존재'와 '행동'적 측면에서 가치를 평가하는 것들이다. 여기까지가 센이 강조한 인간개발의 핵심이다.■14 그러나 그 '역량'을 측정하기는 매우 어려우므로, 인간개발지수의 많은 요소가 실제로는 '기능'에 기초하고 있다.

개발지표 중에서도 UNDP가 개발한 지수들은 상당히 널리 사용되는 편인데, 이 중에서도 특히 인간개발지수(HDI), 성개발지수(GDI), 인간빈곤지수(HPI)가 널리 사용되고 있다. HPI의 경우 개발도상국을 대상으로 하는 HPI−1과 산업국을 대상으로 하는 HPI−2라는 두 가지 버전으로 활용된다. HPI−1이 절대적 빈곤을 다룬다면, HPI−2는 상대적 빈곤을 다루고 있으며, 표 1.1을 보면 각각의 요소들을 짤막하게 확인할 수 있다. HDI, GDI, HPI−1, HPI−2는 모두 기대수명, 보건, 지식, 교육 등을 포괄한 인간의 복지(well−being)를 다루며, 이를 위해 대부분 구매력을 조정한 1인당 소득을 삶의 수준을 측정하기 위한 지표로 활용한다. 그 밖에도 UNDP는 여성권한척도(Gender Empowerment Measure, GEM) 결과도 공표하고 있는데, 이는 국가 내 정치, 기업, 임금에서 성 불평등을 측정하는 지표이다.

1990년대 후반에 이르러, 유엔의 새천년개발목표(MDGs)라는 전 세계가 동의하는 개발지표가 등장했다(박스 1.7 참조). MDGs는 유엔의 주도하에 진행된 여러 국제회의를 통해 합의된 결과물로, 개발이 지향해야 하는 결과와 목표에 대해 일정 부분 당위성을 부여했다. 2000년 9월 18일 뉴욕에서 열린 유엔새천년회의에서 회원국의 서명으로 공표된 새천년선언(United Nations, 2000)은 UNDP를 비롯한 여러 유엔 기구, IMF, 세계은행, OECD 등이 포함된 특별조사위원회가 유엔 사무총장을 위해 준비한 지침을 기반으로 마련되었다(Poston et al., 2004). 새천년선언은 여섯 가지 '기본적 가치'로 자유(MDG 1, 2, 3, 4, 5, 6), 평등(MDG 2), 연대(MDG 8), 관용(직접적인 대응 MDG 없

박스 1.6

인간개발과 역량 접근

센(Sen, 특히 1999), 누스바움(Nussbaum, 특히 2000), UNDP(1990-2007)는 과거에 단순 욕구 충족에만 초점을 맞추었던 발전(또는 개발)의 개념은 개인의 물리적 환경과 능력을 충분히 고려하지 못하므로 더는 적합하지 않다고 주장했다. 소득은 단지 도구적 자유를 나타낼 뿐이며, 다른 본질적 자유를 성취하는 데 필요한 수단이다. 센은 소득의 가치를 무시한다기보다는 개발의 여러 측면 중 소득만 너무 많이 강조되고 있다고 판단한다. 대신 아래와 같은 대안들이 있다.

> 발전은 사람들에게 선택권을 확대하는 과정이다(UNDP, 1990: 1).
> 발전은 사람들이 합리적인 행동을 스스로 실행할 기회를 제한하는 여러 형태의 비자유를 제거하는 것이다. … 발전은 … 사람들이 누릴 수 있는 진정한 자유를 확장해 나가는 과정이며, … 사람들이 가치 있다고 생각하는 삶을 살고, 그 삶이 가치 있는 이유를 스스로 판단할 수 있도록 그들의 '역량'을 확대하는 과정으로 볼 수 있다(Sen, 1999: xii, 1, 18).

센은 음식을 섭취하고, 건강하게 살고, 옷을 입고, 교육을 받는 등 광범위한 조건들이 모두 복지(wellbeing)를 구성하는 요소라고 주장해 왔다. 각 개인은 자질(물리적 또는 개별 특성적으로 소유하고 있는 재정, 인간, 자연, 사회, 생산 유형의 자산)을 부여받거나 외부와 교환(개인의 생산과 거래)하면서 일련의 자격(예: 상품 요구 권한 등)을 갖게 된다. 이러한 자격을 활용해 기능(예: 복지의 성과) 달성에 필요한 다양한 기회(또는 역량)를 얻는 것이다. 센은 그 역량이 무엇인지 꼽는 것을 단호히 거부했지만, 다음과 같은 다섯 가지 기본적 자유는 구분한 바 있다(Sen, 1999: 38).

- 정치적/참여적 자유 또는 인권(예: 의사 표현의 자유, 자유선거)
- 경제적 기반(예: 무역과 생산에 참여하고, 자신의 노동과 상품을 경쟁을 통해 시장에 판매할 기회)
- 사회적 기회(예: 적절한 교육과 보건 시설)
- 투명성 보장(예: 정부, 기업, 사회적 신뢰의 개방성)
- 보호 안전(예: 법과 질서, 실업자를 위한 사회안전망)

그 밖에도 역량이라는 개념을 구상하기 위해 다른 많은 노력들이 있었다(이에 대한 논의는 Alkire, 2002를 참조).

표 1.1 인간개발지수

	장수	지식	생활수준
인간개발지수(HDI)	기대수명	성인 문맹률, 총 학교등록률	개인소득(US$ 구매력평가)
성개발지수(GDI)	기대수명(남성/여성)	성인 문맹률(남성/여성), 총 학교등록률(남성/여성)	여성과 남성의 소득 할당
개발도상국 인간빈곤지수(HPI-1)	출생 시 40세 미만까지만 생존할 확률	성인 문맹률	깨끗한 물을 지속가능하게 사용할 수 없는 인구 비율, 해당 연령 체중에 미달하는 어린이 비율
산업국 인간빈곤지수(HPI-2)	출생 시 60세 미만까지만 생존할 확률	실용적 문해 능력 부족 성인 비율	빈곤소득선 미만 인구 비율(조정된 가구당 가처분소득 중앙값의 50%), 장기 실업 비율(12개월 이상 지속)

출처: UNDP, 2006: 393-399.

음), 자연 존중(MDG 7), 공동의 책임(MDG 8)을 제시했으며, 이들은 MDGs에 반영되었다(Maxwell, 2006: 3). 그 결과로 만들어진 MDGs는 8개의 목표와 18개의 세부 목표 그리고 47개의 지수로 구성되어 있다(박스 1.7과 United Nations, 2007 참조).

물론 MDGs에 대한 비판도 존재한다. 세이스(Ashwani Saith)는 MDGs가 산업국끼리 적절한 협의도 없이 절대적 삶을 기준으로 만든 아젠다와 개발의 문제가 오로지 제3세계에만 존재한다고 규정하여 개발을 빈곤 지역만의 문제로 한정시킨다고 맹렬히 비판했다(Saith, 2007: 1184). 이러한 통렬한 방법론적 비판과 더불어 오늘날 사회과학 연구의 대부분이 정부의 재정 지원을 받는 연구위원회나 MDGs를 지향하는 개발기구의 재원에 의존하고 있어, MDGs가 연구 방향성에 영향을 미치는 등 잠재적으로 왜곡을 일으킬 수 있다는 주장도 제기했다. 또한 실무에서도 국제 원조기구와 정부의 관료가 통계를 오용하거나 조작하고 결과를 그릇되게 해석하여, 잘못된 동기와 행동으로 이어지는 왜곡된 결과를 초래할 수 있다고 경고했다(Saith, 2007: 1174). 자료마다 활용도와 질이 매우 불균등하거나 열악한 경우가 많아, 상당수 MDGs가 복지의 다양한 측면을 적절하게 포착하지 못한다는 것을 지적했다. 예를 들어, 초등학교 등록률이나 졸업률이 실제 교육 성취 수준을 설명하지는 못하는 것이다. 또한 MDGs가 참여, 민주주의, 지속가능한 생태계, 취약성, 위험 같은 오늘날 다루어지는 개발의 새로운 요소들을 저평가하고 있다는 점 역시 문제이다. 이와 더불어 MDGs가 성평등과 지속가능성을 적절히 다루지 못하고, 일반적으로 하향식 접근을 고수하고 있다는 주장도 제기되었다(White and Black, 2004).

이렇듯 보편적 개발지표는 복지나 개발에 대한 사람들의 주관적 인식과 상반된 결과를 보일 수 있어, 상황특이적이고 전문적인 지표들이 개발되었다. 이러한 접근 방식은 체임버스(Robert Chambers)와 관계가 있다. 그는 개발지표의 경우 가난한 사람들이 자신의 삶 속에서 인지하는 복지의 변화와 개발이 일치하지 않는 경우가 많으므로, 지표 개발은 부유층, 원조기구의 관료, 그 밖에 개발 커뮤니티 같은 엘리트보다 가난한 사람들의 인식에서 먼저 출발해

박스 1.7

유엔의 새천년개발목표(MDGs)

MDG 1	극심한 빈곤과 기아 제거
MDG 2	보편적 초등교육 달성
MDG 3	성평등 증진과 여성 권한 강화
MDG 4	아동 사망률 감소
MDG 5	모성보건 향상
MDG 6	HIV/AIDS, 말라리아 그리고 다른 질병과의 전쟁
MDG 7	환경의 지속가능성 보장
MDG 8	개발을 위한 국제협력의 발전

출처: United Nations, 2007.

야 한다고 강조한다(Chambers, 1983; 1997). 때에 따라서는 소비보다 안전, 존엄, 발언권, 취약성 이 더 중요할 수도 있는 법이다. 이러한 주장은 이후 세계은행의 연구 보고서 『빈곤의 목소리(Voices of the Poor)』(제5장에서 다룬다)를 비롯하여 다양한 참여 연구(제6장에서 세부적으로 다룬다)가 등장하는 계기가 되었다.

> 개인 시각에서 복지(well-being)를 검토하는 방식은 가치판단을 위한 가이드로서, 다른 방식에 비해 오류가 적거나, 양적으로 표현될 가능성이 높을 수 있고, 어쩌면 둘 다일 수도 있다(Kingdon and Knight, 2004: 1).

이렇듯 개발지표에서 심리적 요소가 강조됨으로써 객관적 복지와 생리적 상황(즉 개인의 객관적인 물리적 상황)에 집중된 논의가 주관적 복지와 심리적 상황(개인의 주관적인 심리적 경험)으로 전환되기 시작했다.■15 이를 다음의 질문으로 요약할 수 있겠다. "사람이 무엇을 가지고 있고, 그것으로 무엇을 할 수 있으며, 그리고 사람들은 가진 것과 할 수 있는 것에 대해 어떻게 생각하는가?"(McGregor, 2006: 1).

5. 요약

이 장에서는 다음의 세 가지를 다루었다.

1) 개발의 의미

개발의 정의는 오랜 논란의 대상이었다. 암묵적으로 가정한 가치와 이에 관한 정책적 대응은 결국 개발을 정의하는 방식과 그 방식이 지닌 특성과 관계될 수밖에 없다. 특히 가치는 개발의 정의를 둘러싼 논쟁의 핵심으로, 무엇을 개선하고, 어떻게 개선하며, 누가 결정할지를 판단하는 데 영향을 미친다. 제2차 세계대전 이후 오랫동안 개발은 농업경제에서 산업경제로의 변화 같은 사회경제적 구조의 변혁을 강조하는 장기적 관점에서 정의되었다. 그러나 1990년대 이후부터 1인당 국민소득 증가, 빈곤감소 같은 정책 목적과 이를 측정하기 위한 성과지표에 집중하는 단기적 관점에서 정의되기 시작했다. 2015년까지 달성을 목표로 설정된 유엔의 MDGs와 이후의 SDGs(Sustainable Development Goals, 지속가능개발목표)가 가장 두드러지는 예이다.

2) 개발학의 범위

국제개발의 환경은 빠르게 변화해 왔다. 과거 제3세계는 명백히 동질적인 듯이 언급되었지만, 이제는 신흥공업국(NICS), 중간소득국(MIC), 브릭스(BRICs) 등 그 안에서도 다양성이 강조되고 있으며, 저개발국(LDC)과 곤경에 처한 저소득국(LICUS) 등에도 더 세심한 관심을 기울이고 있다. 개발에 관한 연구는 주로 제3세계에 집중되어 왔지만, 넓은 의미에서 고소득의 산업국이 겪는 인구, 기술, 문화 등의 사회경제적 변화는 개발도상국이나 다른 국가군의 변화와 비교했을 때 연구 성격상으로는 크게 다르지 않다. 이러한 의미에서 모든 국가는 개발의 과정에 있다고 할 수 있다. 산업국과 개발도상국 모두 가난하고 주변화된 사람에 초점을 맞추어 빈곤감소 방안을 고뇌하는 것은 마찬가지이다. 넓은 시각에서 보면, 부유한 산업국(특히 G8 국가)이 개발도상국 발전을 위한 국제적 전망에 막강한 영향력을 가지듯이, '빈곤' 국가 내에서도 부유한 권력가가 빈곤감소 정책에 엄청난 영향력을 행사한다.

3) 개발지표

개발지표는 1960년대 이후 상당히 진전을 보였다. 이 진전은 개발의 정의를

역자 박스 1.8

지속가능개발목표(SDGs)

새천년개발목표(MDGs)는 2015년을 목표 연도로 절반의 성공을 거두었고, 지속가능개발목표(SDGs)가 그 뒤를 이어 적용되고 있다. MDGs는 유엔이 경제협력개발기구–개발원조위원회(OECD DAC) 회원국을 중심으로 하여 역사상 최초로 만들어 낸 공여국 공동의 원조 로드맵이라는 의미를 지닌다. MDGs는 정치적·외교적 목적과 국제 이해관계를 토대로 양자 간 원조가 이루어지는 것을 최대한 지양하는 대신, 과거 식민 지배국으로서의 역사적 책임과 오늘날 국제사회를 구성하는 선진국으로서의 인도주의적 윤리를 반영하려는 노력이 담겨 있다. 결과 측면에서 MDGs는 절대 빈곤 및 기아 종식, 보편 초등교육 달성, 전염병 및 질병 퇴치 등에서 상당한 진전을 거두었지만, 아동 사망률 감소, 모성보건 증진 등에서는 목표 달성이 미진했다. 또한 지역적으로도 동아시아와 아메리카 지역에서는 많은 진전이 있었지만, 남아시아와 사하라사막 이남 아프리카 지역은 상대적으로 많은 진전을 보지 못했다.

2015년부터 새롭게 시작된 SDGs는 빈곤과 기아를 포함한 많은 글로벌 문제들을 경제적·사회적·환경적 지속가능성이라는 포괄적인 틀에서 달성하겠다는 프레임을 기반으로 하고 있다. 또한 MDGs가 개발도상국만을 대상으로 했던 반면, SDGs는 중간소득국도 포함한 세계 여러 지역에서의 빈곤과 불평등까지도 개선하겠다는 의지를 담고 있다. 또한 재원의 측면에서도 과거에 OECD DAC 국가들의 공적개발원조(ODA)에 주로 의존했던 것과 달리, 민간 재원의 대폭적인 확충, 개발협력에 대한 기업의 투자 독려, 투자와 교역을 통한 재원 확충 및 원조 등 상당한 변화를 반영하고 있다.

SDGs 목표

목표 1. 모든 곳에서 모든 형태의 빈곤 종식
목표 2. 기아 종식, 식량 안보와 개선된 영양상태의 달성, 지속가능한 농업 강화
목표 3. 모든 연령층을 위한 건강한 삶 보장과 복지 증진
목표 4. 모두를 위한 포용적이고 공평한 양질의 교육 보장 및 평생학습 기회 증진
목표 5. 성평등 달성과 모든 여성 및 여아의 권익신장
목표 6. 모두를 위한 물과 위생의 이용 가능성과 지속가능한 관리 보장
목표 7. 적정한 가격에 신뢰할 수 있고 지속가능한 현대적인 에너지에 대한 접근 보장
목표 8. 포용적이고 지속가능한 경제성장, 완전하고 생산적인 고용과 모두를 위한 양질의 일자리 증진
목표 9. 회복력 있는 사회기반시설 구축, 포용적이고 지속가능한 산업화 증진과 혁신 도모
목표 10. 국내 및 국가 간 불평등 감소

목표 11. 포용적이고 안전하며 회복력 있고 지속가능한 도시와 주거지 조성
목표 12. 지속가능한 소비와 생산양식의 보장
목표 13. 기후변화와 그로 인한 영향에 맞서기 위한 긴급 대응
목표 14. 지속가능개발을 위한 대양, 바다, 해양 자원의 보전과 지속가능한 이용
목표 15. 육상생태계의 지속가능한 보호 · 복원 · 증진, 숲의 지속가능한 관리, 사막화 방지, 토지 황폐화의 중지와 회복, 생물다양성 손실 중단
목표 16. 지속가능개발을 위한 평화롭고 포용적인 사회 증진, 모두에게 정의를 보장, 모든 수준에서 효과적이며 책임감 있고 포용적인 제도 구축
목표 17. 이행수단 강화와 지속가능개발을 위한 글로벌 파트너십의 활성화

출처: 배리 베어커, 권상철 외 옮김, 2018, 『국제개발협력개론』.

둘러싼 논쟁과 서로 얽혀 있다. 개발지표가 진보하면서 가장 도드라진 특징으로는 1인당 소득과 같은 경제지표와 사회적·심리적 측면에 주목하여 개발과 복지를 폭넓게 바라보는 시각 사이 차이가 발생한 것이다. 가장 최근에는 보편적이거나 객관적 복지와 주관적이거나 상황특이적 복지 사이의 차이가 새로운 화두로 떠오르고 있다.

주

1. 'Development Studoies'를 개발연구라 칭하기도 하지만, 개발학이라는 표현이 더 보편적이다.
2. 후기근대주의(제3장 참조)는 '근대성'에 반하는 것 또는 이에 대한 반작용으로 생각하면 이해하기 쉽다. 이는 합리성, 진보, 과학의 정확성을 맹신하는 인식에 반대하는 저항 논리이다. '진리' 또는 '메타서사' 같은 보편적 주장은 개인을 배제하고 억누르는 경향을 지닌다는 것 역시 주요 특성 중 하나이다(Parfitt, 2002: 13).
3. 이 관점의 한 사례로는 Deane, 1965를 보라.
4. 예를 들어, 이러한 접근 방식은 영국의 공여기관 국제개발부(DfID)의 강령에도 나타난다.

DfID가 영국 재무부와 맺은 '공공서비스협정(Public Service Agreement)'에는 DfID의 주요 목표와 목적이 명시되어 있다. 이 안에는 "2015년까지 새천년개발목표 달성을 통해 가난한 국가의 빈곤을 퇴치한다."라는 문구가 포함되어 있다. 그러나 국제개발기구 내에도 다양한 관점이 존재할 수 있다. 예를 들어, DfID가 사용한 '변화의 원동력(Drivers of Change)' 접근은 개발을 구조적 사회변화로 정의하는 시각과 유사하다. 이는 국가별로 특수한 '변화'를 유발하는 요인을 확인하기 위한 정책 틀로, 다음의 세 가지 요소로 구성된다. 이는 (i) 구조(국가의 경제·사회·정치적 기본 구조와 자산의 분배, 경제 흐름, 사회관계, 정치적 유산, 정부 형태에 반영되어 있는 보유 자원), (ii) 제도(시장, 문화, 법적·행정적 구조, 규범과 같은 행위자의 행동을 통치하는 규칙의 틀), 그리고 (iii) 행위자(특정의 이익을 추구하는 개인과 조직)이다.

5. '근대성'은 근대적인 '조건' 또는 서유럽과 북아메리카의 산업국이 지닌 특성을 말한다. 여기에는 산업화, 도시화, 기술의 사용, 합리적 사고, 과학적 진보, 의료, 법, 그리고 정치 체제의 적용 등이 포함된다(Willis, 2005: 2–3).

6. 이 책 전반에 걸쳐 부유하고 발전된 국가는 '산업화'된 것으로, 그리고 빈곤한 국가는 '개발도상' 중인 것으로 표현했다. 그러나 이러한 명칭에는 한계가 있다. 후기근대주의 논의의 맥락에서 '북부'와 '남부'라는 용어를 사용하는 것이 가장 효과적이라고 생각했다.

7. '제3세계'라는 용어는 프랑스 경제학자이자 인구학자인 소비(Alfred Sauvy)에 의해 1952년 사용되었다. 이는 프랑스혁명기 귀족, 성직자, 일반인으로 구분되던 사회에서 사용한 '제3신분' 개념에 기초했다. 당시 소비는 '제3세계'를 열등성보다는 '배제'의 의미를 반영하려는 의도로 활용했다(Scheyvens and Storey, 2003: 13). 이 책에서는 전반적으로 이 용어 사용을 피하고, '개발도상국'이라는 용어 사용을 선호한다.

8. G77, 즉 77그룹은 회원국이 131개국으로 늘어났으나 원래의 이름을 유지하고 있다. 세부 내용은 http://www.g77.org/ 참조.

9. '20% 클럽'은 국민총생산의 20% 정도를 원조로 조달하는 국가이다. 이들은 2005년에 원조를 두 배 증액하도록 한 방침의 주요 수혜 국가이다. 이들의 과제는 수용능력 향상, 정치발전, 그리고 성장과 인간개발을 위한 원조 활용 등이다. 이들은 본래 약정과 다르게 진행되는 공여국의 원조에 관해 설명을 원할 것이고, 원조의 구조를 간소화하는 데 관심이 많을 것이다. '0.2% 클럽'은 원조의 역할이 훨씬 작은 국가로 구성된다. 이들의 관심사는 세계화라는 변화무쌍한 난관 극복을 위한 지역적 또는 지역 간의 협력, 안보와 세계의 공공재 관리와 같은 원조 외적인 개발 문제이다(Maxwell, 2006: iv).

10. http://politics.guardian.co.uk/publicservices/story/0,11032,1691742,00.html 참조.

11. 개발도상국 인구학적 특징이 선진국의 특징으로 변화하는 장기적인 과정을 일반적으로 '인구 변천'이라 표현한다.

12. 빈곤감소전략보고서 원전 제1권 부록의 기술 노트를 보면 개발 및 빈곤 지표와 관련된 다양한 기술적 문제가 종합적이고 엄정하게 검토되어 있다(Klugman 2002: 405ff).

13. 1990년 이후 초기 인간개발지수에 대한 비판이 제기되면서 일부 수정이 되었으며, 다양한

전문 지수와 결합되었다.

14. 이 맥락에서 사용된 전문용어 중 일부는 센의 연구에서 따온 것이다(Sen, 1999).

15. 이 접근에 기초한 연구 중 상당수는 영국 배스(Bath) 대학교 개발도상국복지(Wellbeing in Developing Countries, WeD)연구원에 의해 수행되었다. 출간물과 보고서 정보는 http://www.bath.ac.uk/econ-dev/wellbeing에서 볼 수 있다.

참고문헌

Adelman, I. and Morris, C. (1973) *Economic Growth and Social Equity in Developing Countries*. Stanford, CA: Stanford University Press.

Alkire, S. (2002) *Valuing Freedoms*. Oxford: Oxford University Press.

Alvares, C. (1992) *Science, Development and Violence*. New Delhi: Oxford University Press.

Apter, D. (1967) *The Politics of Modernization*. Chicago: University of Chicago Press.

Baster, N. (1979) 'Models and indicators', in Cole, S. and Lucas, H. (eds), *Models, Planning and Basic Needs*. Oxford: Pergamon.

Bauer, R. (ed.) (1966) *Social Indicators*. Cambridge, MA: MIT Press.

Bevan, P. (2006) *Researching Wellbeing across the Disciplines: Some Key Intellectual Problems and Ways Forward*. Wellbeing in Developing Countries (WeD) Research Group Working Paper 25. University of Bath, WeD: Bath, UK.

Booth, D. (ed.) (2004) *Fighting Poverty in Africa: Are PRSPs Making a Difference?* London: ODI.

Booth, D., Leach, M. and Tierney, A. (2006) *Experiencing Poverty in Africa: Perspectives from Anthropology*. Q-Squared Working Paper Number 25. Centre for International Studies, University of Toronto. Available at http://www.q-squared.ca (accessed 1 August 2006).

Bown, L. and Veitch, M. (eds) (1986) *The Relevance of Development Studies to the Study of Change in Contemporary Britain*. London: Economic and Social Research Council.

Chambers, R. (1983) *Rural Development: Putting the First Last*. London: ITDG.

Chambers, R. (1997) *Whose Reality Counts? Putting the First Last*. London: ITDG.

Chambers, R. (2004) *Ideas for Development*. IDS Working Paper 238. Sussex: IDS.

Chenery, H., Ahluwalia, M., Bell, C., Duloy, J. and Jolly, R. (1974) *Redistribution with Growth*. Oxford: Oxford University Press for the World Bank.

Corbridge, S. (ed.) (1995) *Development Studies a Reader*. London: Arnold.

Cowen, M., and Shenton, R. (1998) *Doctrines of Development*. London: Routledge.

Deane, P. (1965) *The First Industrial Revolution*. Cambridge: Cambridge University Press.

Escobar, A. (1992) 'Planning', in Sachs, W. (ed.), *The Development Dictionary*. London: Zed.

Escobar, A. (1995) *Encountering Development: The Making and Unmaking of the Third World*. Princeton: Princeton University Press.

Esteva, G. (1992) 'Development', in Sachs, W. (ed.), *The Development Dictionary*, London: Zed.

Ferguson, J. (1994) *The Anti-politics Machine: 'Development', Depoliticisation and Bureaucratic Power in Lesotho*. Cambridge: Cambridge University Press.

Foucault, M. (1966) *The Order of Things: An Archaeology of the Human Sciences*. Paris: Gallimard.

Foucault, M. (1969) *The Archaeology of Knowledge*. London: Routledge.

Gore, C. (2000) 'The rise and fall of the Washington consensus as a paradigm for developing countries', *World Development*, 28(5): 789-804.

Harriss, J. (2006) *Why Understanding of Social Relations Matters More for Policy on Chronic Poverty than Measurement*. UK: Chronic Poverty Research Centre, IDPM, University of Manchester and the Overseas Development Institute.

Hickey, S. and Mohan, G. (2003) *Relocating Participation within a Radical Politics of Development: Citizenship and Critical Modernism*. Draft working paper prepared for conference on 'Participation: From Tyranny to Transformation? Exploring new approaches to participation in development', 27-28 February 2003, University of Manchester, Manchester.

Hicks, N. and Streeten, P. (1979) 'Indicators of development: the search for a basic needs yardstick', *World Development*, 7(6): 567-580.

Independent Commission on International Development Issues. (1980) *North-south: A Programme for Survival (the Brandt Commission)*. London: Pan Books.

ILO (International Labour Organization). (1976) *Employment, Growth and Basic Needs: A One-world Problem*. Geneva: ILO.

ILO (1977) *Meeting Basic Needs: Strategies for Eradicating Mass Poverty and Unemployment*. Geneva: ILO.

Kanbur, R. (2006) *What's Social Policy got to do with Economic Growth?* Available at http://www.arts.cornell.edu/poverty/kanbur/ (accessed 1 August 2005).

Kiely, R. (1999) 'The last refuge of the noble savage? A critical assessment of post-development theory', *European Journal of Development Research*, 11: 30-55.

Kingdon, G. and Knight, J. (2004) *Subjective Wellbeing Poverty versus Income Poverty and Capabilities Poverty?* GPRG Working Paper 3. Global Poverty Research Group, Centre for the Study of African Economies, University of Oxford and Institute for Development Policy and Management, University of Manchester.

Klugman, J. (2002) *A Sourcebook for Poverty Reduction Strategies*. Washington: World Bank.

Kuznets, S. (1956) 'Quantitative aspects of the economic growth of nations', *Economic Development and Cultural Change*, 5(1): 5-94.

Kuznets, S. (1971) *Economic Growth of Nations: Total Output and Production Structure*. Cambridge, Mass: The Belknap Press of Harvard University Press.

Kuznets, S. (1979) Growth, *Population and Income Distribution: Selected Essays*. New York: W.W. Norton.

Kuznets, S. (1982) 'The pattern of shift of labor force from agriculture 1950-70', in Gersovitz, M., Diaz-Alejandro, C., Ranis, G. and Rosenzweig, M.R. (eds), *The Theory and Experience of Economic Development: Essays in Honor of Sir W. Arthur Lewis*. London: George Allen and Unwin. 43-59.

Kuznets, S. (1983) 'Modern economic growth: findings and reflections', in Todaro, M. (ed.), *The Struggle for Economic Development: Readings in Problems and Policies*. New York: Longman. 56-67. Reprinted from *American Economic Review*, June 1973, 63(3): 247-258.

Maxwell, S. (1998) 'Comparisons, convergence and connections: development studies in North and South', *IDS Bulletin*, 29(1): 20-31.

Maxwell, S. (2006) *What's Next in International Development? Perspectives from the 20% Club and the 0.2% Club*. Working Paper 270, Overseas Development Institute, London.

McGranahan, D., Pizarro, E. and Richard, C. (1985) *Measurement and Analysis of Socio-economic Development: An Enquiry into International Indicators of Development and Quantitative Interrelations of Social and Economic Components of Development*. Geneva: UNRISD.

McGregor, J. (2006) *Researching Wellbeing: from Concepts to Methodology. Wellbeing in Developing Countries (WeD) Research Group*. Working Paper 20. Bath University, UK: WeD Research Group.

Mehta, L., Haug, R. and Haddad, L. (2006) 'Reinventing development research', *Fo-*

rum for Development Studies, 33(1): 1-6.

Morris, D. (1979) *Measuring the Condition of the World's Poor: The Physical Quality of Life Index*. Cass: London.

Nussbaum, M. (2000) *Women and Human Development: The Capabilities Approach*. Cambridge: Cambridge University Press.

OECD (Organization of Economic Co-operation and Development). (2001) *Development Assistance Committee Poverty Guidelines*. Paris: OECD.

Parfitt, T. (2002) *The End of Development: Modernity, Post-Modernity and Development*. London: Zed.

Pieterse, J. N. (2000) 'After post-development', *Third World Quarterly*, 21: 175-191.

Poston, M., Conway, T. and Christiansen, K. (2004) *The Millennium Development Goals and the IDC: Driving and Framing the Committee's Work*. London: ODI.

Rahnema, M. (1997) 'Towards post-development: searching for signposts, a new language and new paradigms', in Rahnema, M. and Bawtree, V. (eds), *The Post-Development Reader*. London: Zed.

Rostow, W.W. (1960) *The Stages of Economic Growth: A Non-Communist Manifesto*. Cambridge: Cambridge University Press.

Sachs, W. (ed.) (1992) *The Development Dictionary*. London: Zed.

Said, E. (1993) *Culture and Imperialism*. New York: Vintage.

Said, E. (1995) *Orientalism*. London: Penguin.

Saith, A. (2007) 'From universal values to MDGs: lost in translation', *Development and Change*, 37(6): 1167-1199.

Scheyvens, R. and Storey, D. (2003) *Development Fieldwork: A Practical Guide*. London: Sage.

Seers, D. (1963) 'The limitations of the special case', *Bulletin of the Oxford Institute of Economics and Statistics*, 25(2): 77-98; reprinted in Martin, K. and Knapp, J. (eds) (1967) *The Teaching of Development Economics: Its Position in the Present State of Knowledge*. London: Frank Cass. 1-27.

Seers, D. (1969) 'The meaning of development', *International Development Review*, 11: 2-6.

Seers, D. (1972) 'What are we trying to measure?' *Journal of Development Studies*, 8 (3): 21-36; reprinted in Baster, N. (ed.) (1972) *Measuring Development: The Role and Adequacy of Development Indicators*. London: Frank Cass. 21-36.

Sen, A. (1999) *Development as Freedom*. Oxford: Oxford University Press.

Shiva, V. (1988) *Staying Alive: Women, Ecology and Development*. London: Zed.

Stewart, F. (1985) *Basic Needs in Developing Countries*. Baltimore, MA: Johns Hopkins University Press.

Streeten, P. (1980) 'Basic needs and human rights', *World Development*, 8(2): 107-111.

Streeten, P. (1984) 'Basic needs: some unsettled questions', *World Development*, 12(9): 973-980.

Thomas, A. (2000) 'Development as practice in a liberal capitalist world', *Journal of International Development*, 12(6): 773-787.

Thomas, A. (2004) *The Study of Development*. Paper prepared for DSA Annual Conference, 6 November, Church House, London.

Toye, J. (1987) *Dilemmas of Development: Refl ections on the Counter-Revolution in Development Economics*. Oxford: Blackwell.

UNCTAD (United Nations Conference on Trade and Development). (2006) *Least Less Developed Countries Report*. Geneva: UNCTAD.

UNDP (United Nations Development Programme). (1990) *Human Development Report 1990*. New York: Oxford University Press for the UNDP.

UNDP (2007) *Human Development Report 2007/8*. New York: Oxford University Press for the UNDP.

United Nations (2000) *Millennium Declaration*. New York: United Nations. Available at http://www.ohchr.org/english/law/millennium.htm (accessed 15 June 2007).

United Nations (2007) *The UN Millennium Development Goals*. New York: United Nations. Available at http://www.un.org/millenniumgoals/ (accessed 15 June 2007).

UNRISD (United Nations Research Institute on Social Development). (1970) *Contents and Measurement of Socioeconomic Development*. Geneva: UNRISD.

White, H. and Black, R. (2004) 'Millennium development goals: a drop in the ocean', in Black, R. and White, H. (eds), *Targeting Development: Critical Perspectives on the Millennium Development Goals*. London: Routledge. 1-24.

Willis, K. (2005) *Theories and Practices of Development*. London: Routledge.

World Bank (1996) *World Development Report 1996 - from Plan to Market*. New York: Oxford University Press for the World Bank.

World Bank (2000) *World Development Report 2000/1 - Attacking Poverty*. New York: Oxford University Press for the World Bank.

World Bank (2006) *World Development Report 2007 - Development and the Next Generation*. New York: Oxford University Press for the World Bank.

World Commission on Environment and Development. (1987) *Our Common Future (the Brundtland Commission)*. Oxford: Oxford University Press.

제2장

개발학의 목적은 무엇인가?

개발 분야 연구는 … 차이 만들기를 추구한다. 이러한 특성으로 인해 개발 분야 연구는 다른 분야보다 더 무겁고, 논쟁적이다(Mehta et al., 2006: 1).

개발학은 개선의 의무를 진 연구 분야이다. 지식의 생산은 그 자체는 목적이 아니다. … 이는 개발학은 오늘날의 실제 문제를 다루고 그 문제의 해결에 집중하는 응용적이고, 실천적이며, 정책 지향적인 분야라는 것을 의미한다(Molteberg and Bergstrøm, 2000: 7).

국제개발 분야 연구가 가장 관심을 쏟는 부분은 연구를 정책으로 전환하는 것이다(Court and Maxwell, 2005: 714).

나 자신을 포함해서 다른 누구의 삶도 거의 알지 못한 채 타인의 삶에 개입하려 하는 우리는 누구인가(Rahnema, 1997: 395).

최근 몇 년간 개발학은 시의적절하지 못하고, 희망도 없으며, 식민주의적이고, 남성주의적이며, 국가주의적이고, 탈정치화를 추구하며, 관료적 정부 권력의 확대를 추구한다는 비판을 받아 왔다. 이는 이른바 제3세계로 불리는 지역에서 발생하는 다양한 문제의 근원이라는 비난을 받고 있다(Corbridge, 2005: 1).

결정적으로 개발학은 위치성의 문제를 내포한다. 개발을 공부하는 사람은 자신의 위치, 즉 분석을 수행하는 자신의 '관점'을 비판적으로 인식할 수 있어야 한다. 변화의 과정으로 발생한 차이를 '외부'에서 연구하는 것과 변화 과정의 일부로서 연구하는 것에는 차이가 있다는 점을 인지하는 것이 중요하다(DSA, 2006: 1).

1. 서론

이 두 번째 장에서는 개발학의 목적을 논의하기 위해, 베번이 제시한 두 번째 '지식의 기본(knowledge foundations)'인 '가치와 이념'을 다룰 것이다(Bevan, 2006: 7-12). 제1장에서와 마찬가지로 앞의 인용문을 논의하며 서론을 시작하려 한다. 앞 인용문들은 '상황 설정'을 위해 선정된 것일 뿐, 본 주제에 이바지한 다른 학자가 없다는 의미는 결코 아니다.

많은 이들이 개발학에 매력을 느낄 수 있었던 것은, 사회정의 실현과 세계에 만연한 빈곤 및 불평등에 대한 일종의 걱정과 책임감 때문이다(Mehta et al., 2006: 1; Molteberg and Bergstrøm, 2000: 7). 이런 책임을 실천하는 한 방식은 정책 정보를 제공하는 것으로, "국제개발 분야 연구가 가장 주의하는 관심사는 연구를 정책으로 전환하는 것에 관심이 많다"(Court and Maxwell, 2005: 714).■1

개발학에서 "지식의 생산은 그 자체로 목적이 되지 않는다"(Molteberg and Bergstrøm. 2000: 7)라는 제안처럼, 일반적으로 개발학은 어느 정도 수단성

(instrumentality)을 가진 분야로 인식된다. 이것이 오늘날 개발학을 "다른 분야 연구보다 더 무겁고 논쟁적인 영역"으로 만들고 있다(Mehta et al., 2006: 1).

실제로 개발학의 수단성은 개발학에 가해지는 수많은 비판의 핵심이기도 하다. 이로 인해 개발학이 오히려 "이른바 제3세계로 불리는 지역에서 일어나는 다양한 문제의 근원"(Corbridge, 2005: 1)이 되고 있다는 비판을 여러 사람이 제기하고 있다. 이 문제의 핵심은 주로 연구자와는 다른 사회문화적 배경을 가지고 있는 연구의 대상이나 참여자의 삶에 간섭할 수 있는 개발학 고유의 특성과 관련이 있다. 라네마(Rahnema, 1997: 395)가 말한 "… 타인의 삶에 개입하려 하는 … 우리는 누구인가?"라는 이 관점을 드러내는 전형적인 비평이다.

정리하자면, 개발학 연구가 주로 수단적·도구적이고 응용적인 목적을 추구한다면, 추구하는 그 '좋은 의도'가 타당한지부터 먼저 분명히 규정되어야 할 것이다. 이 장에서는 이러한 타당성과 연결 지어 윤리적이고 방법론적인 문제를 논의할 것이다. 2절에서는 과거와 오늘날 개발학의 환경을 탐구한다. 3절에서는 개발학의 목적에 관해 더 심도 있는 논의를 진행할 것이다. 그리고 4절에서는 '위치성'의 문제와 더불어 연구자와 연구 대상이 같은 '현실'에 속함으로 인해 발생하는 결과에 초점을 맞출 것이다. 마지막으로 5절에서는 이 장을 요약한다.

2. 개발학의 본질

1) 개발학: 과거?

개발학은 언제 그리고 어떤 이유로 등장했을까? "개발학이 진정으로 시작된 시기가 언제인가에 대해서는 더 많은 논의가 필요한데, … 개발학은 1960년대의 특수한 지적이고 정치적인 맥락에서 등장"(Harris, 2005: 17)했다. 개발학이라는 용어 자체는 비교적 최근인 1960년대와 1970년대에 대학 강좌의 제목으로 등장했고, 관련된 다수의 유명한 학술지와 기관도 이 시기에 출범했다(박스 2.1 참조).

영국에 설립된 해외개발연구소(Overseas Development Institute, ODI, 런던), 서식스 대학교(University of Sussex)의 개발학연구소(Institute of Development Studies)와 더불어 개발 분야의 주요 연구기관과 교육기관이 1960년대에 설립되었다. 개발학 분야의 분과, 강좌, 연구소들을 어느 곳에 설치해야 하는지는 늘 반복되어 오던 논란거리였다. 개발도상국의 사회경제 분야나 관련 연구 및 교육은 사실상 언제나 '개발 지향적'이었기 때문에, 개발학 연구 및 교육 기관을 개발도상국에 설치하는 것은 다소 시대착오적일 수 있었다. 반면, 산업국에 개발학 분야의 연구 및 교육 기관이 설치된다면, 산업국이 개발 분야의 헤게모니를 쥐게 되는 것과 같으며, 식민본국 정부로서 정책적 관심사를 원조기관의 관점으로 발전시키는 것과 같다. 하지만 이와 같은 문제의식에도 불구하고 여러 유명 개발학기관이 개발도상국에 설립되어 지금까지 운영되며 그 가치를 인정받고 있는데, 케냐 나이로비 대학교(University of Nairobi)의 개발학연구소와 방글라데시 다카(Dhaka)의 개발학연구소가 대표적이다.■2

그러나 개발학이 연구의 주제로서 더욱 일관성 있고 분명한 분야로 정립되면서, 개발학은 이전에 학교 프로그램이나 학술지의 제목 또는 기관의 이름에 사용될 때보다는 더욱 복잡한 존재가 되었다. 개발학은 식민주의 시대와 후기식민주의 시대 모두에서 그 흔적을 찾을 수 있다. 이에 대해 일각에서는 개발학이 식민 연구에서 시작되었으나, 오늘날에는 개발학이 "식민적 뿌리는 거의 인정하지 않고, … 서구가 다른 지역의 다른 사람에 대해 가진 지식을 여러 채

널을 통해 전파하고 있다"(Kothari, 2005: 47–48)는 주장이 제기되고 있다.

식민주의 연구, 식민 통치 기간, 그 밖에 매우 다양한 방식으로 진행된 인류

박스 2.1

개발학 관련 학술지

- *Economic Development and Cultural Change* (미국, 1952년)
- *Development* (미국, 1957년)
- *Journal of Development Studies* (영국, 1965년)
- *Development and Change* (네덜란드, 1970년)
- *Oxford Development Studies* (영국, 1996년, 이전에는 *Oxford Agrarian Studies*, 1972년)
- *World Development* (캐나다, 1973년)
- *Forum for Development Studies* (노르웨이, 1974년)
- *Third World Quarterly* (영국, 1979년)
- *Canadian Journal of Development Studies* (캐나다, 1980년)
- *Development Policy Review* (영국, 1983년, 이전에는 *ODI Review*, 1974년)
- *Journal of International Development* (영국, 1989년, 이전에는 *the Manchester Papers on Development*, 1981년)
- *European Journal of Development Research* (영국, 1989년)
- *Development in Practice* (영국, 1991년)
- *Progress in Development Studies* (영국, 2001년)

주: 이 목록은 개발에 관련된 모든 학술지를 제시한 것은 아님. 이 외에도 '개발'과 관련된 지역별·학문별 학술지들이 무수히 존재할 것임. 국가는 해당 학술지의 편집처가 위치하는 곳이고, 연도는 설립 시기임.

역주: 한국의 국제개발 관련 논문이 게재되는 학술지를 일부 선별해 보면 아래와 같다.

- 『국제개발협력연구』(2009년, 국제개발협력학회)
- 『국제개발협력』(2005년, 한국국제협력단)
- 『세계지역연구논총』(1979년, 한국세계지역학회)
- 『한국지역개발학회지』(1989년, 한국지역개발학회)
- 『경제와사회』(1988년, 비판사회학회)
- 『한국국제농업개발학회지』(1994년, 한국국제농업개발학회, 이전에는 『국제농업개발학회지』)
- 『지역발전연구』(1991년, 연세대학교 빈곤문제국제개발연구원)

학적·경제적 연구들 사이에는 분명한 연결고리가 있다. 예를 들어, 1940년대 후반과 1950년대에 영국 식민지에서 진행된 연구들은 영국 식민국으로부터 재정을 비롯한 다양한 지원을 받아 진행되었다(예를 들어, Gulliver, 1957; Lewis, 1953; Mayer, 1951; Peacock and Dosser, 1958). 이후 독립 이전에 식민 정부를 위해 일했던 사람들은 독립이 된 이후에는 신생 독립국의 학자, 개발연구자, 그리고 실무자가 되었다.

이와 달리 개발학이 1950년대와 1960년대의 후기식민주의와 탈식민화 시기의 산물이라는 주장도 존재한다(Bernstein, 2005; Loxley, 2004; Molteberg and Bergstrøm, 2000; Shaw, 2004). 1960년대는 유엔이 UNCTAD(유엔무역개발회의)를 비롯한 새로운 국제기구를 설립하고 여러 기관의 역할을 발전 지향적으로 전환하며 처음으로 '개발을 위한 10년'을 주창한 시기이기도 했다.

1960년대의 또 다른 특징은 이 장의 서론에서 인용한 문구처럼 대중의 사고와 행동 방식에 큰 변화가 발생한 시기라는 점이다(Harris, 2005: 17). 파리 혁명을 포함해 1968년 유럽에서 발생한 일련의 사건들이 당시 지식인들에게 큰 영향을 미쳤고, 개발 분야에서는 신마르크스주의 종속이론과 더불어 마르크스주의 사회경제이론이 다시 유행했다(Frank, 1969; Roxborough, 1979).

혁명의 전운이 고조된 시기이기도 했다. 다수의 아프리카 식민지가 속속 독립했고, '아프리카 사회주의'가 대중화되었다. 가나의 콰메 은크루마(Kwame Nkrumah), 탄자니아의 줄리어스 니에레레(Julius Nyerere), 세네갈의 레오폴 상고르(Léopold Senghor)가 대표적이며, 남아프리카공화국의 인종차별 정책이었던 아파르트헤이트(Apartheid)에 저항한 아프리카민족회의(African National Congress)의 흑인해방운동(Meredith, 2005 참조)도 좋은 예이다. 은크루마(Nkrumah, 1965)가 저술한 『신식민주의: 제국주의의 마지막 단계(Neo-colonialism: The Last Stage of Imperialism)』와 니에레레(Nyerere, 1966; 1968)의 연설이 지닌 중요성을 다시 되짚어 볼 필요가 있다. 서아프리카에서는 상고르(Senghor, 1964)가 저술한 정치 서적의 영향력이 막강했는데, 그는 파농(Fanon, 1970), 카뮈(Camus, 1966)를 비롯한 북아프리카 작가들과 함께 아프리카의 창작 활동에도 지대한 공헌을 한 사람이기도 하다. 인도에서는 간디의 평화주의 철학과 반식민주의 관점과 더불어 네루의 리더십이 보여 준 비동맹운동(Non-Aligned Movement)이 국제사회에서 큰 역할을 하였다. 또한 당시 유럽에는 급진적 사고와 정치 활동이 보편화되었고, 미국에서는 국제적인 파장을 일으킨 인권운동이 활발히 진행되었으며, 인도차이나반도에서는 베트남전쟁이 발발한 시기이기도 했다. 이러한 시대적 배경이 한데 모여 국제개발과 식민지 독립에 관한 저술과 사상에 정치적 의미를 부여했다.

1960년대와 1970년대에는 학문 연구기관이 세계화되어 교육과 연구 분야에 막대한 영향을 끼쳤고, 신생 독립국의 국민은 식민본국이었던 국가가 아닌 다른 나라에서도 공부하기 시작했다. 예를 들어, 동서부 아프리카가 독립되기 이전에 대학의 해외 파견 직원들은 거의 영국인이었으나, 독립한 이후에는 북아메리카(특히 미국과 캐나다), 네덜란드, 스칸디나비아, 헝가리를 비롯한 여러 국가 사람들이 참여하여 조직 구성과 사고방식을 세계화하는 데 일조했다(Sicherman, 2005의 사례 참조). 개발도상국에 대학들이 새롭게 설립되거나 확장되면서 상당 규모의 교수 인력이 필요했고, 초창기에는 다수의 해외 인력들로 충당되었다. 이후 교수 인력을 자국화하려는 움직임이 본격화되면서, 교체된 해외 인력들은 자기 고향에서 새로운 일자리를 찾아야만 했다. 이로 인해 개발 분야 연구자 중 특정 연령층은 이러한 변화에 따라 해외에서 돌아온 사람인 경우가 많다. 개발도상국에 그 나라 출신 학자의 수가 증가하면서, 자체적인 사회경제 연구 역량이 성장하고 관련 연구기관이 발전하게 된 것도 이 시기의 중요한 변화이다.

이지적인 관점에서 당시의 개발 연구의 주된 특징은 신마르크스주의와 비마르크스주의적 구조주의의 유행이다. 군더 프랑크(Ander Gunder Frank)와 라틴아메리카의 선도적인 지식인인 세우수 푸르타두(Celso Furtado)가 개발학의 사상에 지대한 영향을 미쳤다(Frank, 1969; Furtado, 1967; 1970).

토머스 쿤(Thomas Kuhn)은 『과학혁명의 구조(The Structure of Scientific Revolutions)』(1962)에서 '패러다임'이라는 표현을 사용하며 지적 혁명을 논의했다(쿤의 접근과 관련된 문제는 제3장에서 다룬다). 그 주장의 핵심은 과학은 진화하는 것이 아니라 주류 이론에 반하는 이례적 사례들이 누적되는 것이고, 이러한 이례들이 결국 '과학혁명(scientific revolution)', 즉 이론의 구조적인 변동을 뜻하는 패러다임의 변화로 이어지며 새로운 세계관이 정립된다는 것이다.■3

1960년대 이래 개발학계에는 몇 가지 중요한 변화가 일어났다. 대표적으로 '개발'의 개념과 해석이 변화하기 시작했고(제1장 참조), 무엇보다도 개발학의 교차학문성(cross-disciplinarity)이 강화되었다(제3, 4, 5장에서 자세히 다룬다). 또한 1980년대 중반에 이르러서는 개발학이 현장에서 개발실무자와 빈곤층의 필요와는 동떨어졌다는 지적이 대두됨에 따라 도구적인 접근 방식이 더욱 뚜렷해졌다(Simon, 2005). 이는 1980년대 부스(Booth, 1985)와 에드워즈(Edwards, 1989) 사이의 논쟁으로 인해 본격적으로 촉발되었다. 에드워즈가 루사카와 잠비아에서 옥스팜(Oxfam)의 현장감독으로 복무하는 동안 비판론을 작성했는데, 개발학 연구는 고차원적인 이론보다는 실제적인 해결 방법을 제공해야 한다는 주장이 그의 비판론의 요지였다. 이후 개발학은 고차원적 이론을 강조하기보다는 도구적이며 정책의 제안, 집행 및 수행 활동에 필요한 직접적인 정보를 제공할 수 있는 접근 방식으로 점차 변화하고 있다(이 문제에 대한 더 많은 논의는 제4장에서 이어진다).

2) 개발학: 현재?

개발학의 본질을 논하는 문헌 연구는 계속 누적되고 있다(Box, 2007; DSA 2004; 2006; Harriss, 2002; Hulme and Toye, 2006; Loxley, 2004; Molte-berg and Bergstrøm, 2002a; 2002b; Schmitz, 2007; Tribe and Sumner, 2004).■4 이 문헌들 전반에 개발학의 세 가지 차원을 공통으로 확인할 수 있다. 이를 시각화해 보면, 그림 2.1과 같은 가로, 세로, 높이가 각각 3칸으로 구성된 큐브 형태를 상상해 볼 수 있다. 27개의 조각으로 구성된 이 모형을 개발학 전체라 생각해 보자.■5 그리고 각각의 연구는 이 입방체 안의 서로 다른 지점에 위치하게 된다.

- 개발학은 (어떻게 정의되든) 개발을 다루는 학문이다(제1장 참조).
- 개발학은 (그 정도가 크든 작든) 교차학문적인 통찰을 제시하는 학문이다. 개발학은 점차 하나 이상의 학문 분야에 통찰력을 끌어내려 하는데, 그 성과가 항상 만족스러운 것은 아니다(제3장과 제4장의 논의를 참조).
- 개발학은 (대단히) 응용적이고 도구적인 연구 분야이다.■6 개발학은 지식의 생산 그 자체를 추구하기보다는 이를 활용하는 응용적이고 도구적인 가치에 흥미를 느낀다. 개발학은 (이론을 만들 때마저도) 현실의 문제에 관심을 가진다. 개발학 커뮤니티의 구성원 다수는 '차이 만들기'를 추구한다(Mehta et al., 2006: 1).

위 세 가지 특성은 각각 3×3×3 입방체의 축을 이루는 구성 요소이다. 개발학을 구성하는 첫 번째 축은, 제1장에서 먼저 논의했듯이 개발을 각각 변화의 과정으로 보는 관점, 정책과 집행의 측면에서 평가를 위한 성과물로 보는 관점, 마지막으로 주류 담론으로 보는 관점으로 구분할 수 있다. 이를 연결해 보면 개발이 의심의 여지 없는 가치중립적 개념이라 생각하는 한쪽 극단(변화로

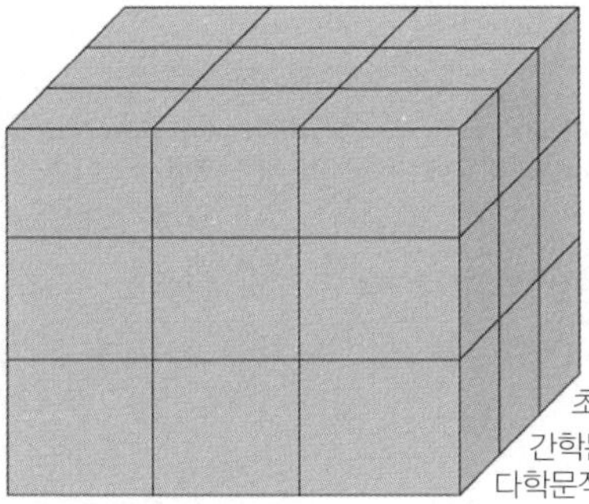

그림 2.1 개발학이란 무엇인가?

서 개발)에서 개발은 명백하게 가치판단적인 개념이라 생각하는 다른 한쪽 극단(정책 및 집행을 평가하기 위한 성과물로 보는 개발)으로 이어지는 하나의 연속선을 그릴 수 있다.

두 번째 축은 연구의 목적 측면으로, 이론적이고 추상적인 목적을 추구하여 도구성이 제한적인 한쪽 극단에서 정책, 실무 및 수행 활동에 기초한 접근 방식처럼 수단성이 높은 다른 한쪽 극단으로 이어지는 연속선과 그 두 극단 사이에 위치한 혼합적인 접근 방식을 그려 볼 수 있다.

마지막으로 세 번째 축은 여러 학문에 걸치는 교차학문적 접근 방식에 관한 것으로, 연구의 접근 방식에 따라 연속선이 다학문적(multi-disciplinary), 간학문적(inter-disciplinary), 초학문적(trans-disciplinary) 접근으로 구분되는데, 후자로 갈수록 학문 간 통합 수준이 높아진다(제3장과 4장에서 상세히 논의한다).

오늘날 개발학의 속성과 관련하여 논의되는 다른 주제는 개발학과 흔히 연계되는 지역학과 비교하는 것이다. 지역학은 개발학과 여러 가지 공통점이 있는데, 대표적으로 여러 학문에 걸치는 교차학문적 접근 방식과 개발도상국을 향한 관심을 들 수 있다. 표 2.1에 개발학과 지역학의 특징을 체계적으로 비교

표 2.1 개발학과 지역학의 비교

	개발학	지역학
초점	지역 혹은 국가 사이 비교에 주목하며, 개발을 강조	개별 국가나 지역에 주목하며, 문화, 역사, 언어를 강조
목적	이론적, 정책 관련, 그리고 도구적	중립적
접근	교차학문적	교차학문적

해 보았다. 한 가지 특징적인 차이는 지역학이 언어와 문화, 역사 연구를 강조한 데 비해, 개발학은 이 분야에 대해 큰 관심을 두지 않는다는 점이다. 또한 지역학은 국제 비교연구와 국가·지역의 상호관계에 관한 연구보다는 특정 국가나 세계의 한 지역에 초점을 맞춘다는 특징이 있다. 반면, 개발학은 특정 국가나 지역에 초점을 두지 않고 개발의 국제적 측면만을 순수하게 다룬다. 개발학은 정책적이고 도구적인 부분에 관심을 두나, 지역학은 꼭 그런 것은 아니다. 마지막으로 논쟁의 소지가 있을 수 있으나 개발학은 분명 별도의 개발 이론을 갖추고 있지만, 지역학은 뚜렷한 이론 체계를 갖지 못하고 있다는 중요한 차이가 있다.

요약하면 지역학은 국가나 세계의 특정 지역에 관해 연구하고, 국제적인 비교연구는 포함하지 않으며, 이론을 세계적 차원까지 광범위하게 확장하여 적용하는 것을 염두에 두지 않고, 국제기구나 경제 사안을 비롯한 여러 외부적 요소와의 관계에도 크게 관심을 두지 않는다. 다만 지역학 분야 종사자들의 관심사 중 많은 부분은 개발학 분야 종사자도 관심을 갖는다. 실제 이들 두 분야는 상당히 중첩되어 있는데, 제3장에서 이를 구체적으로 다룰 것이다.

3. 개발학의 목적

1) 윤리란 무엇인가?

'윤리(ethics)'라는 단어의 어원은 특성, 관습 또는 사용법을 의미하는 그리스어 ethos이다. 흔히 알다시피 윤리라는 개념을 직접적으로 다루며 행동의 옳고 그름을 연구하는 철학의 분과가 따로 있다. 박스 2.2를 보면 우리는 윤리를 통해 무엇을 행해야 하며, 스스로 어떻게 행동해야 하는가와 같은 질문의 답을 찾는다는 점을 알 수 있다. 그렇기에 윤리적 논쟁은 연구자가 연구의 효과성과 편의성의 기준을 정할 때보다는, 무엇이 '도덕적'으로 옳고 또 그른지 그 기준과 행동 방침을 정해야 할 때 주로 등장한다(Mikkelsen, 2005: 325).

연구자는 자신의 연구를 수행하면서 누구의 윤리를 준수해야 할까? 사회과학 분야에는 크게 두 가지 모델이 있다(Denzin, 1997). 이 중 첫 번째는 강건하게 원칙을 적용하는 칸트식의 절대적·보편적 모델이다. 이에 대안적 방식인 후기근대주의 모델은 윤리를 개념화할 때 지역적 의미를 함께 고려하여 윤리적 판단을 내리는 유연한 모델이다. 보편성과 지역성이라는 두 가지 상반된 관점의 간극은 이론적으로 충분히 해결할 수 있는 부분이며, 개발학을 구성하

박스 2.2

윤리의 정의

- 도덕적 원칙 체계: 문화의 윤리
- 특정 계층 또는 특정 집단, 문화에서 인식하는 인간 행동의 규칙: 의료 윤리, 기독교 윤리
- 개인의 도덕적 원칙: 그의 윤리는 신뢰를 배신하는 것을 허락하지 않는다.
- 인간 행동의 옳음과 그름, 그리고 그 행동의 동기나 결과가 선하고 악함에 따라 가치를 다루는 철학의 한 분야

출처: dictionary.com(2006년 12월 접속)

는 학문 분야 사이의 긴장 관계도 협상을 통해 분명 그 중간 수준인 '협상된 보편주의(negotiated universalism)'에 달할 수 있다(Hølm, 2003). 하지만 이를 실제로 실현하는 것은 결코 쉬운 일이 아니다.■7

아리스토텔레스는 10권으로 구성된 그의 저서 『니코마코스 윤리학(Nicomachean Ethics)』에서 윤리적이고 도덕적인 행위의 중요성을 강조했다(Aristotle, B.C. 350). 그에게 있어 최상의 좋음은 행복감, 선한 정신, '인간의 번영'을 뜻하는 에우다이모니아(eudaimonia)였다. 여기에 더해, 맥락(context) 역시 아리스토텔레스에게는 필수적인 요소였다. 이러한 아리스토텔레스의 원칙에 기초하여 개발학에 다음과 같은 질문을 해 볼 수 있다. 개발학 연구자들은 (스스로가 정의한) '선한' 의도를 충분히 함양하고 있는가? 개발학의 윤리에서 맥락은 어떤 역할을 하는가? 실제로 개발학은 윤리적으로 복잡한 양상을 지닌 연구 분야이다. 다음의 사례를 고려해 보자.

- 개발 분야의 많은 연구자와 실무자에게 개발학은 윤리적이고 도구적인 행위의 시발점이다. 이들은 주로 '선'을 행하고자 하지만, 오히려 복잡한 상황을 오해하여 자신이 의도하지 않은 결과를 만들어 낼 수 있으며, 연구의 목적이나 연구의 참여자의 가치체계를 제대로 이해하지 못하고 그들의 삶에 개입할 수 있다는 위험을 감수해야 한다.
- 개발학에는 산업국의 국제금융기구(IFI)나 대학에 종사하는 연구자와 실무자부터 소규모 농촌 가구와 직접 상호작용하는 활동가까지 완전히 다른 수준의 사회·경제·정치·문화적 영향력을 가진 사람들이 참여한다.
- 개발학은 전쟁, 부패, 불평등, HIV/AIDS, 빈곤처럼 그 목적, 가치체계, 입장이 극명하게 갈릴 수 있는 민감한 주제들을 다룬다.
- 개발학은 다양한 문화와 학문 분야에 걸쳐 있으므로, 연구자와 실무자는 '보편적' 윤리 규칙과 부합하지 않는 '지역의' 윤리 규칙을 얼마나 인정할

수 있는 것인지 등 서로 다른 윤리 체계 사이에서 충돌에 직면할 수 있다.

여전히 개발학은 개발도상국에서 연구를 진행할 때 발생할 수 있는 여러 윤리적 딜레마를 더 자세히 탐구해야 하는 상황이다. 최근 사회과학 분야에서 윤리에 대한 관심이 증가하고 있으나, 많은 개발학 연구자는 사회정의 의식만 강하게 가진 채 윤리적 마음가짐을 충분히 갖추지 못하고 있다. 다만 그럼에도 개발학의 구성 학문 중 일부는 다른 학문에 비해 훨씬 성찰적이라 할 만하다.

> 놀랍게도 개발도상국에서 수행한 연구에서 사회과학의 윤리적 딜레마에 의해 구체적으로 논하는 문헌은 거의 없다고 말할 수 있을 정도이다. … 윤리학은 이 문제를 그나마 직접적으로 다룬 몇 안 되는 학문 분야 중 하나로, 특히 1970년대 초부터 이 논의에 지속해서 참여해 왔다(Brown et al., 2004: 4).

개발학의 연구와 실행 과정에서 광범위하게 제기될 수 있는 윤리적 문제를 표 2.2로 정리해 보았다. 우선 제1장에서 언급한 것처럼 개발의 정의 방식은 다양하기 때문에 윤리적 논쟁이 발생할 수 있다. 대표적으로 후기근대주의자와 후기개발주의자들은 개발학이 자신(주로 서구)의 생각을 연구의 대상, 즉 타자(the Other)에게 강요하고 있다고 비판해 왔다.■8

만약 개발학이 약간이라도 정책을 제안, 집행 및 수행하는 데 필요한 지식을 제공하는 도구적인 목적을 추구한다면, 두 가지 측면에서 불가피하게 타인의 삶에 개입할 수 있기에 윤리적인 고민이 반드시 필요하다. 첫째, 개발학 연구는 정책을 결정할 책임이 있는 결정권자가 직접 수행하는 것이 아니기 때문에, 연구자와 의사결정자 관계에 윤리적 논쟁의 소지가 있다. 둘째, 다른 연구 분야도 마찬가지지만 개발학 연구에는 연구에 활용된 1차 조사의 응답자이거나, 그 연구의 결과로 제안될 정책의 대상인 '연구 대상'과 연구자의 관계에서

표 2.2 개발학의 윤리는 무엇인가?

만일 개발학이 …	연구자를 위한 질문
개발 또는 개발 연구에 관한 분야라면	• 개발이 무엇인가를 누가 결정하는가? • 연구의 우선순위와 접근 방법을 누가 결정하는가?
교차학문적 통찰력에 관한 분야라면	• 개발 연구에 대한 서로 다른 학문 분야의 접근 방식이 어느 정도로 대조되며 상충하는가? • 어느 학문 분야의 윤리가 채택되는가? • 사회과학과 자연과학 사이 윤리적 조화는 어떻게 다루어져야 하는가? • 보편적 윤리와 지역적 윤리 중 무엇이 채택되어야 하는가?
응용적·도구적 연구이거나 정책의 제정, 집행, 수행에 필요한 정보를 제공하는 '연구 대상'의 삶에 개입하는 분야라면	• 변화와 개혁에 관한 연구는 어떻게 실행되어야 하는가? • 연구자는 의사결정권을 가진 엘리트나 정책입안자와 어떤 관계를 가져야 하는가? • 연구자는 비계층적 관계를 만들기 위해 어떻게 노력하며, 참여자들과의 권력관계가 비대칭적임을 인식하는가? • 개발에 관한 연구와 저술에 '외부인'은 무엇을 공헌하는가? • 비참여자에 미치는 연구의 영향은 무엇인가?

출처: Sumner, 2007을 재구성.

도 윤리적 쟁점이 존재한다.

2) 개발학의 윤리는 무엇인가?

개발학의 윤리는 세 가지 접근 방식으로 개념화할 수 있는데, 각각은 서로 중복되며 그 논의는 이 장의 앞부분 및 제1장과 관련되어 있다(그림 2.2를 참조).

우선, 개발이라는 관념의 윤리는 인간의 복지와 개발 그 자체를 정의할 때 발생하는 윤리적 쟁점과 밀접한 관련이 있다[제1장의 논의와 특히 센(Sen, 1999)의 연구를 참조하라]. 요컨대 여기서 의미하는 개발의 개념은 고대로부터 시작된 인간 복지에 대한 논의까지 거슬러 올라간다.■9

두 번째로, 연구의 과정에서 윤리를 고려하는 접근은 상호성, 익명성, 기밀성, 사전동의, 안전과 같이 연구 과정 자체와 관련된 문제처럼 다소 협소하지

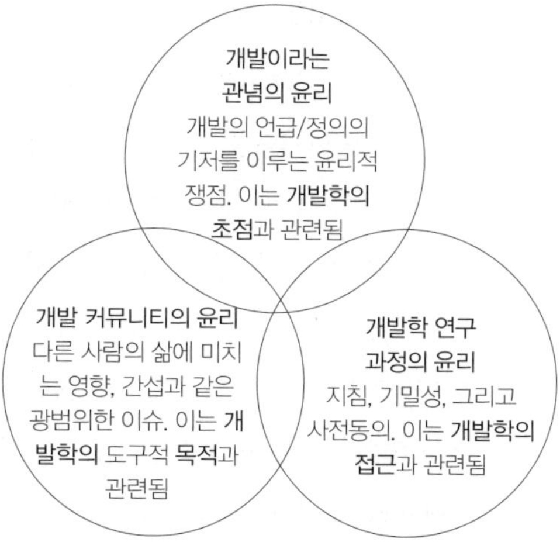

그림 2.2 개발학의 윤리는 무엇인가?

만 중요한 기술적인 부분에 초점을 맞춘다(Brydon, 2006; Laws et al., 2003; Mikkelsen, 2005). 이에 대해 개발학을 구성하는 여러 학문 분야가 윤리적 지침으로써 선택지가 될 수 있다(박스 2.3 참조).

연구 윤리 지침이 지닌 주요한 기능 중 하나는 연구자와 '연구 대상' 사이의 '거리', 즉 윤리적 안전구역을 만드는 것이라 할 수 있다. 이 지침의 목적은 연구자와 참여자 사이가 모호한 주관적 연구가 아닌, 연구자와 연구 대상자가 구분된 객관적인 연구를 촉진하는 것이다. 이러한 측면에서 연구자와 연구 대

박스 2.3

개발학에 적합한 학술 단체의 윤리 지침

사회인류학학회 www.anthropology.ac.uk/ethics2.html

정치연구학회 www.psa.ac.uk/Publications/Professional_Conduct.htm

사회연구학회 www.the-sra.org.uk/index.htm

개발지역연구회, 왕립지리학회 www.gg.rhul.ac.uk/DARG/ethical.htm

국제개발윤리협회 www.development-ethics.org

상을 분명하게 구분할 수 없다는 전제가 있는 만큼 참여 연구와 행동 연구는 '윤리적 안전구역'을 더욱 명확히 정의할 필요가 있다. 대안적 지침들 사이에는 차이점이 존재하며, 그 지침들이 만들어지고 적용되는 맥락에도 차이가 존재하기에, 지침을 해석하고 활용할 때는 신중을 기해야 한다. 예를 들어, 정보의 활용을 위해 얻는 사전동의는 문화마다 서로 다른 의미와 방식이 있을 수 있다.

박스 2.4에 제시된 개발지역연구회(Developing Areas Research Group, DARG)의 지침은 그동안 확인된 문제들을 다루는 구체적인 기준들로 구성된 폭넓은 원칙으로 개발학에서 활용도가 매우 높다(박스 2.4 참조).

윤리는 연구 주제의 탐색에서 연구의 진행과 결과의 활용에 이르기까지 전 과정에서 고려되어야 한다(David and Sutton, 2004). 과거에는 주로 자료 수집 단계에서만 윤리적 고민이 집중되었으나, 이제는 연구 과정 전반으로 확대될 필요가 있다. 이 장의 전반부에서 의문을 제기했듯이, 누가 연구의 우선순위를 결정하는지, 누구의 목소리가 포함되었는지, 누가 연구 과정을 통제하고 있는지, 누가 연구 결과를 소유하는지, 누가 연구의 혜택을 얻는지 등 다양한

박스 2.4

영국 개발지역연구회(DARG) 윤리 지침

광범위한 원칙

개발지역연구회 회원은 개발도상국에 관해 연구할 때 다음의 광범위한 원칙을 수용하기 위해 노력해야 한다. 정직, 통합, 민감, 평등, 호혜, 반성, 도덕, 맥락성, 비차별, 공정, 인지, 개방, 이타, 정의, 신뢰, 존중, 책임.

세부 내용

허가; 접근, 공개, 동의; 위험; 기밀, 익명; 사생활, 침입; 인지; 맥락; 호혜와 파트너십; 차별과 착취; 선물, 뇌물, 부패; 정직, 실재; 권력, 책임; 이타주의, 우선순위; 위치성; 결과; 입증; 주인의식; 비학문적 맥락; 상담; 혐오 조직; 정부; 전문적 명성.

출처: DARG, 2003.

질문을 되짚어 보아야 한다. 윤리가 단순히 적절한 수행 방식이 무엇이며 다른 이들의 개념과 가치를 어떻게 존중해야 하는지 기준을 제시하는 정도의 수준을 넘어서야만 한다(Scheyvens and Storey, 2003: 234).

이는 다시 세 번째 접근으로 이어지는데, 이 접근은 윤리와 개발학의 관계를 가장 근본적으로 다루는 방식일 것이다. 이를 범집단적 사안, 즉 개발 커뮤니티 자체가 지녀야 할 윤리라는 특징을 가지고 있다(표 2.2와 2.3 참조). 이 사안들은 국제개발에서 연구자가 해야 할 역할 중, 특히 연구자가 자신의 작업

표 2.3 '개발' 커뮤니티의 윤리: 성찰해야 할 질문

제기된 윤리적 쟁점	연구자들의 문제
외부인의 역할	외부인이 현지 연구자를 '배척'하는가 아니면 '참여'시키는가?
역량	연구는 역량을 '키우는'가, 그리고 그것을 목표로 삼아야 하는가?
책무성	• 연구자가 책임을 져야 하는 대상은 누구인가, 이때 어떤 책임의 과정이 있어야 하는가? • 연구자가 실제로 책임을 지고 있는 대상은 누구인가, 이때 실무에서 어떤 책임의 과정이 수반되는가?
연구 안건의 통제	• 연구의 목적을 원칙적으로 통제하는 사람은 누구인가, 어떤 통제 과정이 발생하는가? • 연구의 목적을 실제로 통제하는 사람은 누구인가, 어떤 통제 과정이 발생하는가?
개발도상국 외부 연구기관의 역할	개발도상국 연구에서 선진국의 기관이 수행하는 역할은 무엇인가? 그 역할은 무엇이어야 하는가?
독립성	연구자는 독립적인가, 누구로부터 독립적인 것인가, 그리고 그 독립은 어떻게 보장받는가?
정책 타당성	• 개발학은 정책과 관련 있나? • 정책 관련 연구가 의미하는 것은 무엇인가? • 모든 개발학 연구가 정책 관련이어야 하는가? • 개발학 연구자는 자신의 연구로부터 도출된 결과에 책임이 있는가?
연구자와 의사결정자 간의 관계	연구자는 자신의 연구가 영향을 미칠 의사결정자, 정책입안자, 그리고 엘리트와 어떤 관계를 가져야 하는가?

출처: Haddad, 2006에서 발췌.

에 어떤 책임과 의무를 가지는지 의문을 제기한다. 연구자는 어떤 역할을 해야 하는가? 정책의 제정, 집행 및 수행을 목적으로 하는 보다 도구적인 연구에서 연구자는 자신의 연구 결과를 어느 정도까지 책임져야 하는가? 혹은 이 모두가 의사결정자의 책임일까? 연구자는 개발 관련 연구에 자원을 활용하여 지식의 기반을 축적할 수 있지만, 이때 할당된 자원을 다른 용도로 사용했을 때보다 더 큰 성과를 얻었음을 증명할 필요가 있다.■10 이 맥락에서 다음과 같은 기본적인 질문을 생각해 볼 수도 있다. 개발학 연구에 사용된 자원과 개발 프로그램에 직접적으로 사용된 자원 중 어느 쪽에 더 효과가 있는가?

이처럼 윤리적 쟁점에 관한 논쟁은 개발학의 핵심이라 할 만하다. 이는 곧 개발학 연구자가 되기 위해 갖추어야 할 윤리, 즉 타인의 삶에 개입하기 전에 고민해야 할 윤리적·도덕적 쟁점들을 의미한다. 이러한 윤리적이고 도덕적인 쟁점들은 자신의 지역에서 활동하고 있는 모든 연구자와 실무자들이 당면한 문제이며, 오늘날 연고가 없는 다른 국가나 환경에서 활동하는 개발학 연구자와 실무자들이 상당히 많다는 점에서 윤리적 이슈는 중요해지고 있다.

4. '위치성'과 개발학

1) 무엇이 '문제'인가?

자신의 개인적인 관점이 개발의 맥락에서 연구에 얼마나 영향을 미칠까? 또한 기관들이 저마다 보유한 집단적이면서도 논쟁의 소지가 있는 관점은 그 기관의 개발 분야 연구에 어느 정도나 영향을 미치는가? 만약 우리의 연구 대상이 상황의 일부라면, 우리는 그 연구에 어떻게 접근해야 할까? 이 절에서는 이러한 질문들의 연장선에서 '위치성(positionality)' 또는 '상황성(situationality)'에 대해 논의하려 한다.

우리가 이야기하려 하는 '문제'는 무엇을 의미하는가? 개발도상국을 연구하기 위해서는 '짐'이라고 칭할 수밖에 없는 것이 늘 수반되기 마련이다. 산업국 출신의 개발학 연구자와 지역 출신 토착 연구자 모두 ① 자신들이 지닌 선입견과 더불어, ② 연구 과정에서 만나는 개발도상국 주민이 지닌 선입견의 영향을 받으며 개발을 접하게 된다. 이때 이 선입견은 지난날의 경험뿐만 아니라, 동시대의 비역사적인 인식에도 영향을 받는다. 어떤 의미에서 모든 연구자, 그중에서도 특히 사회과학 분야의 연구자는 항상 '외부인'의 위치에서 연구를 수행한다. 연구자는 자신이 수행하는 연구의 '참여자'나 '대상'과는 다른 경제적·사회적·문화적 지위를 갖기 때문이다. 이러한 '외부성'의 문제는 서구의 사회과학자가 자기 지역을 연구할 때나, 개발도상국의 토착 연구자가 자기 지역을 연구할 때에도 동일하게 나타난다. 따라서 연구자가 연구의 참여자거나 대상인 '타자'와 마주할 때 형성되는 관계는 연구자가 가진 경제적·사회적·문화적 배경에 부분적으로 영향을 받는다. 또한 연구자가 자신의 역할과 배경에 영향을 받아 연구의 '참여자'와 '대상'을 인식한다는 점을 인지하지 못하는 경우에도 이들 사이 관계에 영향을 미친다. 그렇기에 개발학 연구 과정에 만들어지는 상호관계는 일종의 '위치성'으로 인해 형성된 것이라 볼 수 있다.■11

제1장에서 살펴보았듯이, 개발학은 후기근대주의자들로부터 개발을 묘사하는 방식에 대해 지속적으로 비판받아 왔다. 이 장의 서두에서 인용한 라네마(Rahnema, 1997: 395)의 질문을 통해 분명히 했듯이, 후기근대주의자들에게 가장 중요한 논제는 무엇을 '안다'는 것은 주관적인 경험이기 때문에, 외부자뿐만 아니라 내부자조차 어떤 것을 완전히 객관적으로 '알'게 되는 것은 불가능하다는 것이었다. 라네마는 연구자와 저자들이 엮여 어떠한 의미든 알아내는 방식을 탐구했지만, 위치성을 반영하고 연구를 통해 얻은 지식에 대해 반문할 것을 강조했다. 상당수의 후기근대주의자들이 우려하는 부분은 지식

인과 개발업자들이 신식민주의적 지식을 생산하는 데 공모하거나 더 심하게는 그들로 인해 제3세계의 '서벌턴(subaltern)'들이 침묵하게 될지 모른다는 점이다.■12

2) 연구자는 무엇을 달리할 수 있는가?

그렇다면 개발학 연구자는 이러한 비판들에 어떻게 대응해 왔는가? 제3세계에 거주하는 주민들의 삶을 개선한다는 윤리적 동기가 기저에 깔려 있음에도 개발학 연구자들은 사람들의 삶에 개입하고 무엇이 그들에게 '좋은 것'인지 '안다'고 주장할 때 수반되는 윤리적 이슈에 대응하는 데는 놀라울 정도로 둔감했다. 이러한 상황이 곧 '개발 연구자의 타당성 위기'를 자초했다(Scheyvens and Storey, 2003: 2). 이로 인해 일부는 개발 분야 연구를 포기했고, 또 일부는 현지 지식에 권위를 부여하는 상대주의적 견해를 선택하기도 했다. 그리고 다른 이들은 제3세계의 개발학 연구자는 자신의 커리어에 이득이 되는 것에만 몰두하는 '학문적 관광객'이며 '연구 여행자'라는 비판을 극복하는 방편으로 참여 연구를 택했다(Lather, 1988: 570).

그러나 서구 사회와 제3세계 주민의 관계를 다루는 연구의 결과는 늘 지속가능하지 못한 착취적 제안을 하기 마련이었는데, 그 이유는 다음과 같다.

> 이러한 연구의 기저에는 제3세계 주민들은 권력이 없다는 가정이 깔려 있지만 … 현실적으로 연구자가 연구 절차의 모든 것을 통제할 수 있는 경우는 거의 없다(Scheyvens and Storey, 2003: 5).

후기근대주의 이론가들은 주변화된 '제3세계' 집단의 표상은 결국 연구자들이 지닌 '위치성'과 밀접히 관련되어 있음을 깨닫고, 연구자가 연구의 일부인 자신에 대한 인식을 강화하는 '초자아 성찰(hyper-self reflexivity)'의 필요성을 제안했다. 이 주제에 관해서는 제5장의 4절 2)에서 더 자세히 탐구할 것이다.

체임버스(Chambers, 1983; 1997; 2006) 또한 현실에 대한 특정 상상이 투과되는 메커니즘을 논하며, 개발과 빈곤을 평가할 때 부단한 자기 감독과 비판적인 성찰의 필요성을 강조한 바 있다. 그는 외부인은 도시 지역에 이끌리고, 그곳에 갇힌 상태로 도시의 지식을 생산하고 소통하고 있어, 주변의 농촌 지역은 고립되고 무시당한다고 주장했다(Chambers, 1983: 2). 도시에 근거지를 두는 대다수 외부인이 겪는 직접적인 농촌 경험은 시간을 내어 잠깐 방문하는 정도에 그쳐 '농촌 개발 관광'의 형태를 띠게 된다. 이에 따라 체임버스(Chambers, 1983; 1997; 2006)는 개발학 연구자가 지닌 여러 가지 편향을 정리했다(박스 2.5 참조). 이를 통해 그는 다양한 편향으로 인해 외부인들이 농촌의 빈곤, 그중에서도 가장 극심한 빈곤 상태를 접하지 못하고 있다고 말하며, 이 문제를 해결하는 방법은 더 자주 방문하고, 문을 열고 찾아가서 편견에 맞서는 것을 즐기는 것뿐이라고 제안했다(Chambers, 2006: 17, 3, 33).

그렇다면 연구자는 무엇을 달리할 수 있는가? 여기서 서로 연관된 두 가지 방안이다. 첫 번째 방안은 연구의 출간을 위해 고의로 부적절한 내용을 걸러내지 않고, 오히려 윤리적인 딜레마를 더 개방적으로 드러내는 방법이다. 이를 위해서는 연구에서 연구자의 위치를 분명하게 드러내고, 연구의 참여자, 후원자, 협력자 사이에서 발생할 수 있는 갈등과 '짐'을 투명하게 공개하는 개방성이 필요하다. 이 부분에서 개발학은 학문적인 거리 두기와 권위성에 꾸준히 문제를 제기해 왔던 인류학자와 사회학자들에게 배울 부분이 특히 많을 것이다.

개발학을 비롯하여 문화, 성별, 계층의 경계를 초월하여 여러 문화를 교차하는 연구 분야의 장점은 다양한 관점을 보여 줄 수 있다는 데 있다. 이때 진짜 쟁점은 누가 누구를 위해 이야기하고 때로는 주장하고 있는지 파악하는 것이

박스 2.5

체임버스의 '개발 연구자의 편향'

- 공간 편향: 연구자는 도시 지역과 도로와 공항이 있는 장소로 가는 경향이 있다.
- 프로젝트 편향: 연구자는 무언가 진행되고 있는 곳, 즉 재원이 사용되어 프로젝트가 진행 중인 곳으로 가는 경향이 있다.
- 사람 편향: 연구자는 엘리트(마을 지도자, 수장, 종교 지도자, 유사 전문가 등), 남자(예를 들어, 지방정부의 직원 대다수는 남자), 그리고 (서비스, 관습 등을) 사용하고 받아들일 것 같은 사람들을 주로 찾고, 그렇지 않은 사람들을 꺼리는 경향이 있다. 연구자가 노인이나 어린이의 이야기를 듣는 경우는 거의 없다.
- 계절 편향: 연구자는 건조한 계절에 가는 경향이 있다.
- 외교적 편향: 연구자는 자신의 공손함과 소심함 때문에 민감한 문제는 피하는 경향이 있다.
- 전문가 편향: 연구자는 자신들의 사고에 적절히 부합하는 전문적인 교육, 가치, 관심사를 찾는 경향이 있다. 예를 들어, 연구자는 빈곤의 상호연계성을 놓치는 경향이 있다.
- 안전 편향: 연구자는 안전한 곳을 가는 경향이 있어, 개인적으로 안전하지 않은 상황의 경험이 부족하다.

출처: Chambers, 2006: 28-33.

다. 에스코바르(Escobar, 1995)는 개발학이 서구의 '전문가'들이 정당화되도록 재현하여, 현지의 지식 기반을 약화시키고 있다고 비판한 바 있다. 하지만 이러한 재현의 방식도 여러 가지 형태가 있다. 스피박(Spivak, 1988a, 1988b)은 연구자들이 '타자'를 표현할 때 그 재현의 방식을 정하는 연구자 스스로의 역할을 제대로 인지하지 못하고 주장했다.

스피박은 정치적인 재현처럼 '대신해서 말하는(speaking for) 것'과 연구의 '참여자' 및 '대상'을 '설명하며 말하는(speaking about) 것'을 구분했다. 여기에 세 번째로 대화에 참여하는 '더불어 말하는(speaking with) 것'을 추가할 수 있을 듯하다. 또한 후기근대주의자들이 목표로 삼는 "아래로부터의 역사"(Kapoor, 2002: 653)나 "그동안 인식(episteme)되지 못해 오던 사람들"(Spivak, 1990: 102-103)을 발견하여 기록하는 것이 네 번째 재현의 방법으로 간

주될 수 있을 듯하다.

첫 번째 방안과도 밀접히 연관된 두 번째 방안은 타인의 삶에 개입하여 발생하는 영향력을 더 중요하게 다루는 방법이다. 이를 연구의 '변화적 타당성(catalytic validity)'으로 표현할 수 있는데, "연구의 참여자들이 현실을 알고 이를 변화시킬 수 있도록, 연구의 과정에서 참여자들을 재확인하고, 그들에게 주목하며, 활기를 불어넣는 정도"를 의미한다(Lather, 1988: 272). 이 사안은 개발학 연구자의 책무성(accountability)도 앞서 정리했던 표 2.3의 방식대로 고민해 볼 소지가 있음을 보여 준다. 연구의 목적은 누가 결정해야 하는가? (계층적이지 않은) 협력 모델은 어떤 형태가 가장 적절한가? 어떤 종류의 연구가 실제로 빈곤을 감소시키는가? 지식과 사회 변화를 연결하는 채널은 무엇인가?

후기근대주의자들의 비판에 대응하며 개발학의 존재가치를 증명하기 위한 윤리적 탐구가 꾸준히 진행되어 왔다(Parfitt, 2002: 6-7, 83). 그 결과로 불가피한 듯했던 '개발학은 제국주의적 담론'이라는 비판에 대응하는 주장도 제기되었다. 이 주장은 어디에서나 상대적으로 더 강한 권력을 가진 '사회적 소수'의 구성원은 상대적으로 약한 권력을 가진 '사회적 다수'를 지원해야 할 윤리적 의무를 진다고 설명한다. 이러한 사고에는 '타자'의 윤리에 관해 연구한 레비나스(Emmanuel Levinas, 특히 1969; 1998)가 크게 이바지했다. 그에 따르면, 진짜 고민해야 할 질문은 '우리가 왜 존재하는가'가 아니라 '우리는 자신의 존재를 어떻게 정당화하고 있는가'였다. 인간은 '타자'에게 무한한 책임을 갖는데, 그 이유는 다른 인간과의 관계와 거기서 얻는 '위치성'에서 자신의 정체성이 형성되기 때문이다. 제안의 핵심은 '타자'와의 관계 형성은 자신의 정체성 형성과 광범위하게 연계되어 있다는 점이다. 정말 인간이 오로지 다른 사람이라는 존재를 통해 자신의 정체성을 확립한다면, 다른 인간에게 자신의 정체성의 확립이 달려 있기에 곧 그들을 잘 대하는 것이 자신의 기본적 의무가

됨을 뜻한다. 개발학이 인류 보편적 특성인 정체성 형성에 역할을 한다는 점에서 레비나스식 윤리적 고민은 개발학 참여를 위한 필수 조건까지는 아니더라도, 건전한 기반을 제공한다고 할 수 있다.

개발학의 수행에는 매우 심오한 고도의 윤리적 복잡성이 동반된다. 이로 인해 연구자는 연구를 고안할 때 정확한 지침보다는 어느 정도는 유연하고 개방적인 대원칙이 필요할 것이다. 이때 근본적으로 질문해야 할 점은 도대체 어떠한 이유로 연구자나 수행자에게 타당성이 부여되는지이다. 왜 개발학이 존재하는가? 만일 개발학 연구가 어떠한 형태로든 변화의 촉매 역할을 하지 못하고 있다면, 개발학이 존재하는 윤리적 근거는 무엇이겠는가? 이러한 질문들은 연구자가 자신의 연구 주제를 정할 때만이 아니라, 연구의 협력자, 후원자, 정책입안자를 비롯한 엘리트들과 관계를 형성할 때도 중요하다. 그리고 이 사안은 연구자의 책무성(누구에 대한? 어떻게?), 독립성(누구로부터? 어떻게?), 그리고 연구의 소유권(누가 연구의 목적을 결정하는가? 어떻게? 연구 결과로 수행될 일은 누가 정하는가?)의 문제까지 확장된다.

이는 성급히 답을 내릴 수 없는 커다란 난제들이다. 그렇다면 연구자는 지금 당장 무엇을 할 수 있을까? 지침까지는 아니지만 대원칙 정도의 맥락으로 제안한 다음 사회·정의적 연구의 네 가지 요소를 참고해 보자(Pham and Jones, 2006: 2-3, 5).

> [네 가지 요소는] 연구 과정에서의 자기성찰, 연구 참여자와의 상호적 대화, 주변화된 지식의 발견, 연구 디자인과 타당성의 정의를 다시 생각하기.

5. 요약

이 장에서는 다음의 세 가지를 다루었다.

1) 개발학의 본질

개발학은 1960년대만의 인지적이고 활동적인 시대 배경 속에서 등장했다. 1960년대 이후에는 개발의 정의가 변화하고, 교차학문적 접근 방식이 강화되었으며, 개발학의 목적이 발전하는 등 개발학계는 다양한 변화를 겪어 왔다. 개발학이 빠르게 도구적인 방향으로 변화함으로써 연구자의 성찰을 강조하는 윤리적 고민의 필요성 또한 커지고 있다.

2) 개발학의 목적

개발학은 다른 사람의 삶에 개입하는 것과 타인에게 무엇이 '좋은 것'인지 '안다'고 주장하는 것이 가진 윤리적 중대성에 놀라울 정도로 둔감했다. 개발학이 개발을 다루는 학문이라면, 개발의 구성 요소는 누가 정하는지 의문이 남는다. 또한 개발학이 조금이라도 여러 학문과 문화를 걸친 교차적 학문이 맞다면, 어떤 학문의 윤리를 받아들여야 할지도 고민해 볼 필요가 있다. 마지막으로 개발학이 조금이라도 도구적인 특성을 갖는다면, 즉 지식생산 그 자체를 위해서가 아니라 도구적으로 이용 가능한 지식을 만드는 것에 목적이 있다면, 연구의 진행과 활용 그리고 연구의 대상 및 후원자와의 관계에 관해서도 윤리적 고민이 필요하다.

3) 위치성과 개발학

연구자와 실무자가 지닌 편향과 시각은 그들의 연구를 규정하고 형성하는 데 얼마나 영향을 미칠까? 우리가 모두 같은 현실의 일부라면, 우리는 개발을 어떻게 접근해야 할까? 연구자는 자신이 지닌 특정 관점에 따라 '타자'를 재현하게 되는데, 그 재현 방식은 부분적으로 연구자가 가진 경제·사회·문화적 배경에 의해 구성된다. 그렇기에 개발을 분석하기 위해서는 끊임없는 자기 감독과 비판적 성찰이 필요하다.

주

1. 유럽의 개발 연구기관 책임자 43명을 대상으로 한 설문조사에서, 88%가 연구 집단 자체를 중요한 청중으로 보았지만, 또한 82%는 자기 나라의 정책입안자가 중요한 청중이라고 말했다(EADI, 2006: 6).
2. 나이로비 대학교의 개발학연구소는 1965년에 설립되었다. 자세한 내용은 웹사이트 http://www.uonbi.ac.ke/departments/dept_page.php?dept_code=NH&fac_code=45 참조. 방글라데시 개발학연구소(BIDS)는 1957년에 처음 설립되었으나, 동서로 파키스탄이 나누어지고 방글라데시가 개국하며 1971년 다카로 이전했다. 자세한 내용은 웹사이트 http://www.bids-bd.org/about/index.htm을 참조.
3. 제1장의 Easlea, 1973을 참조.
4. 2004년 이후 개발학의 본질과 역할에 관해 정부 주도하에 많은 연구가 진행되어, EADI 연구물 목록에 누적되었다. 자세한 내용은 다음의 웹사이트 http://www.eadi.org/detail_page.phtml?page=dossier_devstudies를 참조.
5. 물론 이 입방체를 4×4×4로 확대하면 72개의 요소가 포함된다. 이 경우 3×3×3의 큐브 장난감 형태보다 훨씬 포괄적인 사고가 가능하다.
6. 일부에서는 개발학이 '규범적(normative)'이라고 설명한다. 이는 개발학이 실천 지향적인 연구를 목적으로 하고 복지 향상을 추구한다는 점에서는 분명히 부합하는 표현이지만, 실증주의 경제학에서 말하는 '가치중립성(value-free)'의 정반대 개념인 규범적 특성과 혼동될 수 있어 주의가 필요하다. 이러한 맥락에서 짚어야 할 문제점은 '가치중립'적인 신고전주의 경제학에서 나타나는 현재 상황(또는 현재의 권력관계)을 추구하는 '숨겨진' 편향성이다. 개발학이 응용적이고 도구적 분야라는 것이 개발학이 전적으로 규범적인 분야임을 의미하지는 않는데, 이는 실천 지향적인 연구는 실증적 동기와 규범적 동기 두 가지 모두를 가질 수 있기 때문이다. 실증적 접근과 규범적 접근 사이의 차이는, 실증적 접근은 연구 분석에서 연구자의 편향과 가치관이 배제되는 '가치중립'을 추구하는 반면, 규범적 접근은 연구자가 지닌 편향과 가치관이 분명하게 드러나거나 암묵적으로 투영되는 것을 추구한다. 연구와 분석

적 글쓰기 과정에 있어 어떠한 형태로든 연구자가 지닌 편향과 암묵적 가치관이 반영될 수 밖에 없으므로, 이를 어떻게 통제하고 의식하는가가 가장 중요한 문제라고 여러 학자가 말한 바 있다(이 문제는 제5장에서 다시 다룬다). 물론 연구자와 저술가 중 일부는 자신들의 작업이 완벽하게 객관적이고 가치중립적이며 편견이 없다고 주장하기도 한다.

7. 인류학자와 경제학자의 윤리적 접근 방식의 차이는 흥미로운 주제 중 하나이다. 다수의 경제학자가 전통적인 경제 분석 방식이라 보기 때문에 다른 세계관, 가치체계 및 윤리적 관점에서 지적하는 오류의 가능성을 전혀 고려하지 않는다. 이러한 경제학적 접근 방식은 세상에는 이성적이고, 효용 극대화를 추구하는 경제인(economic man) 또는 호모에코노미쿠스(Homo economicus)만이 존재한다는 가정을 고수하고 있다. 그러나 '비주류경제학(heterodox economics)' 분야는 경제 분석에서 이전보다 복잡하고 분할된 접근 방식을 취하고 있다(제3장과 제4장에서 더 논의한다). www.HETecon.com에 가면 비주류경제학에 관한 유용한 참고 자료들을 찾아볼 수 있다.

8. 제1장 서론에서 언급한 것처럼, '타자(the Other)'라는 표현은 차이를 드러내기 위해 사용되었다. 이러한 맥락에서 타자는 연구와 집필의 '대상'이라는 의미를 갖는데, 예를 들어 개발도상국을 연구하는 상황에서는 개발도상국 주민, 빈곤을 연구하는 상황에서는 '가난한 사람'을 의미한다. 다수 또는 아마 거의 모든 연구자가 고등교육을 받았고 중산층일 가능성이 높은데, 이들이 가난한 사람을 완전히 이해할 수 있는 수준인지에 대해서는 고민해 볼 가치가 있다. 산업국 출신의 연구자가 개발도상국에서 연구를 진행할 때에도 유사한 문제가 발생한다.

9. 글로벌 개발목표와 전략 및 남부/북부의 관계를 윤리적 관점에서 성찰하기 위해 다분야의 철학자, 사회과학자, 실무자가 모인 국제개발윤리협회(International Development Ethics Association)에서 유용한 기준을 찾을 수 있으니, 다음의 웹사이트 http://www.development-ethics.org를 참조 바란다.

10. 빈곤감소에 있어 연구의 강한 영향력을 보여 주는 많은 연구가 있다(Surr et al., 2002: 8-9). 특히 농업 분야 연구에서 그 성과가 높은 듯하다. 농업 분야 연구는 한 사람을 빈곤에서 벗어나게 하려면 1인당 180~190달러의 비용이 필요하다고 추산한 반면, 일반적 원조를 통해 한 사람을 빈곤에서 벗어나게 하려면 1인당 2,304달러의 비용이 소요된다는 연구가 있다.

11. 박사학위 논문에서 연구의 성찰(reflection)은 연구를 진행하며 배운 내용을 다루는 절대적으로 중요한 단계이다. 이와 달리 컨설팅 보고서나 정책 자료를 읽는 사람들은 저자의 윤리적 딜레마에 큰 흥미를 갖지 않을 것이다. 이때 발생하는 쟁점은 개발학 박사 논문은 한 개인이 작성하지만, 컨설팅 보고서나 정책 자료는 한 '팀'이 작성하는 경우가 많다는 점이다. 이는 팀이 진행하는 연구가 많은 개발학계에서 더욱 공개적으로 논의해야 할 주제이다. 이제는 외부적으로 위임 사항이 결정되는 컨설팅 보고서와 공여기관의 지원을 받은 연구 보고서가 별다른 차이를 보이지 않는 실정이다.

12. 서벌턴(subaltern)은 문화연구 분야에서 나온 용어이다. 이는 엘리트를 위한, 그리고 엘리트에 관한 역사 연구에 맞선 것으로 알려진 인도 역사학계의 '서벌턴 연구(Subaltern Studies)'에서 처음 등장했다. 여기서 '서벌턴'이라는 용어는 주변화되거나 압제받는 비엘리트 대중을 의미한다.

참고문헌

Aristotle. (350 BCE) Nicomachean Ethics. Available at http://virtuescience.com/nicomacheanethics.html (accessed 7 July 2007).

Bernstein, H. (2005) 'Development studies and the Marxists', in Kothari, U. (ed.), *A Radical History of Development Studies*. London: Zed Books.

Bevan, P. (2006) *Researching Wellbeing across the Disciplines: Some Key Intellectual Problems and Ways Forward*. Wellbeing in Developing Countries (WeD) Research Group Working Paper 25. Bath, UK: WeD.

Booth, D. (1985) 'Marxism and development sociology: interpreting the impasse', *World Development*, 13(7): 761-787.

Box, L. (2007) *Understanding Development(S): The Development of Understanding. Mimeograph*. The Hague: Institute of Social Studies.

Brown, N., Boulton, M. and Webster, A. (2004) *Social Science Research Ethics in Developing Countries and Contexts*. ESRC Research Ethics Framework. Discussion Paper 3. ESRC Research Ethics Framework Project. Science and Technology Studies Unit (SATSU), Department of Sociology, University of York and School of Social Studies and Law, Oxford Brookes University.

Brydon, L. (2006) 'Ethical practices in doing development research', in Desai, V. and Potter, R.B. (eds), *Doing Development Research*. London: Sage.

Camus, A. (1966) *The Plague*. Translated by S. Gilbert. Harmondsworth: Penguin Books.

Chambers, R. (1983) *Rural Development: Putting the First Last*. London: ITDG.

Chambers, R. (1997) *Whose Reality Counts? Putting the First Last*. London: ITDG.

Chambers, R. (2006) *Poverty Unperceived: Traps, Biases and Agenda*. IDS Working Paper 270. Sussex, UK: IDS.

Corbridge, S. (2005) *Queuing, Complaining, and Photocopying: Notes on the (Im)possibility of Development Studies*. Paper presented at the Development Studies Association Annual Conference, Milton Keynes, UK. Available at www.devstud.org.uk

Court, J. and Maxwell, S. (2005) 'Policy entrepreneurship for poverty reduction: bridging research and policy in international development', *Journal of International Development*, 17(6): 713-725.

DARG(Developing Areas Research Group). (2003) *DARG Ethical Guidelines*. Available at www.gg.rhul.ac.uk/DARG/ethical.htm (accessed 24 April 2007).

David, M. and Sutton, C. (2004) *Social Research: The Basics*. London: Sage.

Denzin, N. (1997) *Interpretative Ethnography: Ethnographic Practices for the 21st Century*. London: Sage Publications.

DSA(Development Studies Association, UK). (2004) *Unit of Assessment in the Research Assessment Exercise 2008 for Development Studies*. Available at www.devstud.org.uk/consultation.htm (accessed 1 August 2005).

DSA. (2006) *Draft Benchmarking Statement for Development Studies*. Available at http://www.devstud.org.uk/consultation/benchmark.htm (accessed 1 May 2007).

EADI(European Association of Development Institutes). (2006) *European Development Research Survey 2006*. Bonn: EADI.

Easlea, B. (1973) *Liberation and the Aims of Science: An Essay on Obstacles to the Building of a Beautiful World*. London: Chatto and Windus.

Edwards, M. (1989) 'The irrelevance of development studies', *Third World Quarterly*, 11 (1): 116-135.

Escobar, A. (1995) *Encountering Development: The Making and Un-making of the Third World*. Princeton: Princeton University Press.

Fanon, F. (1970) *Toward the African Revolution*. Harmondsworth: Pelican Books.

Frank, A.G. (1969) 'The development of underdevelopment', in A.G. Frank (ed.), *Latin America: Underdevelopment or Revolution*. New York: Modern Reader. pp.3-17. Reprinted from Monthly Review, September 1966.

Furtado, C. (1967) *Development and Underdevelopment: A Structural View of the Problems of Developed and Underdeveloped Countries*. Berkeley and Los Angeles: University of California Press.

Furtado, C. (1970) *Economic Development of Latin America: A Survey from Colonial Times to the Cuban Revolution*. Cambridge: Cambridge University Press.

Gulliver, P. (1957) *Interim Report on Land and Population in the Arusha Chiefdom*. London: UK Colonial Office, HMSO.

Haddad, L. (2006) *Reinventing Development Research: Listening to the IDS40 Round tables*. Paper prepared for IDS40 Conference, 'Reinventing Development Research', 20-22 September.

Harriss, J. (2002) 'The case for cross-disciplinary approaches in international development', *World Development*, 30(12): 487-496.

Harriss, J. (2005) 'Great promise, hubris and recovery: a participants history of development studies', in Kothari, U. (ed.), *A Radical History of Development Studies*. London: Zed Books.

Hølm, S. (2003) *'Moral Pluralism' in 'the Ethical Aspects of Biomedical Research in Developing Countries'*. Proceedings of a Roundtable (1 October 2002), Luxembourg: Luxembourg Office for Official Publications of the European Communities.

Hulme, D. and Toye, J. (2006) 'The case for cross-disciplinary social science research on poverty, inequality and wellbeing', *Journal of Development Studies*, 42(7): 1085-1107.

Kapoor, I. (2002) 'Capitalism, culture, agency: dependency versus postcolonial theory', *Third World Quarterly*, 23(4): 647-664.

Kothari, U. (2005) 'A radical history of development studies: individuals, institutions and ideologies', in Kothari, U. (ed.), *A Radical History of Development Studies*. London: Zed Books.

Kuhn, T. (1962) *The Structure of Scientific Revolutions*. Chicago: University of Chicago Press.

Lather, P. (1988) 'Feminist perspectives on empowering research methodologies', *Women's Studies International Forum*, 11(6): 569-581.

Laws, S., Harper, C. and Marcus, R. (2003) *Research for Development: A Practical Guide*. London: Sage.

Levinas, E. (1969) *Totality and Infinity: An Essay on Exteriority*. Pittsburgh, PA: Duquesne University Press.

Levinas, E. (1998) *Otherwise Than Being: Or Beyond Essence*. Pittsburgh, PA: Duquesne University Press.

Lewis, W.A. (1953) *Report on Industrialization in the Gold Coast*. Government Printing Department: Accra.

Loxley, J. (2004) 'What is distinctive about international development studies?' *Canadian Journal of Development Studies*, 25(1): 25-38.

Mayer, P. (1951) *Colonial Research Studies: Two Studies in Applied Anthropology in Kenya*. London: UK Colonial Office, HMSO.

Mehta, L., Haug, R. and Haddad, L. (2006) 'Reinventing development research', *Forum for Development Studies*, 33(1): 1-6.

Meredith, M. (2005) *The State of Africa: A History of Fifty Years of Independence*. London: Free Press.

Mikkelsen, B. (2005) *Methods for Development Work and Research*, 2nd ed. London: Sage.

Molteberg, E. and Bergstrøm, C. (2000) *Our Common Discourse: Diversity and Paradigms in Development Studies*. Centre for International Environment and Development Studies, Agricultural University of Norway (NORAGRIC) Working Paper Number 20. Ås, Norway: NORAGRIC.

Nkrumah, K. (1965) *Neo-colonialism: The Last Stage of Imperialism*. London: Heinemann.

Nyerere, J. (1966) *Freedom and Unity: Uhuru na Umoja: A Selection from Writings and Speeches 1952-1965*. Nairobi: Oxford University Press.

Nyerere, J. (1968) *Freedom and Socialism: Uhuru na Ujamaa: A Selection from Writings and Speeches 1965-1967*. Nairobi: Oxford University Press.

Parfitt, T. (2002) *The End of Development? Modernity, Post-Modernity and Development*. London: Pluto.

Peacock, A. and Dosser, D. (1958) *The National Income of Tanganyika 1942-1954*. Colonial Research Study No. 26. London: Colonial Offi ce, HMSO.

Pham, Thi Lan and Jones, N. (2006) *The Ethics of Research Reciprocity: Making Children's Voices Heard in Poverty Reduction Policy Making in Viet Nam. Young Lives Working Paper*. London: SCF.

Rahnema, M. (1997) 'Towards post-development: searching for signposts, a new language and new paradigms', in Rahnema, M. and Bawtree, V. (eds), *The Post-Development Reader*. London: Zed.

Roxborough, I. (1979) *Theories of Underdevelopment*. London: Macmillan.

Scheyvens, R. and Storey, D. (2003) *Development Fieldwork: A Practical Guide*. London: Sage.

Schmitz, H. (2007) 'The rise of the East: what does it mean for development studies', *IDS Bulletin*, 38(2): 51-58.

Senghor, L. (1964) *On African Socialism: A Report to the Constitutive Congress of the Party of African Federation*. Translated and edited by M. Cook. New York: Praeger.

Shaw, T. (2004) 'International development studies in the era of globalization… and unilateralism', *Canadian Journal of Development Studies*, 25(1): 17-24.

Sicherman, C. (2005) *Becoming an African University: Makerere 1922-2000*. Trenton: Africa World Press.

Simon, D. (2005) *Dilemmas of Development and the Environment in a Globalising World: Theory, Policy and Praxis*. Inaugural Lecture Series. Department of Geography. Royal

Holloway, University of London.
Spivak, G. (1988a) *In Other Worlds*. New York: Routledge.
Spivak, G. (1988b) 'Can the subaltern speak?' in Nelson, C. and Grossberg, L. (eds), *Marxism and Interpretation of Culture*. Chicago: University of Illinois Press.
Spivak, G. (1990) 'Poststructuralism, marginality, postcoloniality and value', in Collier, P. and Greyer-Ryan, H. (ed.), *Literary Theory Today*. London: Polity Press.
Sumner, A. (2007) 'The ethics of development research', *IDS Bulletin*, 38(2): 59-68.
Surr, M., Barnett, A., Duncan, A., Speight, M., Bradley, D., Rew, A. and Toye, J. (2002) *Research for Poverty Reduction*. Department for International Development (DFID) Research Policy Paper. London: DFID.
Tribe, M. and Sumner, A. (2004) *The Nature of Development Studies*. Paper prepared for DSA Annual Conference, Church House, London, 6 November. Available at the Conference section of the DSA website: www.devstud.org.uk

제3장

개발학으로 '알' 수 있는 것은 무엇인가?

지식은 우리의 안과 밖에 존재하는 것들의 상호교류로 형성된다. … 이는 곧 외부를 관찰한 내용이 우리 내부에 전달되어 일어나는 상호작용을 인지하는 것을 의미하며, 그렇기에 우리 스스로가 지닌 선택, 해석, 규정하는 성향에 영향을 받는다(Chambers, 2005: 83).

연구의 각 단계를 구성하는 관찰, 해석, 보고 등 연구자로서 행하는 모든 활동에서 우리는 수많은 가설을 대입한다(Crotty, 2004: 17).

모든 과학적 진취성은 중심 문제, 접근 방식, 분석 방법을 결정하는 가정, 가치, 신념이 기저에 깔려 만들어진 결과물이다(Molteberg and Bergstrøm, 2000: 13, 25).

모든 과학적 진술은 영구히 임시적인 것으로 남아 있어야 한다(Popper, 1968: 280).

두 집단의 과학자들이 같은 곳에서 같은 방향을 향하고 있으나, 마치 다른 세상에 속한 듯이 다른 것을 보고 있다. … 이때 올바른 진리는 반대 측을 설득하거나 이해시켜서 쟁취하는 것이라기보다는, 반대 측이 끝내 사라지고 남은 것에 익숙한 새로운 세대가 등장하면서 만들어지는 것이다(Kuhn, 1962: 150, 161).

각 학문은 저마다의 방식으로 쟁점을 문제화하고 이를 자신들의 언어로 표현한다. 그렇기에 자신의 사고방식과 사용하는 언어를 이해하는 사람과 같이 작업하는 것이 연구자에게 가장 손쉬운 일이다(Haddad et al., 2006: 2).

모든 학자는 자신이 속하지 않은 학문 분야의 자료를 읽은 경험이 있고, 그 자료의 주장에서 느껴지는 불편한 감정에 대해 잘 알 것이다(Brint, 2000: 210).

고유의 언어, 방법론, 가설을 활용하는 사회과학 분야 전반에서 간학문적 연구(inter-disciplinary research) 방식은 찬사와 무시를 동시에 받고 있다. … 학문의 주류를 향한 도전은 초학문적(trans-disciplinary) 방식은 고사하고, 다학문적(multidisciplinary) 수준에서조차 어려운 일이다(McGregor, 2006: 33).

1. 서론

이 장에서는 앞서 설명했던 표 1.2의 개요에 따라, 베번이 제시한 다음 두 가지의 '지식의 기본'에 대해 살펴본다(Bevan, 2006: 7-12). 이는 바로 존재론('현실'의 본질은 무엇인가?)과 인식론(우리는 무엇을 '알' 수 있는가?)이다. 이 맥락에서 '현실'의 본질은 무엇이며, 연구자와 '현실'의 관계는 어떻게 규정되고, 연구자는 어떻게 '현실'을 '알' 수 있는지를 탐구하려 한다.

다른 연구 분야와 마찬가지로 개발학 역시 연구의 기저에 깔린 '현실'과 '지식'에 대한 가정에 따라 연구의 틀이 구성된다. 요컨대 연구자는 "무수히 많은 가설을 대입하고"(Crotty, 2004: 17), 이를 통해 얻은 "과학적 진취성은 기저에 깔린 존재론적이고 인식론적인 가정, 가치, 신념의 산물"(Molteberg and Bergstrøm, 2000: 13)이기 때문에, 연구자가 "선택, 해석, 규정할 때 지니는 성향이 연구에 반영된다"(Chambers, 2005: 83). 이러하니 과학은 무엇이고, 지식은 또 무엇인지 질문하지 않을 수 없다.

자연과학과 사회과학을 통틀어 과학의 개념은 객관적이고 가치중립적으로 '진리'를 추구하고 있는가에 대한 해묵은 논쟁은 지난 50년 동안 '과학전쟁(science war)'이라는 이름으로 지속되어 왔다. 쿤의 주장에 따르면, 과학은 이념적이고 가치판단적인 개념으로, 그 시기에 과학 커뮤니티 내에서 지배적인 사고방식을 따라 추동된다. 여기서 지배적인 사고방식은 "새로운 세대가 등장해야만" 변할 수 있다(Kuhn, 1962: 161). 쿤의 이 주장은 당시 지배적이었던 칼 포퍼(Karl Popper)의 실증주의 학설을 정면으로 반박하는 것이었다. 포퍼는 '과학'과 '비과학'은 분명하게 구분될 수 있다고 생각했다. 포퍼에 따르면, 관찰과 실험으로 검증할 수 있고 같은 방법으로 무효화할 수 있는 이론만이 과학이 될 수 있다. 이러한 관점에서 인류의 지적 성장 과정을 해석하면 의심의 여지 없는 완전한 이론은 있을 수 없기에, "모든 과학적 진술은 영구히 임시적인 것으로 남아 있어야 한다"(Popper, 1968: 280).

이것이 여러 학문 분야에 걸쳐 있는 개발학에 주는 함의는 무엇인가? 각각의 학문에는 '현실'의 본질, 그리고 '알 수 있는 것'에 대한 기본 가정이 있다. 예를 들어, 경제학은 사회과학과 자연과학의 목적성 및 접근 방식에 상당히 많은 공통 요소가 있다고 주장하지만, 인류학을 비롯한 다른 분야에서는 근본적으로 다른 태도를 보이고 있다. 이처럼 "각각의 학문 분야는 저마다의 방식으로 쟁점을 문제화하고 이를 자신들의 언어로 표현하며"(Haddad et al., 2006: 2), 특히 "사회과학 분야는 저마다 고유한 언어, 방법론, 가설을 보유한다"(McGregor, 2006: 33). 실제로 여러 학문으로 구성된 개발학에서는 각자의 모학문이 아닌 분야의 글을 읽을 때 불편함을 느끼는 일이 허다하다(Brint, 2000: 210). 이러한 맥락에서 이 장에서는 개발학의 지식과 교차학문적 특성에 의해 발생할 수 있는 쟁점에 대해 논의해 보려 한다.

또한 이 장에서는 연구자가 지닌 기본 가정이 연구와 실무를 규정하는 방식, 이로 인해 발생할 수 있는 '사각지대'에 대해서도 비판적으로 살펴보려 한다. 2절에서는 근본적인 문제로서 지식과 과학의 본질에 대해 논한다. 이후 3절에서는 학문 분야의 본질에 집중하고, 4절에서는 교차학문적 특성으로 인해 개발학에서 발생하는 쟁점을 다룬다. 마지막으로 5절에서는 이 장의 내용을 요약한다.

2. 지식과 과학

1) 지식의 간략한 역사

지식에 관한 여러 논의에는 다양한 용어가 활용되고 있다(박스 3.1 참조). 이 중 가장 보편적인 용어는 철학적 연구에서 갈라져 나온 것으로, 현실 자체의 본질을 다루는 존재론(ontology)과 지식 자체의 본질을 다루는 인식론(epistemology)이다. 존재론은 무엇이 존재하는지, 즉 존재하는 '무엇' 또는 '알 수 있는 것'의 의미에 대한 이론과 일련의 가정이라고 할 수 있다. 이에 비해 인식론은 존재하고 있는 것을 '어떻게 알 수 있는가'에 대해 집중하는 이론과 일련의 가정이다(박스 3.1 참조).

연구자는 자신들이 지닌 기본 가정이 무엇인지 잘 알고 있어야 하는데, 이 가정이 연구자의 연구, 특히 성과와 결론에 큰 영향을 미치기 때문이다. 실제로 존재론과 인식론은 '학문의 비계(scaffold of learning)'의 처음 두 단계에

박스 3.1

지식의 철학: 핵심 용어와 질문

- 존재론: 무엇이 실제 존재하는가? '현실'의 본질은 무엇인가?
- 인식론: 우리는 '현실'을 어떻게 알 수 있는가?
- 이론: 연구의 주제인 현상 간의 상호관계에 관한 기본 가정은 무엇인가?
- 방법론: 방법의 선택 배경에 있는 전략은 무엇인가?
- 방법: 자료를 수집하고 분석하는 데 사용되는 기술은 무엇인가?

해당하는 필수 요소이다(박스 3.2 참조). 이후 인식론은 이론/개념의 틀을 형성하고, 이는 다시 방법론과 방법을 형성하게 된다.

지식의 정의와 구성 요소, 그리고 지식과 신념의 토대는 무엇인지에 대한 고민은 플라톤의 테아이테토스(Theaetetus) 담화(Plato, 360 B.C.) 이래로 (서양) 철학의 주요 탐구 주제였다(표 3.1 참조).■1

이에 대해 폭넓게 접근한 사례로는, 의심의 대상이 되는 것은 진리로 받아들일 수 없다고 한 데카르트(René Descartes)의 '확실성 찾기(search for certainty)'와, '진리의 기준'을 쟁취하기 위해 경쟁한 고대 그리스의 회의학파(Greek sceptics), 스토아학파(the Stoics), 에피쿠로스학파(the Epicureans) 사이의 논쟁을 들 수 있다. 더 나아가 모든 것에는 근원적인 존재 이유가 있다고 생각한 라이프니츠(Gottfried Willhelm Leibnitz)와 칸트(Immanuel Kant)의 '충족 이유의 원리(principles of sufficient reason)'도 대표적인 예시이다. 이 일련의 고민 속에 가장 중요한 쟁점은 '알 수 있는 것'은 무엇이며, '안다'라는 것의 정도는 어디까지이고, '안다'라는 주장을 어떻게 평가할 수 있는가였다.

철학의 발전 과정에는 몇 가지 주목해야 하는 가닥이 있다. 첫 번째 가닥은 17세기의 '이성의 탄생(birth of reason)'으로 자연법칙에 대한 종교적이고 신비로운 설명에 근본적 의문을 제기하며 자연과 인문 환경 모두에 큰 반향을

박스 3.2

'학문의 비계'

존재론
↓
인식론
↓
이론
↓
방법론
↓
방법

출처: Crotty, 2004: 5의 내용을 재구성.

표 3.1 주요 (서양) 철학의 '지식'과 '현실'에 대한 인식

이름	공헌
소크라테스 (기원전 469~399)	소크라테스식 문답법을 제안 – 진리를 확립하고 불일치를 제거하기 위해, 신념을 끌어내어 의문을 제기함. 지식의 수단으로서 많은 사례를 통해 일반화하는 귀납적 추론의 기반을 마련함.
플라톤 (기원전 427~347)	변증법을 제안 – 명제(논제)와 반명제(반대)가 오가며 서로 대립하는 주장들이 통합되는 결과로 이어짐. 변증법의 목적은 합리적 논의를 통해 불일치를 해결하는 것. 현실은 완벽하고 영원한 세상의 모방품이라고 주장함.
아리스토텔레스 (기원전 384~322)	논리와 귀납이 지식 습득의 도구라고 제안 – 무엇이 왜 그리고 어떻게 존재하는지 설명하는 네 가지의 '원인'을 주장함. (i) 질료인(質料因, material cause): 구성하는 물질, (ii) 형상인(刑相因, formal cause): 발전을 정의하는 패턴 또는 법칙, (iii) 작용인(作用因, efficient cause): 과정의 행위자 또는 창시자, (iv) 목적인(目的因, final cause): 그 끝 또는 결과
베이컨 (1561~1626)	인간의 인식은 선입견과 편견 때문에 대상을 왜곡하는 성향['종족의 우상(the idols of the tribe)']이 있음. 이를 극복하기 위해 성급한 일반화보다는 많은 사례로부터 신중하게 일반적 법칙과 원칙을 도출하는 귀납적 방법을 제안함. 종합적인 자료 수집을 통해 부정적 사례도 찾아보아야 함을 강조함.
갈릴레이 (1564~1642)	연역적 추론으로 우주의 구조와 법칙을 파악하기 위해, 자연현상의 측정과 계량화의 필요성을 주장함. 사물의 주요 성질인 '실체(real property)'는 측정, 계산, 수치화할 수 있으며, 과학의 세계는 '살아가는' 세계가 추상화된 개념임.

홉스 (1588~1679)	연역적 논리를 주장하고, 수학을 인간사에 과감히 적용함.
데카르트 (1591~1650)	지식의 기초로 수학적 모델을 주장함. 합리주의자이고 실증주의자. 우리의 감각은 거짓일 수 있고 의심의 대상이 되는 것은 '진리'로 받아들일 수 없다고 생각하는 '방법적 회의'를 제안함.
로크 (1632~1704)	지식은 감각적 경험으로부터 나온다고 주장함. 사람은 '확신의 정도'(특정 지식은 다른 지식보다 좋을 수 있음)를 가지고 있음. 합리주의자이고 실증주의자. 지식에는 모든 사람에게 같은 방식으로 관찰되는 1차적 현상의 질과 사람마다 다르게 주관적으로 관찰되는 2차적 현상의 질이 있다고 주장함.
라이프니츠 (1646~1716)	모든 존재가 그 자체로서 이유가 있다고 생각하는 '충족 이유의 원리'를 제안함. 실증주의자. 추론 과정은 적절한 지식의 토대라고 주장함.
버클리 (1685~1753)	본질과 같은 것은 없으며, 모든 인식은 인간의 마음속에 존재함. 외부 세계는 인간의 마음에서 만들어짐. 우리가 아는 모든 것은 순전히 정신적 현상에 기초한 인간의 지각으로 만들어짐.
흄 (1711~1777)	지식은 경험 없이 선천적으로 만들어질 수도, 경험 후에 후천적으로 만들어질 수도 있음.
칸트 (1724~1804)	인간의 지식은 현실의 경험에 논거를 적용하는 것에 기초하여 형성됨. 인간은 정보를 선험적인 범주에 맞춤. 현실 세계는 인간과 독립적이지 않음. 우리가 아는 것은 우리의 감각과 이를 해석하는 방식에 달려 있음. 모든 사건이 원인을 가진다는 것은 당연한 진리가 아님.
스튜어트 밀 (1806~1873)	인과관계는 한 가지 원인에 기초하는 경우가 거의 없고, 여러 요인의 결과임. 경험으로부터 귀납적 논증과 일반화를 주장함.
니체 (1844~1900)	인간의 이해와 구분되어 구조화된 객관적 세계가 있다는 믿음을 공격함. 인간이 이미 존재하는 가치와 의미를 발견하기보다는 스스로 만든다고 주장함. 지식으로 간주하는 것을 정의하는 힘이 가장 강한 권력임.
포퍼 (1902~1994)	과학적 방법의 중심에 '입증'보다 '반증'의 원리가 있어야 한다고 주장함.
푸코 (1926~1984)	현실은 오직 '담론'(일련의 사고, 개념, 이론)을 통해서만 알 수 있다고 주장함. 객관적 현실은 없음. 담론을 통제하여 현실을 정의하는 권력은 핵심적인 요소임. '담론'은 사람을 범주화하고, 이를 관리하기 위해 문제적 범주를 재생산한다고 주장함.
쿤 (1922~1996)	'진리'는 주류 '패러다임'의 산물이라고 주장함. 과학자는 객관적이지 않음.

출처: Collinson and Plant, 2006의 관련 내용을 재구성.

일으켰다. 이 관점은 소크라테스, 플라톤, 아리스토텔레스의 맥을 이었다고 볼 수 있다. 이 가닥은 증거에서 일반화를 도출하여 이론을 만드는 귀납적 방법에 기초하여 지식이 생산된다고 본다.

두 번째 가닥은 경험주의와 함께 등장했으며, 베이컨(Francis Bacon), 로크(John Locke), 흄(David Hume), 밀(John Stuart Mill)의 연구가 해당한다. 이들이 보기에 지식은 인간의 경험적 관찰을 과학 및 수학적 원리를 토대로 사회에 적용하면서 형성되는 것이었다. 지식과 인간 행위의 토대를 이룬 과학적 발전은 종교적 믿음에 기댄 설명에 반발하며, 유럽의 '계몽기'로 알려진 17세기 후반에서 18세기 초반에 촉진되었다. 갈릴레이(Galileo Galilei), 홉스(Thomas Hobbes), 데카르트에게도 지식은 증거를 수집하여 일반화하고 이론화하는 귀납적 과정에 기초한 수학적 추론의 결과물이었다.■2

경험과 수학적 추론으로 지식을 추론해야 한다는 주장은 19세기 초반에 이르러 주류 관점이 되어 칼 포퍼(Karl Popper) 중심의 실증주의(Positivism)라는 이름으로 자리 잡았다. 이후 1900년대 니체(Friedrich Nietzsche), 푸코(Michel Foucault), 쿤(Thomas Kuhn)을 비롯한 후기근대주의가 등장함으로써 '진리'의 존재에 의문이 제기되었으며, 모든 지식은 발견되는 것이 아니라 구성되는 것이라는 상대적인 개념이 유행했다. 이는 상대주의(Relativism)라는 이름으로 알려졌다.

2) 실증주의, 상대주의, 현실주의

실증주의와 상대주의는 '지식'과 '과학'의 구성 요소를 정반대로 이해하는 관점이다. 그리고 이 두 관점 사이에서 현실주의(Realism)는 '타협점'을 제시하고자 한다. 이 세 가지 접근은 그 안에서도 다양한 관점을 포함한다. 예를 들어, 상대주의는 보통 구성주의(constructivism 또는 constructionism), 해석주의(interpretivism), 후기근대주의, 해석학(hermeneutics) 등의 표현과 호환된다(Crotty, 2004의 논의 참조). 이에 비해 실증주의는 보통 과학적 접근과 호환되는데, 이에 대해서는 논란의 소지가 많다. 현실주의 역시 전문성 없는 형태, 과학적 형태, 초월적 형태, 미묘한 형태, 비판적 형태 등 다양한 형태로 존재한다(Spencer et al., 2003: 46 참조).

칸버와 샤퍼(Kanbur and Shaffer, 2005: 5)는 개발학도 이러한 인식론적 특성을 정립해야 한다고 제안했다. 이들의 구분에 따르면, 지식 성립을 위해 관찰을 강조하는 실증주의·경험주의 접근과, 지식을 '상호주관적 의미'로 보고 '담론'을 강조하는 상대주의·해석학 접근이 양극단을 이룬다. 중간적인 태도를 보이는 현실주의도 점차 두각을 나타내고 있는데, 인간의 인식이나 '감각 자료(sense-data)'에 따라 외부에서 일어나는 현상을 정확하게 인지할 수도 있고 그렇지 못할 수도 있다는 주장이 기저에 깔려 있다. 이는 로크와 데카르트의 생각에서 기원한다. 현실이 인간으로부터 분리되어 존재할 수 있겠으나, 결국 그 현실에 대한 인간의 인식은 주관적일 수밖에 없다는 것이다.

실증주의, 상대주의, 현실주의의 개념을 간단히 비교하는 방법은 우리가 추구하는 것이 실증주의의 유일한 진리인지, 상대주의의 다양한 진리인지, 혹은 그 중간인 현실주의의 진리인지를 되짚어 보는 것이다. 이러한 맥락에서 보았을 때 실증주의 접근의 확실성과 상대주의 접근의 정보에 기반한 현실 인식, 마지막으로 현실주의의 그 중간적인 성격은 분명히 구분된다.

각 인식론적 관점마다 현실의 속성, 지식 탐구의 목적, 연구자와 연구 대상의 관계에 대해 다르게 가정한다. 표 3.2는 절대적이지는 않지만, 이들 세 가지 관점의 전형적 성향을 요약하고 있다. 이들이 개발학 연구에서 의미하는 바는 무엇인가? 이 시점에서 개발학 연구자가 알아야 할 것과, 이를 아는 방법에 관한 기본 가정을 비판적으로 성찰할 필요가 있다. 하지만 그 가정은 개발학을 구성하는 학문마다 다르다.

17~18세기 계몽 시대에 영국과 프랑스에서 등장한 실증주의의 역사는 계

량화를 강조했던 베이컨과 갈릴레이까지 거슬러 올라간다. 이 시기 유럽의 철학자들은 개인은 자율적인 존재이며, 더 이상 예전의 사고방식이었던 '자연'이나 '신'의 일부가 아니라고 주장했다. 지식과 과학의 혜택이 '인간의 여건'을 개선할 것이라는 낙관주의도 팽배했다.

흔히 콩트(Auguste Compte)를 실증주의의 창립자로 꼽는다. 콩트는 자연과학의 과학적 방법이 사회과학에도 적용되어야 한다고 주장했다. 그는 이처럼 관찰, 실험, 비교를 강조했지만, 이러한 수학적 접근이 과도하게 활용될 때의 위험성도 경고했다. 그 밖에도 로크, 흄, 밀이 경험주의 연구를 통해 실증주의에 공헌한 것으로 평가받으며, 홉스, 데카르트, 스피노자(Baruch Spinoza) 또한 수학적 접근의 사용을 통해 실증주의에 이바지했다.

1920년대와 1930년대에 들어 실증주의는 논리실증주의(Logical Positivism) 혹은 다른 이름인 논리경험주의(Logical Empiricism)로 발전했는데, 이는 바르샤바와 베를린의 학자들에 대항한 '빈학파(Wiener Kreis)' 철학자들의 노력 덕분이었다. 이 학파의 구성원은 노이라트(Otto Neurath), 카르나프(Rudolf Carnap), 라이헨바흐(Hans Reichenbach), 괴델(Kurt Gödel), 와이즈만(Friedrich Waisman), 그리고 슐리크(Moritz Schlick)가 대표적이다. 1936

표 3.2 인식론별 일반적 가정

	실증주의	현실주의·실재론	상대주의
현실은 무엇인가?	관찰 가능한 한 가지 현실만이 존재함.	연구자와 독립되어 존재하는 현실이 있고, 기술될 수 있음.	경험할 수 있는 여러 가지의 현실이 존재함.
지식이 질문하는 것은 무엇인가?	보편적이고 일반적인 법칙의 형태로 한 가지 진리를 획득함.	현실을 관찰하기. 현실에 대한 진리를 확립하는 것은 가능하지 않음.	더 많은 정보를 근거로 구성하거나 또는 이해함.
연구자는 연구 대상과 어떤 관계인가?	연구자는 객관적이고, 연구 대상으로부터 독립적임.	연구자와 그들의 사고는 현실의 일부임. 연구자는 의존적 관찰자임.	연구자는 주관적이고, 연구 대상으로부터 독립적이지 않음.

년 에이어(Ayer)가 집필한 『언어, 진실 그리고 논리(Language, Truth and Logic)』의 출간을 논리실증주의의 '이정표'로 여긴다. 이는 이 책의 이론적 기여 때문이라기보다는 영어권에서 논리실증주의를 대중화하는 데 공헌했기 때문이다.

논리실증주의가 지식으로서 지위를 획득하기 위해 제안하는 방식은 두 가지이다. 하나는 논리적 추론이며, 다른 하나는 논박할 수 있는 가설을 검증하는 경험적 증거이다. 전자의 논리적 추론은 경험과 관계없이 추론을 통해 도출하는 선천적 즉 연역적 방법이고, 후자는 관찰한 사실로부터 도출한 후천적 즉 귀납적 방법이다. 논리실증주의자의 주장에 따르면, 과학적 진술은 증명을 통해 검증되어야만 하고('증명의 원칙'), 연구는 자연과학 방식의 표준을 지키고 현상을 충분히 관찰해야 한다.

포퍼(Karl Popper)는 20세기에 가장 유명한 철학자 중 한 사람이다. 그는 초기에 빈학파와 연결되었지만, 이후 논리실증주의자들과는 약간 다른 관점을 보였다. 포퍼에 따르면, 철학의 핵심 논제는 과학과 비과학의 경계이다. 그는 증명할 수 있는 이론이라면 '과학적'이지만, 과학적 접근의 핵심은 '증명'보다는 '반증'이 원칙이어야 한다고 주장했다. 즉 과학자들은 자신의 가설을 증명하려 노력하기보다는 그 가설이 틀렸음을 입증하는 데 집중해야 한다는 것이다. 나아가 모든 가설은 원칙적으로 관찰로 반증할 수 있어야 한다. 이런 포퍼의 주장은 20세기에 발생한 '과학전쟁'에서 한 진영을 차지했다(박스 3.3 참조).

요약하면 실증주의 접근은 다음을 가정한다.

- 객관적 현실이 존재한다.
- 현실은 감각적 경험을 통해 접근할 수 있다.
- 현실은 측정할 수 있다.

박스 3.3

과학전쟁: 쿤 vs 포퍼

1962년 쿤(Thomas Kuhn)은 『과학혁명의 구조(The Structure of Scientific Revolutions)』를 출간했는데, 20세기에 가장 많이 팔린 학술 서적 중 하나로 꼽힌다. 이 책은 전 세계에서 100만 부 이상이 판매되었고, 20개국의 언어로 번역되었다.

『과학혁명의 구조』는 1959년 영어로 출간된 포퍼(Karl Popper)의 『과학적 발견의 논리(The Logic of Scientific Discovery)』(원본은 25년 전 독일에서 출간)로 대표되는 주류적 사고방식을 공격한 것으로 인식되어, 일명 '과학전쟁'을 촉발했다.

쿤은 원래는 이론물리학자였으나 과학사학자가 된 사람이고, 포퍼는 과학철학에 큰 영향을 미친 사람이었다. 쿤의 이론은 주로 한 권의 책으로 한정되지만, 포퍼는 훨씬 폭넓게 다양한 책을 출간했다.

쿤의 책은 혁명적이고, 포퍼의 연구는 보수적이라고 인식되었다. 그러나 현실에서 쿤은 급진적이고 체제전복을 노린다고 오해받은 보수적인 학자였고, 포퍼는 보수적이라고 오해받은 사회주의자였다. 둘 다 열렬한 과학 옹호자였지만, 과학의 본질을 특정하는 방식에서 큰 차이를 보였다.

근본적으로 '과학전쟁'은 객관성의 문제에 기초하여 '과학'의 권력과 권위가 위협받는 일이었다. '과학전쟁'의 격전지 두 곳은 쿤과 포퍼가 만난 1965년의 런던 대학교와, 과학을 옹호하기 위해 자행된 공격에 대응한 1996년의 학술지 『사회논쟁(Social Text)』의 특별호였다.

출처: Fuller, 2005.

- 현실은 모호하지 않은 어떤 존재이다.
- '현실', 연구자, 연구 도구는 서로 독립적이다(서로 상대에 영향을 주지 않는다).

이러한 가정은 자연과학의 특징인 반복적인 실험과 연구자의 객관성이 지닌 중요성을 보여 준다. 실증주의는 오늘날까지도 경험과학과 긴밀하게 연결되어 있다. 이에 따라 과학적 발견은 진보를 이루는 원동력이며, 과학적 방법은 무엇보다 정확하고 확실한 방식이라 생각하는 낙관론을 유지하고 있다. 또한 객체를 지식보다 우선시하고 인간의 인식과 독립된 존재로 보는 '객관주의(objectivism)'을 주장한다.

후기실증주의(후기근대주의와 혼동하지 말 것)는 최근에 형성된 것으로 다소 겸손한 형태의 실증주의이다. 이들은 지식의 습득은 확실성보다는 개연적인 명제의 확립에 기반을 두는 것으로 생각하기 때문에 완전한 객관성보다는 상대적인 객관성, 완전한 진리보다는 대략적인 진리의 확립을 추구한다. 후기실증주의자는 하이젠베르크(Werner Heisenberg)와 보어(Niels Bohr)를 따라 '불확정성 원리(uncertainty principle)'를 계승한다(Bohr, 1958; Heisenberg, 1927). '불확정성 원리'는 물리적 공간에서 대상을 관찰한 내용의 정확도에는 수학적 한계가 있다는 사실에 기초한다. 예를 들어, 하이젠베르크는 원자보다 작은 입자의 위치와 운동량을 매우 정확하게 측정하는 것은 불가능하고, 관찰이 가능할지언정 관찰하는 행동으로 인해 그 입자가 변형될 수 있다고 주장한 바 있다(Heisenberg, 1927). 그러므로 관찰자(연구자)와 관찰 대상(연구 대상)이 독립적이라는 주장에 의문을 제기하는 것이다.

더군다나 과학 분야의 다수 기본 이론은 실제로 관찰된 바가 없는데, 설명의 도구로 이용되고 있다(하이젠베르크가 말한 입자의 파동 역시 실제로 관찰된 적이 없다). 흥미롭게도 개발학 연구에도 이에 상응하는 요소들이 있다. 예를 들어, 완전한 경쟁시장을 본 사람은 그 어디에도 없고, 완벽하게 기능하는 민주주의를 본 사람 역시 전혀 없다. 또한 좋은 거버넌스를 본 사람은 도대체 어디 있다는 말인가?

더 나아가 양자물리학의 관점을 약간 빌려, 연구 행위 그 자체로 연구 주체의 행태를 변화시키곤 하는데, 이 문제는 제5장에서 다루기로 하자.

개발학의 교차학문적 특성 역시 '불확정성 원리'가 개발학 연구에 미칠 영향을 증대하는 요인이다. 여러 학문 분야의 통찰력을 융합하는 것이 개발학의 목적이라면, 과연 전통적으로 실증주의적 관점을 지닌 경제학과 전통적으로 상대주의적 관점을 지닌 사회인류학 사이 인식론적 차이를 극복하고 하나의 관점으로 통합하는 것이 가능할까? 현실과 알 수 있는 것에 대한 다양한 관점을 하나로 녹여 냄으로 인해, 오히려 논리의 지적 타당성이 위협받을 수 있다(이 문제는 제5장 4절 1)과 2)에서 더 자세히 다룰 것이다).

반면, 상대주의는 현실과 알 수 있는 것에 대해 실증주의와 완전히 다른 관점을 보인다. 상대주의 학파의 주요 사상가는 버거(Berger), 데리다(Derrida), 푸코(Foucault), 쿤(Kuhn), 라투르(Latour), 루크만(Luckmann), 니체(Nietzsche)가 있다. 상대주의는 의미의 사회적 구성을 강조하며, 기본적으로 현실은 우리의 경험과 독립적으로 존재하지 않는다고 가정한다. 다수의 현실이 형체 없이 지역적이고 특수적인 형태로 존재한다. 그렇기에 의미는 발견되거나 만들어지는 것이 아닌 구성되는 것이다. 요컨대 세계를 유일하고 정확하게 묘사하고자 하는 여느 프로젝트들처럼, 유일한 개념으로 만들어진 '진리'가 있다면 그것은 의미가 없다. 확실하게 알아냈다며 논의를 '종결'지으려 하는 주장들은 오히려 의심받는다. 학문적 연구는 연구자와 연구 대상 사이의 상호작용을 통해 더욱 정교하고, 정보에 근거하며, 포괄적인 세계를 구성해야 한다.

상대주의적 접근은 이 장의 서론에서 언급한 '과학전쟁'을 촉발한 쿤의 『과학혁명의 구조』(1962)에 영향을 받았다(박스 3.3 참조).■3 쿤은 "인간의 이해, 인간의 가치, 인간의 불완전성, 인간의 약점 등 인간의 모든 것이 부분적인 역할을 한다."라고 주장하며 포퍼가 견지한 객관적 과학에 도전했다(Kuhn, 1962: 36). 그의 이론은 미국 정부가 반공산주의의 편집증에 빠져 학자를 비롯한 많은 사람들을 '반미 활동가'로 몰아 핍박하던 극단적인 정치 환경 속에서 구축되었다.

쿤은 사고가 어떤 방식으로 전개되고, 또 어떤 방식으로 시기에 따라 '생각할 수 있는' 것과 '생각할 수 없는' 것이 구분되는지에 관심을 기울였고, 지식은 단순히 누적되는 것이 아니라 지적인 시간과 환경 속에서 만들어진 생산물이라고 주장했다. 쿤은 이를 '패러다임(paradigm)'이라는 개념으로 발전시켰다.■4 쿤이 최초에 언급했던 패러다임의 의미는 "특정 집단 구성원이 공유하는 믿음, 가치, 기술 등의 전체적인 배열"이었다(Kuhn, 1962: 175).

쿤의 주장에 따르면, 패러다임 변화의 주요 원인은 과학자의 자연스러운 세대 교체이다. 패러다임의 변화는 세 단계를 거치는데, 첫 번째는 합의 없이 여러 가지 모순된 경쟁 이론들이 존재하는 '과학 이전 단계'이다. 두 번째는 경쟁 이론 중의 하나를 기준으로 방법, 용어, 세계관에서 지배적인 합의가 형성되기 시작하는 '정상 과학(normal science)의 단계'이다. '정상 과학'이란 특정 새로운 관념에 장밋빛 미래가 제시된 상태이다. 마지막으로 세 번째는 이론에 반하는 이례들이 누적되며, 이론을 거부하고 패러다임이 변화하는 '과학혁명의 단계'이다. 이 변화는 탐구 질문과 게임 규칙의 변화를 초래한다. 그렇기에 기존 이론에 반하는 이례들이 쌓여 위기를 초래하고, 새로운 세계관이 새로운 패러다임으로 등극하기 위한 혁명이 있어야만 패러다임의 변화가 발생할 수 있다(Kuhn, 1962: 103). 이때 역할하는 이례의 파급력은 학계 내부의 불일치점을 부각하고, 외부 실무자의 의문에 해결책 제시가 가능한가에 따라 결정된다.

쿤이 공헌한 지식생산 체계는 근래 들어 푸코의 연구(제1장 참조)를 계승한 후기근대주의 연구자들에 의해 보완되었다. 후기근대주의와 후기구조주의는 익히 알려졌듯이 정확한 정의를 내리기가 어렵고, 심지어 푸코를 비롯한 일부 연구자들은 자신은 그 분류에 속하지 않는다고 선을 긋곤 했다(Parfitt, 2002). 후기근대주의를 한 문장으로 요약하자면, "절대적인 진실과 객관적인 가치는 없으며, 단지 지역적인 진실과 가치만 있을 수 있다."라는 것이다(Rue, 1994: 272–273). 후기근대주의는 근대성에 반대, 대응하는 개념으로 가장 쉽게 이해할 수 있는데, 이에 따라 합리성, 진보에 대한 신념, 과학의 정확성 등 근대적 개념에 반하는 주장으로 구성되어 있다. 이들은 어떤 진리에 대한 보편적인 주장이 만들어짐으로써 그 진리로 인해 주변화된 사람이 만들어지고, 협소한 정의로 인해 기준에 부합하지 않는 사람은 배제될 수 있다는 점을 우려한다(Lyotard, 1984). 그러므로 우리는 무엇인가에 대해 확실하게 안다고 판단하고 논의를 '종결'짓는 행위를 지양해야 한다. 이것이 사실상 우리가 '진리'의 보편성을 주장할 수 있는 역량마저 빼앗아 갈 수 있기 때문이다. 요약하면 상대주의적 접근은 다음과 같은 태도를 보인다.

- 객관적 현실은 존재하지 않는다.
- 많은 모호한 '현실'이 존재한다.
- 오직 의미만이 있고, 그 의미는 각자의 해석에 따라 저마다 다를 것이다.
- 현실에 대한 인식, 연구자, 연구 대상, 연구 도구는 독립적이지 않다.

최근 실증주의와 상대주의 구분에 의문을 제기하며, '현실주의'라는 이름으로 널리 알려진 새로운 학설이 등장했다. 현실주의는 인식론이 다소 누그러진 접근 방식이다. 현실주의의 기반은 우리의 인식과 독립적으로 물리적 현실이 존재하지만, 우리는 단지 이를 종속적으로 관찰하고 기술할 수 있을 뿐 평가할 수는 없다는 사고에 있다. 그렇기에 지식은 물리적 현실을 설명하려는 목적만을 가진 사회적 구성물이다(Molteberg and Bergstrøm, 2000: 21). 현실주의는 다음과 같이 설명될 수 있다.

> 자연과학의 방법론이 만들어 낸 사회과학에 대한 법칙추구적 기대, 그리고 해석된 의미가 만드는 사회과학의 반자연주의 및 해석주의적 환원 두 가지 모두에 현실주의는 대안이 될 수 있다(Sayer, 2000: 2-3).

요약하면 현실주의는 다음과 같은 태도를 보인다.

- 현실은 연구자와 독립적으로 존재한다.
- 연구자가 생각하는 것은 현실의 자그마한 일부이다.
- 무엇이 진실인지 '진리'를 확립하는 것은 불가능하다. 객체가 자신의 본질을 깨닫고 하는 구조와 힘은 상황에 따라 발현되기도 하고, 그렇지 못하기도 한다.

3. 학문적(disciplinarity)

1) 개발학은 학문일까?

개발학은 여러 학문 분야에 걸쳐 있는 교차학문적 특성을 갖는다(DSA, 2004; Harriss, 2005; Hulme and Toye, 2006; Loxley, 2004; Molteberg and Bergstrøm, 2000; Tribe and Sumner, 2004). 하지만 각각의 학문에는 저마다 다른 존재론과 인식론이 있을 것이다. 그렇다면 개발학 연구자는 어떤 선택을 해야 할까? 굴드는 이러한 상황을 고슴도치와 여우에 비유하곤 하는데(Gould, 2003), 박스 3.4의 요약된 내용을 참고하자.

각 학문 사이에는 상당한 수준의 지식적·전문적·제도적 장애물이 존재한다. 이들 장애물은 존재론과 인식론적 차이일 수 있고, 대학과 대학 간 정책 구조의 차이에서 초래되었을 수도 있다. 각 학문 분야는 문제를 정의하는 방식, 현실과 인간의 본질에 대한 이치와 가정, 이에 대한 분석 방안과 기법 등에서 저마다 독특한 존재론적·인식론적 관점을 보유하고 있다(Haddad et al., 2006: 3; McGregor, 2006: 33). 실제로 일부 학문의 경우, 외부인은 거의 이해할 수 없을 정도로 어려운 언어와 전문용어를 사용하기도 한다. "사실 다수의

박스 3.4

고슴도치와 여우

굴드(Gould)는 7세기 그리스 시를 인용해 학자를 고슴도치와 여우로 비유했다. 고슴도치형은 자신의 학문 경력 내내 한 가지 효과적 전략에만 집착한다. 반면, 여우형은 여러 가지 전략을 고안한다. 그렇기에 여우형은 학문의 경계를 넘어설 가능성이 크다. 그러나 많은 학문에서 여우형 학자는 도드라지지 않는 편인데, 이는 학문의 경계 내에서 이루어진 연구가 그 학계에서 인정받는 경향이 있어 일반적으로 고슴도치형 경력이 만들어진다는 것이다. 여우형은 연구자가 인정받는 경우는 학문적 성취를 이루어 낸 이후인 경우가 많고, 적어도 초창기에는 다소 빛을 보기 어려운 편이다.

출처: Gould, 2003.

지식인에게 학문은 그 자체로 정체성을 형성하는 핵심 요소"이기 때문에, 학문 경계를 넘는 행위가 이들에게는 "불편한 느낌"으로 다가올 수 있다(Brint, 2000: 210).

따라서 학문의 본질을 따졌을 때, 여러 학문 분야가 종합된 개발학을 독자적인 학문으로 인정할 수 있는가에 대한 의문이 제기되는 것이다. 개발학 커뮤니티에 포함된 대다수가 경제학, 사회학, 정치학, 지리학, 토목공학 같은 자신이 종사하는 원래의 모학문을 갖기에, 개발학을 학문으로 여기지 않을 수 있다. 이는 개발학이 독자적인 학문 분야이기보다는 구성하는 여러 학문을 우산처럼 망라하는 포괄적 분야이기 때문이다. 아마 개발학에 적합한 정의 방법은 학문 그 자체보다는 '주제'에 집중하는 것으로 생각된다.

"학문의 '주제'와 '분야'가 같은 의미로 사용되는 경우가 종종 있으나, 분야는 분명 주제와는 다른 의미가 있다. 주제가 지식의 '기반'이라면, 분야는 지식의 '종족, 문화, 협회' 같은 것이다"(Canning, 2005: 38). 하지만 이에 대해 다음과 같은 주장도 제기된다.

특수한 이론, 패러다임, 정보, 방법론, 학술지 등 특정 지식 분야의 표준을 활용하여 다른 지식 분야를 학문으로 인정할 수 있는지 따지는 것은 … 전혀 무의미한 일이다. … 논의에는 공정한 관찰자만 참여하는 것이 아니기 때문에, … 지식의 표준만으로는 쟁점에 대한 학자들의 합의에 결코 이를 수 없다(Strober, 2006: 5–6).

해당 주제를 학과의 이름으로 활용하는 대학의 수가 충분한지도 해당 분야를 학문으로 인정할 수 있는지를 판단하는 지표가 될 수 있다. 스트로버는 여러 사람들이 주목한 점을 종합하여, 학문으로 인정되는 것은 순수하게 인식의 문제만이 아니라, 정치적인 고려의 대상이기도 하다고 말했다. 대학의 학과 구조 및 역사와 보상 체계, 전문 학회의 특성, 학술지, 도서관 구분 체계, 연구 재정 지원 조직 등 다양한 특성이 반영되어 해당 분야의 진로와 조직 조성책이 마련된다.

터너(Turner, 2000)는 특히 한 분야가 학문으로 인정받기 위해서는 '정체성'과 '교환'이 필요하다고 주장하는데, 여기서 학문의 정체성은 대학의 학과 설립처럼 정치적 지위를 달성함으로써 얻게 되며, 교환은 그 분야에 관심 있는 학생이 지원하도록 시장을 조성하는 것이다. 요약하면 학문은 다수의 대학에서 학과 지위를 가지고 있는 분야이다. 터너가 내린 학문에 대한 정의는 이러한 주장을 간결하게 정리하고 있다. 그에 따르면, 학문은 "학생들을 양성하고 그들이 취업할 시장을 만드는 카르텔이며, 카르텔의 상품이 아닌 타 분야 구직자를 배제함으로써 이를 실현"한다(Turner, 2000: 51).

만일 학문의 본질이 지식에 기반을 두는 것이 확실하다면, 사람들은 학문이 지닌 이론 체계, 현실과 지식의 본질에 대한 그 학문 특유의 가정, 그리고 학계가 선호하는 접근법, 방법론, 연구 기법을 기반으로 학문을 이해하려 할 것이다.

사람들은 개발학이 '이론 체계'를 가지고 있다고 생각한다. 이 내용은 제4장에서 조금 더 자세히 다루게 될 것이다. 이러한 맥락에서 몇 가지 핵심 질문을 들 수 있다. ① 개발학의 이론 체계가 지닌 본질과 내용에 보편적인 합의가 이루어졌는가? ② 개발 이론이 한 학문에 속해 있다고 말할 수 있는가? ③ 개발학의 구성 학문 상호 간에 이론은 어느 정도나 공유되는가? ④ 개발학의 구성 학문이 활용하는 이론과 개발 이론은 어떻게 연결되는가? 특히 개발경제학의 사례에서 알 수 있듯이, 개발학 커뮤니티 안에서도 특출한 몇몇 학문 분야는 개발과 관련하여 고유의 전문화되고 (잘 조정된) 이론 체계를 가진 하위 연구 분야를 보유하고 있다.

그림 3.1은 예시로서 경제학 분야의 하위 학문인 개발경제학이 개발학에서도 분명하게 일정 부분을 차지하고 있음을 나타낸다. 그림 3.1의 논리는 개발경제학의 자리에 인류학, 사회학, 지리학, 정치학을 원래 분야로서 대신 넣더라도 설득력을 잃지 않는다. 이 그림은 또한 지역학, 개발학 그리고 개발경제학 사이의 관계를 보여 주는데, 여기서 지역학은 '분야'보다는 '주제'의 특성이 강한 개발학과 유사한 지위를 가진 분야이다. 경제학자들이 스스로를 개발경제학자로 생각하든 그렇지 않든, 이들은 으레 지역학과 개발학의 범주 안에서 작업을 한다.

지난 몇 년 동안 개발경제학자와 주류 경제학자, 개발경제학자와 비경제

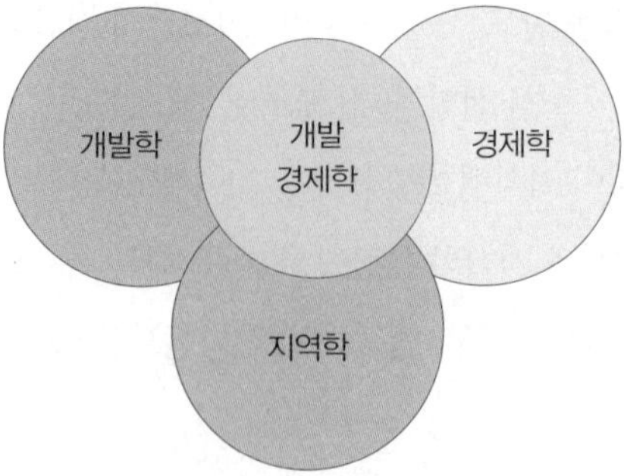

그림 3.1 개발학, 개발경제학, 지역학의 관계

학 분야 개발학자 사이에는 지적인 긴장 관계가 형성되어 있었다(Fine, 2002; Kanbur, 2002). 경제학자는 문제 지향적이지 못하고 학문 지향적이라는 비판이 제기되곤 했다. 이는 경제학자들이 자신들의 이론, 연구 방법 및 기법을 적절히 활용하여 이슈를 이해하고 주요 사회 문제를 해결하는 데 힘쓰지 않고, 오히려 전통적인 경제학의 이론, 연구 방법 및 기법을 학문적인 목적으로 활용하기에 적합한 환경을 찾는 데 집중했다는 비판이었다.■5

물론 일반적으로 개발학은 학문 지향적이기보다는 문제 지향적인 분야로, 개발학 커뮤니티의 문제 지향적 연구자들이 수많은 공헌을 이루어 왔다. 예를 들어, 노벨경제학상 수상자인 아마르티아 센(Amrtya Sen)은 빈곤과 기아(Sen, 1980; 1982a), 개발지표(예로 일부 재인쇄된 논문, Sen, 1982b; 1984), 그리고 개발의 본질(Sen, 1999; 2001)에 대한 중요한 문헌을 남겼다.

일반적으로 최근의 개발학은 인문지리학에 경제학, 사회학, 인류학, 정치학 그리고 경우에 따라서는 철학과 심리학까지 한 가지 이상의 사회과학 분야와 주제가 조합된 것으로 인식된다(Jackson, 2002; Kanbur, 2002). 하지만 일부에서는 다음의 내용처럼 '지식 커뮤니티'로 불리는 것을 선호하기도 한다.

> 지식 커뮤니티는 특정 하위 지식 분야에 관심을 공유하고, 지식의 생산 활동을 평가하는 지표로서 공통의 규약을 수용하는 지식기반의 전문가 네트워크로 정의될 수 있다. 여기에서 핵심은 집단의 구성원 모두가 서로 알거나 함께 소통하는 것이 아니라, 공통의 지적 관심사와 목표를 가지고, 지식을 성공적으로 생산하는 방법을 함께 이해하고 수용하는 것이다. … 각 지식 커뮤니티가 공유하는 타당한 방법 또는 '절차적 규약'은 커뮤니티에 지적인 훈련 방법을 규정하며, 무엇보다도 그 일원이 되고자 하는 외부인에게 적절한 훈련의 내용을 결정한다(Hulme and Toye, 2006: 1094-1095).

개발학 그 자체만으로 '지식 커뮤니티'로 생각될 수 있지만, 사회정책, 환경, 젠더, 후기식민주의 연구 등 다른 범분야적 지식 커뮤니티와도 함께 구성된다.[6] 이러한 맥락에서 일부 학자들은 다음에 제시된 현실에 맞게 개발학이 정의되어야 한다고 주장했다.

> 개발학은 자연-사회의 접점에서 발생하는 복잡한 문제를 다루기 때문에, 서로 다른 존재의 상태가 상호연계되어 발생하는 문제를 해결하는 데 집중해야 한다(Molteberg and Bergstrøm, 2002a: 25).

개발학의 학문적 입지가 주로 사회과학의 범주 안에 위치한다는 인식에 대해 논쟁의 소지가 있다. 농업과 농촌 개발을 다루는 개발학 전문가들은 토양학이나 생태 연구를 비롯한 농업과학이 개발 잠재력을 결정하는 중요 요소라고 주장한다. 마찬가지로 환경과 개발 분야의 종사자들 역시 개발학의 광범위한 정의의 구성 요소로서 과학과 기술의 중요성을 강조하고 있다.[7] 이렇듯 개발학을 구성하는 엄청나게 다양한 학문 분야와 주제를 한데 모으려면 도대체 어찌해야 하는가?

2) 교차학문성은 무엇인가?

학문의 경계를 넘나드는 연구를 어떻게 개념화하고 표현해야 할지에 대해 현재까지 합의된 내용은 매우 미미한 수준이다(Molteberg and Bergstrøm, 2000: 9; Kanbur, 2002: 483). 가장 널리 사용되는 표현으로 '교차학문(cross-disciplinarity)', '간학문(interdisciplinarity)', '다학문(multidisciplinarity)', '초학문(transdisciplinarity)' 등이 있다(자세한 정의는 박스 3.5 참조).

요컨대 교차학문적 연구는 여러 학문 분야가 혼합되어 있음을 의미하는 포괄적인 표현이다. 다학문적 연구는 연구자가 자신의 학문 관점에 따라 연구를 진행할 때, 연구팀 전체로는 다른 학문 분야의 연구자를 포함하고 있음을 의미한다. 간학문적 연구는 각기 다른 학문의 공존을 넘어 통합으로 한 발짝 나아간 것으로, 학문 사이의 구분은 아직 가능하지만 일정 수준에서는 통합이 관찰되는 상태를 의미한다. 이때 연구자 또는 연구 집단은 연구의 시작 단계에서부터 개념과 방법론을 통합하려 한다. 연구자 대부분에게 익숙한 학문이 최소 하나쯤은 더 있을 것이다.

초학문적 연구는 둘 이상의 학문 분야를 완전히 통합해 새로운 학문 분야가 형성된 상태를 의미한다. 예를 들어, 민족지(ethnography)로 알려진 야외 조사 방법은 인류학에서 시작되었지만, 심리학, 철학, 사회학을 비롯한 다른 학문 분야에도 통찰력을 제공하고 있다. 마지막으로 설명할 구분은 '비학문(non-disciplinarity)'이다. 이는 초학문과는 다르게, 연구는 명확히 구분된 학문 영역 내에서 수행되어야 한다는 주장을 무시하려고 의도적으로 사용하는 표현으로, 후기근대주의 관점에서 택할 수 있는 접근 방식이다.

개발학의 이러한 정의 방식을 그림 3.2로 나타낼 수 있다. 이는 '추가적' 방식의 한 극단에 있는 다학문적 접근과 완전한 '통합'을 추구하는 다른 극단의 초학문적 접근을 연속선으로 그려 낼 수 있다는 교차학문성의 인식을 담고 있

박스 3.5

여러 학문에 걸쳐 있음을 나타내는 용어

- 교차학문은 한 가지 이상 학문의 분석법과 방법론이 상당 수준 활용된 분석이나 정책 제안임을 의미하는 일반적인 용어이다.
- 다학문은 각기 다른 학문에 전문성이 있는 연구자나 연구 집단이 모여 자신의 학문적 범위 안에서 쟁점을 검토하되, 통합적인 분석으로 합의와 결론을 도출하기 위해 노력하는 작업을 의미하는 용어이다.
- 간학문은 연구의 시작부터 전반에 걸쳐 두 가지 이상의 학문적 접근법을 통합하는 연구를 의미하는 용어이다.

출처: Kanbur, 2002: 483.

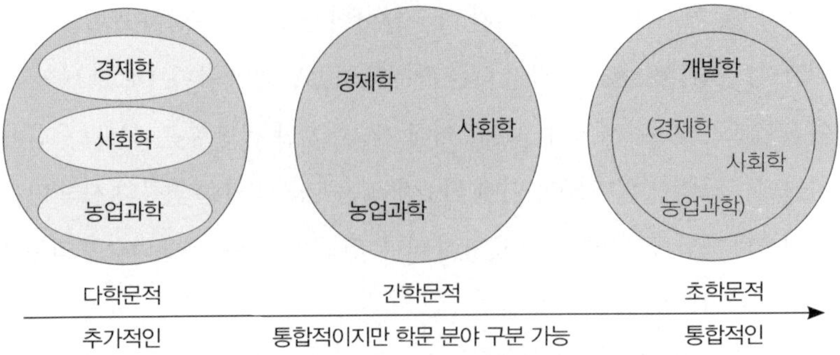

그림 3.2 개발학의 교차학문적 연계

다(Molteberg and Bergstrøm, 2000: 11).

물 공급 분야를 적절한 예시로 들 수 있다. 이는 관개수로 개발이나 상업용 음용수 개발 분야보다는, 인간이 직접 소비하는 식수 공급 분야가 더 적절해 보인다. 토목공학자를 비롯한 기술자는 식수 공급이나 공공 수자원 정책을 주로 공학 프로젝트와 관련된 내용이라고 인식한다. 경제학자들은 자본의 효율성 측면에서 공급 비용, 가구별 수도 공급에 드는 비용, 식수 가격 정책 등 비용에 관한 문제로 관련짓는다. 반면, 개발도상국 농촌 개발 전문가는 시추공 개설과 샘물 보호의 문제로 생각할 듯하다. 사회 개발 전문가는 식수 공급 개선이 갖는 사회적 함의가 주된 관심사일 것이다. 이러한 맥락에서 볼 때 확실한 것은 식수 공급 문제를 토목공학자를 비롯해 한 분야에만 특성화된 전문가에게 맡기는 것은 너무 위험하다는 점이고, 다학문적·간학문적·초학문적 접근을 우선하여 다가가야 한다는 점이다. 교차학문적 접근은 아직 이러한 방식의 필요성이 크게 나타나지 않는 개발도상국뿐만 아니라, 산업국이나 과도기 경제에 있는 국가의 복잡한 사회 요소를 이해하는 데도 매우 적합하다.

4. 개발학에서 교차학문적 연구하기

1) 개발학, 지식 그리고 과학

이 절에서는 현실과 지식의 본질에 대한 연구자들의 기본 가정에서 개발학은 어떻게 접근해야 하는지, 그리고 실증주의, 상대주의, 현실주의 접근 중 어떤 방식을 채택해야 하는지에 집중할 것이다.

물론 오늘날의 개발학은 인식론의 거의 모든 입장을 고르게 취하고 있지만, 최근 들어 실증주의에서 점차 상대주의를 강조하는 변화 양상에 주목할 필요가 있다(Scheyvens and Storey, 2003: 132). 제2차 세계대전 시기에는 실증주의적 접근이 주류를 이루었다. 이 접근에는 특정 거대 개발이론을 제시하는 특징이 두드러졌는데, 산업화의 과정을 하나의 보편적이고 직선적인 과정으로 제안한 것이 대표적인 예시이다(이 주제는 제4장에서 세부적으로 다룰 것이다). 이로 인해 당시 진행된 개발도상국의 사회경제 개발 관련 연구는 타 분야에 비해 경제학자가 미친 영향이 컸을 것으로 추측할 수 있다. 반면, 최근의 개발학은 참여적 빈곤평가처럼 상대주의적 성향이 점차 강조되고 있다. 이는 경제학의 영향력이 상대적으로 약화되고, 타 학문 분야에서 자신의 전문성을 그 분야가 아닌 개발학으로 지칭하는 연구자들의 참여가 증가하면서 나타난 현상이다.

학문으로서의 개발학은 교차학문적 특성을 반영한 인식론적 다양성을 가진다. 다시 상기해 보자면, 제2장에서 제안한 개발학의 틀은 다음과 같았다.

- 개발학의 초점: 개발학은 어떤 의미에서든 '개발'을 다룬다.
- 개발학의 목적: 개발학은 넓은 의미에서 응용적·도구적 연구를 목적으로 한다. 개발학은 스스로의 지식생산보다는 응용적·도구적 가치에 관심을 보이는 편이다. 개발학은 현실 세계의 문제에 관심을 가지는데, 심

지어 이론화 과정에서도 그러하다. 다수의 개발학 '커뮤니티' 구성원들은 '차이 만들기'에 집중한다(Mehta et al., 2006: 1).

- 개발학의 접근법: 개발학은 크든 작든 여러 학문 분야의 통찰력을 활용한다. 개발학에서 한 가지 이상의 학문의 관점을 활용하는 경우가 점차 늘고 있지만, 그 결과가 항상 만족스러운 것은 아니다.

따라서 개발학의 내면에는 수많은 인식론적 모순이 잠재되어 있을 수밖에 없다. 초점을 어디에 두느냐에 따라 개발도상국은 일정 부분 공통점이 있다고 가정하는 실증주의와, 그 대안으로 정치적·사회적·경제적·문화적으로 다양한 상황에 집중하는 상대주의 접근 중에 선택할 수도 있다. 개발학의 목적이 응용적·도구적 가치에서 시작함으로 인해 상대주의적 접근을 제안할 수 있지만, 정책이나 해결책을 제시하기 위해서는 실증주의나 일반화된 규칙에 집중할 수도 있다. 그리하여 개발학의 접근법에는 서로 다른 학문을 한데 모아 다양한 인식론적 입장의 조화를 도모하는 성향이 발생하는 것이다.

최근의 개발학은 실증주의와 상대주의 모두에서 분명한 영향력이 나타난다. 예를 들어, 여러 정부 기관과 국제기구의 연간 리포트와 통계자료에서 나타나듯이 현상을 측정하고 수량화하는 기술적 능력이나, IMF와 세계은행의 연구 결과에서 특히 두드러지는 수량적 분석 모델을 살펴보면 실증주의가 수행하는 역할의 중요성을 알 수 있다. 상대주의 또한 후기근대주의의 비판을 비롯하여 개발 담론에 대한 해석과 이해의 수준을 높이고, 개발학이 참여 접근 방식을 도입하는 데 큰 영향을 미쳤다.

최근에 발표된 두 개의 유명한 연구를 비교해 보자. 달러와 크레이(Dollar and Kraay)의 『가난한 사람에게 이로운 성장(Growth is Good for the Poor)』(2002)과 나라얀 외(Narayan et al.)가 저술한 『빈곤의 목소리(Voices of the Poor)』(2002)는 개발학의 인식론이 얼마나 광범위한가를 보여 준다(박스 3.6에 인용된 내용 참조). 달러와 크레이의 연구는 2차 자료의 계량적 분석과 수학적 회귀분석을 활용한 실험적이고 자연과학적인 방법에 기초한다. 반면, 나라얀 외의 연구는 2차 자료뿐만이 아닌 참여적 빈곤평가(Participatory Poverty Assessment, PPA)로 수집한 1차 자료의 질적 분석도 토대를 이룬다. 달러와 크레이의 연구가 x와 y의 관계를 분석한 기술적·설명적 연구라면, 나라얀의 연구는 x와 y는 무엇인가에 집중한 해석적 연구이다. 요컨대 같은 학문 분야와 빈곤이라는 같은 초점에서도 인식론적 (그리고 방법론적)으로 정반

박스 3.6

개발학 비교하기: '달러와 크레이' 그리고 '나라얀'

세계은행의 경제학자인 달러(David Dollar)와 크레이(Aart Kraay)는 계량경제학에 기초해 여러 국가를 다루는 여러 편의 계량분석 연구를 발표했다. 「가난한 사람에게 이로운 성장」의 첫 번째 버전은 '세계은행 정책연구 시리즈'에 실린 후 그 수정본이 2002년에 『경제성장저널』 그리고 2004년에 단행본의 한 장으로 발표되었다. 당시 정책연구 시리즈 게재물은 세계은행의 『빈곤에 대한 세계개발보고서 2000-2001(World Development Report 2000-2001 on Poverty)』의 기초 자료였다(World Bank, 2000). 「가난한 사람에게 이로운 성장」(2002)은 단순히 성장이 가난한 사람에게 이롭다는 내용뿐만 아니라, IMF와 세계은행의 정책으로 인한 성장이 가난한 사람에게 긍정적임을 입증하는 '증거'(이 단어는 이 연구에서 37번 사용됨)를 제시했다. 하지만 이후 이 보고서의 방법론은 지속적인 비판의 대상이 되었다(세부적인 내용은 Amann et al., 2006; Nye et al., 2002; Rodrik, 2000 참조).

이와 더불어 세계은행은 참여적 빈곤평가도 수행했는데(Narayan et al., 2002), 이 내용은 『세계개발보고서 2000-2001』에 실렸다(World Bank, 2000). 60개국에서 6만 명의 빈곤층을 대상으로 진행한 이 연구는 현재까지 세계은행이 가장 의욕적으로 진행한 연구 중 하나로 여겨진다. 이 연구는 2개 부분으로 구성되어 있고, 비정부기구(NGO)와 자체 연구센터의 도움을 받으며 진행되었다. 전반부는 1990년대 후반부터 진행된 총 41개국의 약 4만 명의 빈곤층을 다룬 75편의 참여적 빈곤 연구를 검토한 내용이며, 뒷부분은 총 23개국의 약 2만 명을 다룬 새로운 연구물로 구성되었다. 이를 통해 이 연구는 복지에 대한 빈곤 가구의 관점을 드러내고자 했다.

대의 양극단에 위치할 수 있다.

정리하자면, 어떤 접근을 채택하든 그 기본 가정을 이해하고, 이 중 무엇을 받아들이고 무엇을 배제할 것인가를 인지하는 것이 중요하다. 수준 높은 개발학 연구는 확실성의 논리보다는 가능성의 수준에 집중하며, 절대적인 객관성보다는 주관적인 인식과 조절을 요구한다. 이는 완전한 논의 '종결'보다는 상황에 적절한 진실을 추구하는 것이다. 물론 개발학의 다양성은 언제나 환영받을 일이지만, 연구자는 다음 세 가지 질문을 통해 '현실'과 지식의 본질에 깔린 가정이 무엇인지 항상 염두에 두고 성찰해야 할 것이다.

- '현실'은 무엇인가?
- 지식이 질문하는 것의 목적은 무엇인가?
- 연구자와 '연구 대상'은 독립적인가?

2) 개발학과 여러 학문의 연계

개발학은 여러 학문의 연계를 추구하지만, 현실과 지식의 기본 가정은 학문별로 다르다. 베번(Bevan, 2006)은 이러한 학문별 차이를 요약하여 표 3.3과 같이 정리했다. 물론 유사한 가정에 기반을 둔 학문을 연계하는 작업은 극명히 다른 가정을 가진 학문을 연계하는 경우보다 훨씬 쉬울 수 있다. 예를 들어, 아주 일반적인 시각에서 정치학과 사회학은 우리의 사고와 현실이 독립적으로 존재한다는 가정을 공유한다. 반면, 차이가 큰 학문 사이에는 연계가 훨씬 어려울 수 있다. 대표적인 예로, 경제학과 사회인류학은 현실의 본질과 연구의 목적에 대해 극명히 대비되는 가정을 가진다(표 3.3, 그리고 관련된 논의 참조). 막스 베버의 관점을 빌려 설명하면, 각 학문별로 정형화되었거나 이상화된 묘사가 존재한다. 다만 각 학문 내에서는 상당한 수준의 다양성이 존재하기에 단순 비교는 논쟁의 소지가 매우 크다.

표 3.3 '현실'과 '가정'에 대한 학문별 기본 가정 및 이상적 묘사

	경제학	정치학	사회학	사회인류학
현실은 무엇인가?	한 가지 현실이 존재함. 현실은 우리의 사고와 독립적임. 관찰할 수 있는 것이 진실임.	한 가지 현실이 존재함. 현실은 우리의 사고와 독립적임.	한 가지 현실이 존재함. 현실은 우리의 사고와 독립적임. 많은 현실은 관찰이 불가능함.	다른 입장과 문화와 관련된 각기 다른 현실이 있음.
지식이 질문하는 것의 목적은 무엇인가?	유일의 '진실(보편적이고 일반적인 법칙)'을 획득함.	인간에 대한 진실 또는 일반화의 확립이 가능함.	진실은 실제적 적정성 면에서 이해되어야 할 필요가 있음.	지역에서 의미를 해석하기 위함. 보편적 진실은 없음.
연구자는 '연구 대상'과 어떻게 관계되는가?	연구자는 객관적이고, '연구 대상'과 독립적임.	연구자는 주관적이고, '연구 대상'과 독립적이지 않음.	연구자는 주관적이고, '연구 대상'과 독립적이지 않음.	연구자는 주관적이고, '연구 대상'과 독립적이지 않음.

출처: Bevan, 2006: 15에서 재구성.

경제학은 인류학보다 학문 내 다양성이 분명 적은 편이다. 그러나 경제학 내에서도 이단/급진주의/구조주의 등으로 구분되는 학자와 전통적인 신고전주의 학자 사이에는 큰 차이가 있다는 사실이 무시되곤 한다.

또한 학문마다 공유되는 '문화', 특히 연구의 '엄격성'의 의미에서도 차이를 보여 다음과 같은 문제가 제기되기도 한다.

> 분명 각 학문은 저마다의 목표, 관심, 방법론적 규범뿐만 아니라, 태도, 열망, 사회적 가치로 구성된 독특한 문화도 공유하고 있다. … 그리고 많은 빈곤 분야 연구자들은 이러한 문화적 차이에 기반하여 학문별로 연구의 형태가 규정되고 있음을 인지해야 한다고 강조한다. 경제학자들이나 일부 정치학자들이 권력자들과 잘 어울리고, 그들의 연구 결과를 정치인과 고위 관료에게 설명하는 데 상대적으로 더 큰 자신감을 가진다는 것은 분명한 사실이다. 반면, 인

> 류학자와 사회학자들은 아직 권력자와 어울릴 준비가 덜 되어 있고, 권력자가 공감함에도 그들의 연구를 공공정책으로 주장하는 데 자신감이 없는 편이다. 이들 스스로 권력이 약하거나, 경우에 따라서는 권력이 없고 주변화된 사람들과 어울리는 경향이 있다….
>
> 교차학문적 연구를 수행하면 연구자가 기존에 속해 있던 지식 커뮤니티의 필수 개념과 방법론이 무시된 것으로 보일 수 있어, 연구의 엄격성이 부족한 것으로 의심받기도 한다. … 예를 들어, 계량경제학과 비판적 현실주의 사회학 연구자들의 경우 … 서로가 상대방 커뮤니티의 '엄격성'에는 근본적인 결함이 있다고 생각할 수 있다. 교차학문적 비판론으로 인해 연구를 더 날카롭게 가다듬을 수 있겠지만, 만약 그 비판이 연구자가 속한 학문 분야의 존경받는 동료 학자가 그동안 '쓸데없는 것'만 만들어 냈다는 내용이라면, 아마 그 비판론은 소리소문 없이 사라질 것이다(Hulme and Toye, 2006: 1095, 1097).

경제학과 사회인류학의 특성은 사회과학의 개념적 연속선상에서 정반대되는 양단에 위치해 있다(박스 3.7 참조). 그 차이는 오랜 기간 인류학자와 경제학자 사이에서 계속된 '대화'의 쟁점이 되었기에, 두 학문 사이의 대조점은 독특한 통찰을 제공하고 있다(Bardhan, 1989). 앞서 '대화'라는 표현을 사용했지만, 실제로 경제학자와 인류학자 사이에 오간 이야기는 그다지 많지 않다는 점이 중요한 문제이다(Cosgel, 2006). 각 학문 간에 연구의 인용이 제한적이라는 점이 그 근거의 일부이다. 이러한 단절은 방법론적 차이와 더불어 특히 행태적 가정과 질의 방식의 차이로 인해 생겨난다.■8

대다수 경제학자는 자기 연구의 목적은 객관적 시각에서 실증주의적 접근을 통해 단순하고 보편적인 법칙을 찾아내는 것으로 생각한다. 하지만 반대로 많은 사회인류학자는 자신의 연구는 주관적 시각에서 상대주의적 접근을 통해 상황특이적 복잡성을 이해하는 것으로 생각한다.

요약하면 일부 학문 사이에는 그 경계를 강화하고 교차학문적 협력을 어렵게 하는 긴장 관계가 실제로 존재한다. 개발학에서는 특히 경제학과 다른 사회과학 분야 사이의 긴장 관계가 뚜렷하게 나타난다. 경제학자들은 개발기관에서 경제학이 개발 사고방식 형성에 있어 주류적이고 매우 확고한 위치를 차지한다고 생각해 왔다(Harriss, 2002; Kanbur, 2002; 2006; Loxley, 2004).■9 일부 연구에서는 "좋든 나쁘든 경제학은 국제개발의 상용어라는 점에는 의심의 여지가 거의 없다."라고 말한다(Woolcock, 2007: 64).

이처럼 경제학의 '제국주의'적 성향이 비판받는 것은 다분히 개발학만이 아닌 사회과학 전반에서 일어나는 일이며(Fine, 2002), 경제학자는 변화할 책임이 있다(Bardhan and Ray, 2006: 2). 이에 대해 칸버는 다음과 같이 말했다.

> 경제학은 하나의 패러다임과 방법으로 상당 수준 통합되어 있지만, '비경제학' 분야는 그렇지 않다. 경제학은 개발학뿐만 아니라 사회과학 전반에 걸쳐

박스 3.7

인류학자와 경제학자의 대화

바르단(Bardhan)은 자신이 편집한 책(1989)에서 인류학자와 경제학자의 서로 다른 방법론과 해석을 정리했다. 그의 목적은 다른 학문의 도구, 개념적 범주, 그리고 탐구 방법을 배우려는 것이었다. 이 책 전반에 걸쳐 경제 변화를 측정하는 대안적 방법의 강점과 약점이 논의되었다. 이는 1985년에 각 학문 분야별로 요구하는 표준적인 방법의 한계를 확인하기 위해 진행된 워크숍 '남아시아의 농촌 경제 변화: 대규모 조사와 집중적 미세 연구 간의 접근과 결과의 차이'의 논의를 지속해서 연구한 결과였다.

바르단은 서론에서 인류학자와 경제학자 사이의 논쟁 중 일부는 해결점이 없다고 주장했다. 논쟁의 불씨는 근래 몇 편의 논문에서 다시 점화되었다(Bardhan and Ray, 2006; Cosgel, 2006; Kanbur and Riles, 2006). 이 책이 처음 출판된 후 거의 20년이 지났음에도, 아직 주류경제학자와 사회문화인류학자 사이에는 세 가지 '근본적 분열'로 인해 화합이 이루어지지 않고 있다. 그 분열은 자율성 대 배태성, 결과 대 과정, 간략함 대 복잡함의 세 가지이다.

'제국주의'적 성향을 보인다고 비판을 받아 왔고(Fine, 2002), 경제학자에게는 변화하여 비경제학을 수용할 책임이 따른다고 주장되어 왔다(Bardhan and Ray, 2006: 2). 그리고 비경제학 분야에서는 경제학과 같은 패러다임의 내부적 통일성을 찾을 수 없다. 적어도 개발정책 연구라는 맥락에서, 비경제학과 그 하위 학문 분야를 포괄하는 행위는 각 학문의 고유한 방식을 제공함으로써 그 자체로 경제학적 방법론의 대안적 패러다임으로 간주해야 한다(Kanbur, 2006: 9).

이러한 맥락에서 일부 비경제학적 연구 방식이 주목됨에 따라 지난 40년 동안 개발학이 교차학문적으로 발전하며 이루어 낸 근본적 진전들은 사실 개발경제학자에 반발하여 일어났다기보다는, 개발경제학자 스스로가 주도한 일이라 볼 수 있다. 이 부분에서 미르달(Gunnar Myrdal), 센(Amartya Sen), 시어스(Dudley Seers), 스트리튼(Paul Streeten)의 연구를 주목할 필요가 있어 보인다. '주류'경제학에 대한 비판은 사실 경제학 전문가와 특히 개발경제학자에게서 나오는 경우가 많았다. 센의 대표적인 저서인 『자유로서의 발전(Development as Freedom)』(Sen, 1999)과 토이의 초기 성과들(Toye, 1987; 1993)은 이 맥락에서 각별히 주목해야 할 연구들이다. 물론 개발학의 '이론적 지평'을 넓힌 것으로 평가되는 연구 보고서나 학술논문을 개론서나 그보다 높은 수준의 교육용 텍스트와 구분하여 생각할 필요가 있다.

결국 학문을 구분하고 있는 가정, 그리고 개발학이 주제가 아닌 새로운 학문으로서 인정받는 것을 제한하는 가정을 완화할 수 있어야 완전한 교차학문성을 이루어 낼 수 있다. 하지만 교차학문적 연구를 위해 가정을 약화하면 오히려 각 학문이 보유한 지적인 강점을 잃어버릴 위험이 있다는 주장도 존재한다. 이에 대해 다음 주장을 참고해 보자.

> 연구에서 '학문' 구분은 생산적인 요소이다. … 그 구분으로 인해, 학문 특히 학계 내에서 지배적인 '규칙'이 다른 접근법의 비판적 검증의 대상이 될 수 있다는 점도 마찬가지로 매우 중요하다. … 학문으로부터 그 학문 자체를 지켜야 한다는 인식이 존재하는 것이다(Harris, 2002: 494).

이 논란은 조금은 조심스러운 방식으로 차근차근 접근할 필요가 있다. 간학문적 방식은 마땅히 추구할 가치가 있는 접근법임은 분명하지만, 사실 가장 현실성 있는 최선책은 다학문적 접근으로 보인다(Kanbur, 2002: 484). 이를 위해서는 각각의 학문이 연구 주제에 긍정적으로 이바지하는 부분과, 오히려 연구 주제에 제한된 시각만 제공하게 만드는 부분을 분리하여 생각해 볼 필요가 있다.

간학문적 접근과 교차학문적 접근을 권장하고 활성화하기 위해서는 몇 단계의 절차를 밟아야 한다. 첫 번째는 인지와 이해를 높이는 단계로, 서로가 다른 학문의 이치를 배우고 공유하는 과정이다. 두 번째는 개념화의 단계로, 일반적이거나 구체적인 문제를 선택하여 연구 문제에 가장 적합한 학문이 무엇인지 정하고, 그에 따라 현실의 본질에 대한 기본 가정을 규정하는 과정이다.

박스 3.8

마이어슨의 교차학문적 연구 '실천 강령'

교차학문적 연구의 생산성을 높이려면 다음의 사전 필수 조건을 충족해야 한다.

- 사람들은 서로의 생각을 소통해야 하며, 이를 이행하기에 안전하고 편리한 환경이 필요하다.
- 일정 부분 비교를 선호할 수 있으나, 반드시 상대주의를 따를 필요는 없다.
- 창조적인 부정은 새로운 가능성을 보여 주거나 이전의 주장을 보완한다.
- 생각과 의견을 교환할 때 수반되는 복잡한 감정을 적극적으로 받아들여야 한다.

출처: Myerson, 1994: 1515.

지금 고려하고 있는 학문에서 가장 일반적으로 사용되는 방법론은 무엇인가? 즉 개별 자료 수집을 포함하여 연구 전반에서 가장 흔히 사용하는 연구 전략과 방법은 무엇인가? 그리고 서로 다른 학문 사이의 유사성과 보완성에 대해 충분한 동의가 이루어졌는가, 아니면 공공연히 갈등 중인가? 세 번째는 '팀 단계'로, 다학문적, 간학문적, 혹은 초학문적 접근에 따라 가장 적절한 연구팀을 구성하여 각 학문별 가정의 차이를 조정하고 방법을 조율하는 과정이다(이 부분에 대해서는 제5장에서 더 자세히 다룬다). 학문 분야 간 보완성을 이용하는 것은 여전히 개발학에서 반드시 개선해야 할 영역으로 남아 있다. 이를 위해 연구자들은 서로의 학문을 존중하고, 함께 대화할 수 있는 장이 마련되어야 하며, 완전히 일치하지는 않더라도 현실에 대한 믿음, 조사의 목표와 사용 언어 등이 일정 수준 이상 공유되어야 할 것이다. 이는 연구의 내용보다는 과정과 관련된 문제이다. 이를 정리하여, 교차학문적 연구의 실천 강령을 박스 3.8처럼 제안할 수 있다.

5. 요약

이 장에서는 다음의 세 가지를 다루었다.

1) 지식과 과학

'지식과 과학이란 무엇인가?'라는 물음에는 늘 논쟁이 뒤따랐다. 실증주의와 상대주의는 지식과 과학의 구성 요소에 대해 표면적으로 정반대 입장을 취하는 관점이다. 그리고 세 번째 접근인 현실주의는 그 중간의 입장이다. 이와 같은 세 가지 접근은 각각 내부적으로 상당히 다양한 관점을 포함한다.

2) 학문성

개발학 커뮤니티에 소속된 대다수는 개발학을 학문 분야로 고려하지 않으며, 경제학, 사회학, 지리학, 정치학, 토목공학 등 각자의 모학문을 가지고 있을 것이다. 이는 개발학이 그 자체로서 하나의 학문 분야이기보다는 여러 학문을 포괄하는 우산 같은 연구 분야임을 의미하며, '주제'를 기준으로 개발학을 규정하는 것이 더 적절한 방법이다. 이에 따라 교차학문적 연구 속에서 다학문적, 간학문적, 그리고 '초학문적' 연구를 명확히 구분할 필요가 있다.

3) 개발학에서 교차학문적 연구하기

현대 개발학에는 광범위한 인식론적 견해가 나타나지만, 최근에는 실증주의에서 상대주의로 주안점이 이동하는 현상이 뚜렷하게 나타난다. 개발학이 교차학문적 연구를 추구해야 하는 분야라면, 각 학문은 매우 다른 인식론을 가진다는 점을 인식하고 있어야 한다. 각 학문의 인식론이 크게 다를 수 있다는 점을 인식하고 있어야 한다. 이 때문에 엄격한 접근이 필요하다는 점과, 학문의 기본 가정과 이로 인해 학문에서 수용되고 배제되는 것이 무엇인지를 파악하는 것이 개발학 연구에서 가장 중요한 쟁점이다. 개발학 연구는 확실성보다는 확률의 수준, 완전한 객관성보다는 주관적 인지와 통제, 완전성보다는 적절한 진실을 추구한다. 그렇기에 그 연구의 결과물은 논쟁을 '종결'짓는 것이 아닌, 새로운 '지식'을 만드는 것에 집중해야 한다.

주

1. 동양 철학이 인식론을 다루지 않았다는 것이 아니라, 동양 철학에서는 최근에서야 철학적 고민과 종교적 고민을 구분했다는 것이다. 추가 논의는 Collinson et al., 2000 참조. 영국

제국주의 역사의 부산물로 영어가 지배적인 언어가 된 것은 초기 지식의 전파 과정에 중요한 역할을 했다.

2. 간단히 말하면, 귀납의 출발점은 증거이고 연역의 출발점은 이론이다.

3. 쿤의 연구가 지닌 중요성은 제2장 2절 1)에서 소개되었다.

4. 이후 쿤은 용어 활용을 제한해야 한다는 비판론을 수용하여 '패러다임'이라는 단어를 포기했다. 이후 '패러다임'을 정의하고, 21가지의 다른 방식으로 해석했다. 이를 다시 세 가지로 정리하면, 형이상학적 관점과 그 존재론적 기초인 '세계관(vision)'으로서 패러다임, 추종하는 이상과 수단인 '전형(exemplar)'으로서 패러다임, 마지막으로 '전문가 집단'으로서 패러다임이다(Masterman, 1970).

5. 케인스(John Maynard Keynes)가 산업국에서 노동자의 완전고용을 유지할 수 있는 거시경제 관리의 이론적 기틀을 마련하는 데 특히 관심이 많았다는 점을 알아 둘 필요가 있다. 마찬가지로 해로드(Roy Harrod)와 도마(Evsey Domar)도 경제순환의 본질을 이해하기 위한 이론적 기틀을 탐구했고, 산업국에서 경제활동(예: 고용 수준)의 변동은 철저한 거시경제 관리를 통해 대비할 수 있으리라 생각했다. 개발도상국 상황에 대해서는 미르달(Gunnar Myrdal), 싱어(Hans Singer), 시어스(Dudley Seers), 리틀(Ian Little) 등 많은 경제학자가 사회경제 발전의 '문제'를 이해하기 위한 이론적 접근법을 연구했다.

6. 제1장에서 논의했듯이 개발학의 대다수 구성원에게 빈곤은 개발학의 모든 것이자 끝이지만, 이에 대해서는 광범위하게 다양한 정의가 존재한다. 누군가는 개발학은 삶의 기준과 인간의 여건에 큰 관심을 가진다고 주장할 수도 있다.

7. 자연과 사회의 조화에 대해서는 Molteberg and Bergstrøm, 2000, 그리고 Morton and Martin, 2004를 참고하시라.

8. 어떤 연구는 1995~1997년 사이 42개의 경제학 학술지와 20개의 비경제학 학술지를 분석했는데, 경제학, 정치학, 사회학 사이의 상호 인용은 매우 한정적이었고, 경제학, 인류학, 심리학 사이의 상호 인용은 전혀 없었다(Pieters and Baumgartner, 2002: 504).

9. 일부 경제학계에서는 표 3.3에 포함된 다른 학문과 경제학을 같은 사회과학 분야로 간주해서는 안 된다고까지 주장한다. 개발학 내에서 경제학이 지배적이라는 증거는 지난 몇 년간 세계의 연구 활동에서 찾을 수 있다(Broad, 2006). 그중에서 세계은행이 주도한 세계개발 네트워크(Global Development Network)는 단연 경제학이 지배적이었다(Clift, 2002: 475).

참고문헌

Amann, A., Aslanidis, N., Nixson, F. and Walters, B. (2006) 'Economic growth and poverty alleviation: A reconsideration of Dollar and Kraay', *European Journal of De-*

velopment Research, 18(1): 22-44.

Annual Conference, Church House, London, 6 November. Available from http://www.devstud.org.uk/conference/workshops/3.2-devstud.htm (20 June 2007).

Bardhan, P. (1989) 'Introduction', in Bardhan, P. (ed.), Conversations Between Economists and Anthropologists: Methodological Issues in Measuring Economic Change in Rural India. Delhi: Oxford University Press. pp.1-12.

Bardhan, P. and Ray, I. (2006) *Methodological Approaches in Economics and Anthropology*. Q-Squared Working Paper Number 17. Centre for International Studies, University of Toronto. Available at http://www.q-squared.ca (accessed 1 August 2006).

Bevan, P. (2006) *Researching Wellbeing Across the Disciplines: Some Key Intellectual Problems and Ways Forward*. Wellbeing in Developing Countries (WeD) Research Group Working Paper 25, University of Bath, Bath, UK.

Bohr, N. (1958) *Atomic Physics and Human Knowledge*. Chichester, UK: Wiley Interscience.

Brint, S. (2000) *The City of Intellect*. Stanford, MA: Stanford University Press.

Broad, R. (2006) 'Research, knowledge, and the art of 'paradigm maintenance': The World Bank's Development Economics Vice-Presidency (DEC)', *Review of International Political Economy*, 13(3): 387-419.

Canning, J. (2005) 'Disciplinarity: a barrier to quality assurance? The UK experience of area studies', *Quality in Higher Education*, 11(1): 37-46.

Chambers, R. (2005) 'Critical reflections of a development nomad', in U. Kothari (ed.), *A Radical History of Development Studies*. London: Zed Books.

Clift, C. (2002) Foreword to cross-disciplinarity in development research. *World Development*, 30(3): 475-476.

Collinson, D. and Plant, K. (2006) *Fifty Major Philosophers*. London: Routledge.

Collinson, D., Plant, K. and Wilkinson, R. (2000) *Fifty Eastern Thinkers*. London: Routledge.

Cosgel, I. (2006) *Conversations between Anthropologists and Economists*. Q-Squared Working Paper Number 18. *Centre for International Studies, University of Toronto*. Available from http://www.q-squared.ca (accessed 1 August 2006).

Crotty, M. (2004) *Foundations of Social Research: Meaning and Perspective in the Research Process*. London: Sage.

Dollar, D. and Kraay, A. (2000) *Growth is Good for the Poor*. World Bank Policy Research Working Paper Number 2587. Washington: World Bank.

Dollar, D. and Kraay, A. (2001) *Growth is Good for the Poor*. World Bank Policy Research Working Paper Number 2587 (revised). Washington: World Bank.

Dollar, D. and Kraay, A. (2002) 'Growth is Good for the Poor', *Journal of Economic Growth*, 7: 195-225.

Dollar, D. and Kraay, A. (2004) 'Growth is good for the poor', in Shorrocks, A. and Van Der Hoeven, R. (eds), Growth, Inequality, and Poverty: Prospects for Pro-poor Economic Development. Oxford: Oxford University Press. pp.62-80.

DSA (Development Studies Association, UK) (2004) *Unit of Assessment in the Research Assessment Exercise 2008 for Development Studies*. Available from www.devstud.org.uk/consultation.htm (accessed 1 August 2005).

Fine, B. (2002) 'Economics imperialism and the new development economics as Kuhnian paradigm shift?' *World Development*, 30(12): 2057-2070.

Fuller, S. (2005) *Kuhn versus Popper: The Struggle for the Soul of Science*. Cambridge: Icon.

Gould, J. (2003) *The Hedgehog, the Fox and the Magister's Pox*. New York: Harmony Books.

Haddad, L., Rowsell, H., Gee, C., Lindstrom, J. and Bloom, M. (2006) *Mapping Development Research among UK Organizations and Their Partners*. Report To The ESRC. Sussex: IDS.

Harriss, J. (2002) 'The case for cross-disciplinary approaches in international development', *World Development*, 30(12): 487-496.

Harriss, J. (2005) 'Great promise, hubris and recovery: a participant's history of development studies', in Kothari, U. (ed.) *A Radical History of Development Studies*. London: Zed Books.

Heisenberg, W. (1927) 'Über den anschaulichen Inhalt der quantentheoretischen Kinematik und Mechanik', *Zeitschrift für Physik*, 43: 172-198. (English translation: Wheeler, J.A. and Zurek, H. (1983) *Quantum Theory and Measurement*. New Haven, Conn: Princeton University Press.

Hulme, D. and Toye, J. (2006) 'The case for cross-disciplinary social science research on poverty, inequality and wellbeing', *Journal of Development Studies*, 42(7): 1085-1107.

Jackson, C. (2002) 'Disciplining gender?' *World Development*, 30(12): 497-509.

Kanbur, R. (2002) 'Economics, social science and development', *World Development*, 30(12): 477-486.

Kanbur, R. (2006) *What's Social Policy Got To Do With Economic Growth?* Available from http://www.arts.cornell.edu/poverty/kanbur/ (accessed 1 August 2005).

Kanbur, R. and Riles, A. (2006) *And Never the Twain Shall Meet? An Exchange on the*

Strengths and Weaknesses of Anthropology and Economics in Analyzing the Commons. Q-Squared Working Paper Number 22. Centre for International Studies, University of Toronto. Available from http://www.q-squared.ca (accessed 1 August 2006).

Kanbur, R. and Shaffer, P. (2005) *Epistemology, Normative Theory and Poverty Analysis: Implications for Q-Squared in Practice.* Available from http://people.cornell.edu/pages/sk145/papers.htm (accessed 1 August 2006).

Kuhn, T. (1962) *The Structure of Scientific Revolutions.* Chicago: University of Chicago Press.

Loxley, J. (2004) 'What is distinctive about international development studies?' *Canadian Journal of Development Studies*, 25(1): 25-38.

Lyotard, J. (1984) *The Postmodern Condition.* Manchester, UK: Manchester University Press.

Masterman, M. (1970) 'The nature of a paradigm', in Lakatos, I. and Musgrave, A. (eds), *Criticism and the Growth of Knowledge.* Cambridge: Cambridge University Press.

McGregor, A. (2006) *Researching Wellbeing: From Concepts To Methodology.* Wellbeing in Developing Countries (WeD) Research Group Working Paper 20. Bath, UK: University of Bath.

Mehta, L., Haug, R. and Haddad, L. (2006) 'Reinventing development research', *Forum for Development Studies* 33(1): 1-6.

Molteberg, E. and Bergstrøm, C. (2000) Our Common Discourse: Diversity and Paradigms in Development Studies. Centre for International Environment and Development Studies, Agricultural University of Norway (NORAGRIC) Working Paper Number 20. NORAGRIC: GMR, Norway.

Morton, J. and Martin, A. (2004) *Natural Resources Research and Development Studies.* Paper prepared for DSA Annual Conference. Church House, London, 6 November.

Myerson, G. (1994) *Rhetoric, Reason and Society: Rationality as Dialogue.* London: Sage.

Narayan, N., Patel, R., Schafft, K., Rachemacher, A. and Koch-Schulte, S. (2002) *Voices of the Poor: Can Anyone Hear us?* Washington, DC: World Bank.

Nye, H., Reddy, S. and Watkins, K. (2002) *Dollar and Kraay on 'Trade, Growth and Poverty: A Critique'.* Columbia University: Mimeograph.

Parfitt, T. (2002) *The End of Development: Modernity, Post-Modernity and Development.* London: Zed.

Pieters, F. and Baumgartner, H. (2002) Who talks to whom? Intra- and interdisciplinary communication of economics journals. *Journal of Economic Literature*, 40(2): 483-509.

Plato (360 BCE) Theaetetus (translated by Benjamin Jowett). Available from http://classics.mit.edu/Plato/theatu.html (accessed 7 November 2004).

Popper, K. (1968) *The Logic of Scientific Discovery*, 2nd ed. London: Hutchinson.

Rodrik, D. (2000) *Comments on "Trade, Growth, and Poverty*, by D. Dollar and A. Kraay. Available from http://ksghome.harvard.edu/~drodrik

Rue, L. (1994) *By the Grace of Guile: The Role of Deception in Natural History and Human Affairs*. New York: Oxford University Press.

Sayer, A. (2000) *Realism and Social Science*. London: Sage.

Scheyvens, R. and Storey, D. (2003) *Development Fieldwork: A Practical Guide*. London: Sage.

Sen, A. (1980) *Famines. World Development*, 8(9): 613-741.

Sen, A. (1982a) *Poverty and Famines: An Essay on Entitlement and Deprivation*. Oxford: Clarendon Press.

Sen, A. (1982b) Choice, *Welfare and Measurement*. Oxford: Blackwell.

Sen, A. (1984) Resources, *Values and Development*. Oxford: Blackwell.

Sen, A. (1999 and 2001) *Development as Freedom*. Oxford: Oxford University Press.

Spencer, L., Ritchie, J., Lewis, J. and Dillon, J. (2003) *Quality in Qualitative Evaluation: A Framework for Assessing Research Evidence*. London: Government Chief Social Researcher's Office.

Strober, M. (2006) 'Habits of the mind: challenges for multi-disciplinary engagement', *Social Epistemology*, 20(4): 315-331.

Toye, J. (1987) *Dilemmas of Development: Refl ections on the Counter-Revolution in Development Theory and Policy*. Oxford: Basil Blackwell.

Toye, J. (1993) *Dilemmas of Development. Refl ections on the Counter-Revolution in Development Economics*. 2nd ed. Oxford: Basil Blackwell.

Tribe, M. and Sumner, A. (2004) *The Nature of Development Studies*. Paper prepared for the DSA

Turner, S. (2000) 'What are disciplines? And how is interdisciplinarity different?' in Weingart, P. and Stehr, N. (eds), *Practicing Interdisciplinarity*. Toronto: University of Toronto Press.

Woolcock, M. (2007) 'Higher education, policy schools, and development studies: what should Masters degree students be taught?' *Journal of International Development*, 19: 55-73.

World Bank. (2000) *World Development Report 2000/2001: Attacking Poverty*. New York: Oxford University Press for the World Bank.

제4장

개발학이 그리는 '큰 그림'은 무엇인가?

겉으로는 같아 보이는 객관적 현실이 어떻게 이리도 다르게 해석될 수 있는가? … 관점과 체계의 차이라는 측면에서 보면 부분적으로나마 이 불일치를 이해할 수 있다(Kanbur, 2001: 1084).

사회이론화 작업에는 다양한 유형의 활동이 수반된다. … 사회이론화는 사회 자체의 특성(존재론)과 그 사회에서 얻을 수 있는 지식의 특성(인식론)이라는 상호연계된 두 주장을 더해 놓은 복잡한 '일괄거래(package deal)'라 이해할 수 있다(Preston, 1996: 5, 339-340).

개발학 역사에서 대부분은 거대이론을 만드는 데 초점을 맞추어 왔다. 최근 몇 년간 이러한 거대이론에 맹렬한 비판이 제기되었고 … 관심은 점차 상황특이성과 복합성의 관점에서 문제를 실증에 기초하여 이해하려는 시도로 전환되었다. 개발/근대화 프로젝트에 대한 비판적 성찰은 이제 핵심 활동으로 자리 잡았으며 … 이론 형성의 목적은 개발과 성장을 촉진하는 것에서 변화와 차별화의 과정을 이해하는 것으로 대부분 재정립되었다(Molteberg and Bergstrøm, 2000: 6).

개발학 이론 구조의 상당수는 존재론, 인식론, 방법론적 기본 입장에 관한 명시적인 고민 없이 소개되었다. 이는 매우 심각한 단점이라고 생각한다(Martinussen, 1997: 346).

1. 서론

이 장에서는 개발학 연구가 꿈꾸는 일명 '큰 그림'에 초점을 맞춘다. 여기서 '큰 그림'을 그리는 개발학 이론에는 거대이론(메타내러티브)만이 아닌 '상황특이적(context-specific)' 이론(마이크로내러티브)이 포함되는데, 양자 모두 실증 연구의 지침이 될 수 있다. 이 접근을 통해 우리는 베번(Bevan, 2004: 5; 2006)이 제시한 지식의 기본(knowledge foundation) 중 이론, 개념적 틀(framework) 그리고 모델과 관련된 내용을 다루게 될 것이다.

개발학은 그 자체의 고유한 이론들을 가지고 있으나, 개발학의 교차학문적 특성으로 인해 개발학 연구자들은 (그림 3.1과 3.2에서 보았던) 개발학을 구성하는 여러 학문의 이론을 채택하여 사용하는 경우가 많다. 이 장의 목적이 개발학계에서 형성되었거나 정규적으로 활용되는 모든 이론을 검토하는 것은 아니다. 이에 대해서는 프레스턴(Preston, 1996)과 마티누센(Martinussen, 1997), 최근에는 윌리스(Willis, 2005)가 기반을 잘 닦아 놓았으니, 독자들께 일독해 보시길 권한다. 그보다 이 장에서는 개발학에서 이론이 형성되는 상황을 논하고, 연구자는 자신의 연구를 위해 어떤 방식으로 기존의 이론 체계를 받아들이거나 혁신적인 개념적 틀을 구축해 나가는지 알아보려 한다.

우선 본론으로 돌아가 다시 한번 이 장의 서두에 인용된 구절을 논의해 보자. 관련된 모든 선행 연구 문헌을 담아낼 수는 없었으나, 이 맥락에서 제기될 수 있는 이슈와 우려를 드러내는 몇 가지를 추려 보았다.

개발학에서 '이론'은 주된 논쟁 분야였고, 현재도 마찬가지이다. 개발 분야 연구를 위한 개념적 틀은 그에 따라 연구로 얻을 수 있는 결과를 규정하거나, 시작 단계에서부터 특정 결론을 배제할 수 있다는 점에서 매우 결정적 역할을 한다. 실제로 칸버(Kanbur, 2001: 1084)는 개발정책에 관한 불일치는 '관점과 틀의 차이' 자체라고 언급한 바 있는데, 즉 개발은 현실 자체의 차이보다는 세계를 보는 방식의 차이라 보았다.

프레스턴은 '사회이론화는 광범위한 유형의 활동'이 포함된다고 말하며, 연구 중인 현상 사이 상호작용이 일어나는 개념적 틀과 관련하여 여러 가지 가정을 만들어 내는 '일괄거래(package deal)'에 대해서도 설명했다(Preston, 1996: 5, 339-340). 최근 개발학 분야에는 거대이론을 개발하거나 현실에 적용하려는 시도는 거의 나타나지 않고, 문제를 상황 자체의 특수성에 집중하여 복합적인 관점에서 이해하는 실증적 접근이 점차 증가하고 있다. 다시 말해서, '거대이론'보다는 '작은 이론'에 대한 관심이 점차 증가하고 있다(Molteberg and Bergstrøm, 2000: 6). 이러한 상황에 대해 마티누센은 개발학의 이론 형성 방식, 특히 이론의 기본인 '존재론적, 인식론적, 방법론적 입장'에 있어 개발학은 자기인식이 부족하다며 비판한 바 있다(Martinussen, 1997: 346).

이러한 맥락에서 이 장은 개발학의 근간이 되는 기본 가정과 그 가정의 한계 및 생략에 대한 더 깊은 이해가 필요하다고 강조한다.

다음 2절에서는 이론의 필요성과 그 본질에 대해 논의할 것이다. 3절은 개발학에서 이론 형성 방식에 대해 논의할 것이고, 4절에서는 개발학 연구의 지침이 되는 연구의 틀을 중점적으로 다룬다. 마지막 5절에서는 이 장 전체를 요약할 것이다.

2. '큰 그림'의 중요성

1) 우리는 왜 이론이 필요한가?

모든 이론은 연구 대상인 현상을 체계적으로 이해하고 분석하는 데 필수적인 역할을 하는 추상개념들로 구성되어 있다.■1 이론은 '연구 문제'의 분석을 위해 수집해야 하는 자료를 선별하고 그 자료를 다시 정리하여 처리하는 개념적 틀이자 기반 역할을 한다. 또한 개발 실무자들은 이론을 미래 상황의 인과관계를 설명하고, 이에 대한 해석, 예측의 근거로 활용하는 등 정책을 분석하고 계획하는 데 필수 요소로 활용할 수 있다. '개발'에 관한 연구에 가장 적합한 이론적 본질이 무엇인지에 대해 학계 내외에서 여전히 논쟁이 계속되지만, 체계적인 연구 수행을 위한 이론의 필요성에 대해서는 논란의 여지가 없다.

개발에 관련한 전반적인 이해를 높이고, 또 부분적 요소를 연구하기 위해서는 개발의 이론이 필수적이다. 또한 경험에 근거한 연구 조사를 제대로 안내하고 정리하기 위해서도 이론은 필수적이다. 이론이 없는 연구는 한정된 설명만을 제공하는 매우 기술적인(descirptive) 연구로 전락할 가능성이 크다. 일반적으로 이론은 핵심이 되는 '추상개념'을 가정으로 단순화하여 명료하게 표현한다. 예를 들어, 빈곤 연구를 위해서는 가구의 소비 패턴에 영향을 끼치는 구성원의 성별과 연령을 고려한 가구 내 부의 분배에 대한 설명이 필요하다. 성별과 연령이 가구 내 부의 분배와 무관하다고 가정한다면, 개발 분야에서 연구 목적 달성에 실패할 것이 뻔하다. 빈곤과 관련된 다른 사례를 들어 보자면, 건강, 교육, 심리적 요인은 고려하지 않은 채 오로지 소득 또는 경제적 접근에 기반하여 빈곤을 정의하는 것이다. 연구를 구성하는 단계에서 연구의 가정, 특히 배제한 요소들을 명확히 해야 하는데, 그래야만 연구자와 그 연구를 활용하는 사람이 연구의 한계와 연구가 포함하지 않은 부분을 이해할 수 있기 때문이다.

이론은 현실을 관찰할 때 주안점을 두어야 하는 부분을 안내하며, 자료를 생성하고 수집할 때 필요한 우선순위를 결정하기 때문에, 설문지 작성이나 면담 일정 조율 같은 연구 방법을 기획할 때도 필수적이다. 제6장 3절에서 간략히 설명한 지속가능한 생계 접근 방식의 좋은 예시이다. 이 연구는 인적, 사회적, 자연적, 재정적, 생산적 자본을 각각 다루도록 면담 일정을 구성했다. 이러한 맥락에서 이론은 연구에 필요한 자료가 어떤 것인지를 규정하는 매트릭스를 제공한다. 또한 연구를 통해 발굴된 자료를 분석하는 과정에서 확인된 상호관계의 형태를 규정하기 위해서도 이론은 필수적 역할을 한다(이 예시로서 지속가능한 생계 연구의 사례를 제6장에서 자세히 다룬다). 이렇듯 이론은 현상의 인과관계와 해석을 제시하기 위한 근간이 되며, 연구의 산출물과 결론을 도출하는 데 도움을 준다. 이러한 맥락에서 이론은 수집한 자료들이 실질적인 의미를 갖도록 연결하는 틀이라 볼 수 있다.

2) 이론은 정확히 무엇을 뜻하는가?

개발학을 구성하는 학문과 주제들은 일련의 이론, 개념적·분석적 틀, 접근법을 제시한다. 그리고 저마다 구성 요소, 초점, 강조점, 한계점을 가지고 있다.

이론은 무엇을 뜻하는가? 이론(theory)이라는 단어의 어원은 '보기(viewing)'를 뜻하는 그리스어 theōría에서 왔다. 즉 세상을 보는 방식을 의미한다. 하지만 '사회이론화' 과정에는 '광범위한 유형의 활동'으로 구성된다(Preston, 1996: 5). 윌리스(Willis, 2005: 27)는 개발의 이론과 실천을 다룬 저서에서 1950년대 이래 확립된 개발 분야의 12가지 이론적 접근 방식을 정리했다. 윌리스의 관점에 따라 구분된 개발 이론에는 근대화, 구조주의 분석, 종속이론, 기본적 욕구, 신자유주의, 그리고 후기발전(즉 후기근대주의자 이론) 같은 다양한 접근이 포함되어 있다. 다만 이 편리한 구분법을 비판적으로 살펴보면, 여기서 제시한 몇몇 이론적 접근이 진정 이 장에서 논의한 내용과 견주어 얼마나 이론적이라 말할 수 있는지 의문이 생길 수 있다.

예를 들어, 윌리스의 책에서 소개된 루이스(Lewis)의 '무제한 노동공급 경제발전 모델'은 의심할 여지 없는 개발 이론이다.■2 (윌리스는 이 모델이 구조적 변화를 위한 합당한 것으로 다루고, 자본축적이라는 비판적 요소에 대한 설명은 생략한 바 있다. Willis, 2005: 42) 하지만 같은 장에서 다루고 있는 신자유주의와 부채 위기는 일반적으로 개발 이론이라고 여겨지지는 않는다(Willis, 2005: 45–50). 이러하니 다양한 학문을 활용하는 개발 커뮤니티가 과연 무엇이 개발 이론인지에 대한 일관적인 관점을 공유하고 있는지 의문이 생길 수밖에 없다.

구조주의, 종속이론, 근대화 이론의 경우 뚜렷한 이론적 계보를 가진 개발 이론이다. 제1장에서 다루었듯이, 이러한 이론은 적용 범위가 일반적이고, 장기적인 관점에서 개발의 과정을 이해하려 한다. 반면, '풀뿌리 개발', '사회문화적 차원의 개발' 등은 개발의 특정 측면에 주목하는 '접근' 방식으로, 개발 커뮤니티는 이를 '이론'으로 간주하지는 않는다. 이러한 접근 방식의 경우, 개발 과정 전반에 관한 개념적 틀보다는 변화와 차별화 과정에 대한 관행적인 설명에 기반을 두고 있으며, 상황이 가진 특수성에 맞게 응용되는 경향이 있다.

예를 들어, 신자유주의는 (주류) 시장경제 이론을 구성하는 한 요소이지만, 이를 개발 과정 전반을 개념화하는 개발 이론이라고 언급하는 경우는 거의 없다. 이러한 용어의 차등적 구분은 마티누센(Martinussen, 1997)이 고민했던 부분이다. 마티누센은 광범위하게 논의되는 개발 이론을 21가지의 주요 이론 그룹으로 정리했는데, 이를 다시 아래의 네 가지 이론적 범주에 따라 구분했다(Martinussen, 1997).

- 경제개발과 저개발
- 제3세계 정치와 국가

• 국가와 사회경제 개발
• 시민사회와 개발 과정

이어 마티누센은 개발에 있어 이론, 개념, 전략의 의미를 구분하며, 이 세 가지 요소의 혼용으로 개발학이 이론적 진전을 이루고 있지 못하고 있다고 주장했다. 그에 따르면, 개발의 이론은 개발이 촉진되거나 방해받는 조건에 대한 가설을 의미한다.■3 그리고 개발의 개념은 개발의 목적 그 자체이며, 개발의 전략은 개발을 촉진하기 위한 일련의 행동과 개입 방식을 뜻한다. 그는 전형적인 개발 이론은 개발 개념과 개발 전략 모두를 동반한다고 주장했는데, 이 관점을 기준으로 보면 루이스의 무제한 노동공급 경제성장 모델이나 구조주의는 개발 이론이지만, 신자유주의는 이론이라기보다는 전략으로 구분해야 옳다.

마티누센의 접근 방식을 개발에 관한 규범적·실증적 관점 전반에 적용한다면, 개발학 이론을 더 단순하게 두 가지 유형으로 구분하는 것이 가능하다. 하나는 큰 그림을 그리는 '거대이론'이며, 다른 하나는 연구에서 도구적 접근 방식으로 활용되어 '작은' 그림을 그리는 '상황특이적' 이론이다. 전자의 대표적인 사례는 구조주의이며,■4 후자의 사례는 '지속가능한 생계 접근(Sustainable Livelihoods Approach)'을 들 수 있다. 구조주의와 같은 거대이론의 목적은 사회가 장기적으로 어떻게 변하는지를 이론화하는 데 있다. 반면, 상황특이적 개발 이론의 목적은 실증적 조사와 정책 분석 방식이 올바로 진행되도록 이끄는 것이다.

거대이론으로 구분되는 이론들은 '보편 이론' 또는 '메타내러티브(meta-narrative, 메타서사)' 같은 다른 표현으로 일컬어지기도 한다. 이 이론들은 주로 이 장의 제목에도 사용된 '큰 그림'에 관심을 두는데, 주로 경제적 생산 체계, 소득 분포, 인구 이동, 사회구조의 변화 같은 주요 사회경제적 변화에 관심을 기울인다. 반면, '상황특이적' 이론은 주로 '작은 그림'에 관심을 둔다고 말할 수 있는데, 올바른 실증적 연구 방법을 안내하거나, 지속가능한 생계 접근처럼 상황의 변화와 차별화의 과정을 이해하는 데 주목한다. 또한 가구 조사라든지, 농업이나 교육과 같은 분야별 정책을 올바르게 설계, 수행, 분석하는 방법을 안내하는 역할을 한다. 마티누센의 관점에 따라 살펴보자면, 상황특이적 이론의 경우 구체적인 개발의 '개념'을 필수적으로 보유하지만, 개발 '전략'은 보유할 수도 그렇지 않을 수도 있다.

'메타내러티브'라고도 칭해지는 거대하고 보편적인 이론은 특정 '세계관(world view)'을 설명·분석한다고 말할 수 있는 데 비해, 상황특이적 이론은 특정 연구 수행이라는 어찌 보면 다소 소박한 목적을 가졌다. 이로 인해 마일스와 휴버먼은 상황특이적 이론에 대해 다음과 같이 말한 바 있다.

> 상황특이적 이론은 연구의 주요 대상인 핵심 요인, 구조, 변수 그리고 이들 사이의 가정을 설명한다(Miles and Huberman, 1994: 18).

베번은 이를 조금 더 정교하게 구분했는데, 요약하면 박스 4.1의 형태이다(Bevan 2004: 10). 베번은 이론의 구성 요소를 '구조(anatomy)', '생리(physiology)', '역동(dynamic)', '역사(history)'의 네 가지로 규정했다. 이 중 앞의 구조와 생리는 시간적 속성을 제외한 공시적(synchronic) 요소이며, 다음의 역동과 역사는 시간적 속성을 고려하는 통시적(diachronic) 요소이다. 베번에 따르면, 대상의 구조와 힘인 '실제(real)'는 구조, 생리, 역동의 요소로 포착할 수 있으며, 이러한 힘이 활성화되어 어떠한 현상이 발생하면 역사의 요소로 포착할 수 있다. 이는 연구자가 자신만의 논리적 틀을 구성하는 방식을 다룬 본 장의 후반부와 직접적으로 관련이 있다(4절 2)를 참조).

요약하면 개발학에는 '세계관'을 제공하기 위한 보편적 개발 이론과, 특정

박스 4.1

베번의 '구조', '생리', '역동', '역사'

구조(The anatomy)

현상의 구성 요소는 무엇이고, 이들 간의 구조적 관계는 무엇인가?

생리(The physiology)

다른 요소가 동일하다면, 그 체계를 유지하고 있는 관계, 과정, 그리고 활동은 무엇인가?

(사회) 역동[The (social) dynamics]

안정화와 변화 과정은 무엇인가? 어떤 요인으로 균형, 충격, 리듬, 나선, 악순환과 선순환, 관성, 분열 등의 현상을 설명하는가?

역사(The histories)

이론 주창자의 활동, 실제 작동하는 메커니즘과 절차, 그로 인한 결과 등 특정 상황에서 실제로 무슨 일이 발생했는가?

출처: Bevan, 2004: 10.

지역을 심층적으로 이해하기 위한 구체적인 연구 방식에 주목하는 보다 미세한 속성의 상황특수적 이론이 있다.

각각의 이론적 틀은 서로 다른 것들을 포착하고 또 놓치기도 한다. '빈곤'을 예로 들자면, 이론적 틀에 따라 빈곤과 복지를 바라보는 관점과 정의가 다르기에 저마다 다른 사람을 가난하다고 인식할 수 있다. 빈곤이 결핍의 결과물이라는 인식을 공유하더라도, 결핍은 어떤 형태로 나타나고(what), 어느 정도로 나타나며(how much), 누구에게 차별적으로 영향을 미치는지(who) 이론마다 다르게 인식할 수 있다(Laderchi et al., 2003: 243). 모든 이론의 핵심은 결국 추상적이다.■5 복잡하게 얽혀 있는 세계에서 이론을 통해 연구 대상인 현상을 이해하기 위해서는 단순화된 가정에 기반을 둘 수밖에 없다. 하지만 그 이론적 접근의 가정은 무엇이고, 어떤 요소가 배제되는지 반드시 인지해야 한다. '나쁜 이론'의 가정은 연구 주제의 핵심적 특징을 배제할 위험이 있기 때문이다. 일반적으로 이론에는 다음에 대한 가정이 포함된다.

- 개발의 본질, 정의 또는 목적
- 존재론과 현실의 본질
- 인식론과 알 수 있는 무엇
- 연구 주제에 영향을 주는 과정이나 산출물
- 적절한 수준의 분석(거시 연구는 미시 수준의 중요한 문제를 간과할 수 있고, 그 반대도 마찬가지이며, 중간 수준도 있을 수 있음)■6
- 인간의 본성과 이들의 행동
- 이론의 보편성 또는 적용력의 정도

하지만 다른 누구보다 두드러지게 개발학의 이론 형성 방식을 비판해 왔던 마티누센은 그동안 개발학 이론이 묵시적으로든 명시적으로든 가정들의 함의를 충분히 인지하거나 설명하지 못했다고 지적했다.

3. 개발학에서 이론의 형성

1) 개발학의 현재 이론 상태

1950년대부터 1980년대까지 개발 이론에는 분명 실체가 있었다(Corbridge, 1995; Preston, 1996). 당시에 개발은 장기적인 사회구조의 변화라는 전형적인 형태로 정의되었으며, 국가가 상당 부분 개입하도록 역할을 부여했다. 구조주의 같은 거대이론과 메타내러티브가 개발이 구상하는 사회 변화를 이해하고 설명하며 촉진하는 데 유용하다고 인식되던 시기였다.

그러나 1980년대에 이르러 개발 이론은 근대화 이론과 저개발 이론 사이에서 교착상태에 처한다(Schuurman, 1993: 1). 지금도 마찬가지이지만 당시에는 이러한 교착상태가 개발학 강의 때면 빼먹지 않고 등장하는 랜드마크처럼 여겨졌는데, 사실 이런 교착상태가 실제로 존재했는지 자체에 논쟁의 소지가 있고, 단순히 근대화 이론의 부활을 숨기는 역할을 한 것이라는 주장도 존재한다(Munck, 1999: 196).

여기서 언급되는 교착상태는 개발학계에 제기된 비판론에서 촉발된 측면도 있다. 특히 마르크스주의와 신마르크스주의 이론을 차용하여 개발학의 이론 형성 방식을 맹렬히 비난한 부스(Booth, 1985)의 비판론이 큰 반향을 일으켰다. 그는 개발학이 이론적 결함과 유용성 결여로 현실과 동떨어진 제안을 제시한다고 주장했다. 이러한 이유로 부스는 개발학이 다시금 실증적 사례 비교연구로 돌아갈 것을 주창했다. 이후 개발학의 무용성을 비판한 에드워즈(Edwards, 1989) 역시 여러 측면에서 부스와 유사한 결론을 제시했다. 그의 연구는 개발학계가 거대하거나 고차원적인 이론에서 이보다 도구적이고 상황특이적인 접근 방식으로 주목하도록 변화를 이끌었다.

또한 1970년대와 1980년대에 있었던 국제질서의 거대한 변화는 개발 이론의 가치를 퇴색시켰다. 당시 세계 경제질서의 균형이 바뀌게 된 계기는 신흥공업국(Newly Industrialized Countries, NICS)의 등장을 비롯하여 1989년 냉전의 종식에 따른 동유럽과 중앙·서부·남부 아시아에서 '전환경제(transition economy)'가 등장하며 기존의 제3세계 국가들이 공유하던 동질성이 위협받았기 때문으로, 이로 인해 개발 이론의 핵심 주제에 대한 도전으로 이어졌다. 경제성장과 산업화가 개발을 이루는 길이라는 근대화 이론의 직선적이며 보편적인 맹신에 비판이 가해졌고, 특히 산업화에 의한 환경 파괴가 점차 드러나며 맹렬한 비난을 받았다. 그 밖에도 가구 내 사회경제 관계와 같은 미시적 접근이나 그 중간 수준의 분석은 무시한 채 지나치게 거시적 접근만을 강조하여, 연구가 실증적이지 못하며 엄격성(특히 검증 가능성과 반증 가능성)이 부족하다는 비판도 제기되었다. 슈르만의 저서에는 이러한 문제에 대한 세부적인 논의가 소개되어 있다(Schuurman, 1993).

이 장의 서두에서 언급했듯이, 마티누센은 특히 개발학의 이론 형성 방식에 대해 매우 비판적이었다. 그는 오늘날의 이론은 너무 폭넓고 종합적이며, 경제 상황과 같은 거시적 현상만 지나치게 강조하고, 내부나 외부 관계 하나만을 단절적으로 주목하여 내외부 관계를 연결하고 결합하는 분석 방식이 배제되었다고 주장했다. 이에 따라 '좋은 사회과학 이론의 최소 요구 조건(minimum requirements of a good social science theory)'을 정리한 바 있다(박스 4.2). 이 '최소 요구 조건'에서 알 수 있듯이, 마티누센이 주목하는 근본적인 문제는 개발 이론이 가정의 중요성을 충분히 반영하지 못하고 있다는 점이다.

이후 개발의 맥락에서 특히 지속가능성, 성별, 문화적 측면을 포괄하는 '탈교착상태' 시대의 이론이 다수 개발되었다. 이로 인해 거대이론보다는 상황특이적 이론에 좀 더 관심을 두게 되었는데, 이 주제에 대해서는 다수의 기고문을 묶은 멍크와 오헌(Munck and O'Hearn, 1999)의 책을 참고하기 바란다. 이들은 이 책에서 이론을 만드는 목적은 개발과 성장을 촉진하는 것이 아니

박스 4.2

마티누센의 '좋은 사회과학 이론의 최소 요구 조건'

좋은 이론은:

- 존재론(현실 및 사회의 본질에 대한 근본적 개념) 그리고 인식론(현실이 분석되고 이해되는 방법)적 기초를 분명하게 제시해야 한다.
- 이론에 체화되어 있는 규범적 전제와 정치적 우선순위가 무엇인지 분명하게 제시해야 한다.
- 적용 가능한 영역과 유효하거나 그렇지 못하다고 가정하는 상황이 무엇인지 분명하게 제시해야 한다.
- 논리적으로 일관성이 있어야 하는데, 이는 이론적 틀이 상술하는 개념과 주장이 이론의 기본 가정과 모순되지 않아야 함을 의미한다.
- '현실'에 반영한 오류 검증을 통과할 수 있어야 하며, 이때 추상적 이론의 요소들이 온전히 유지되어야 한다.

출처: Martinussen, 1997: 346.

라, 변화와 차별화의 과정을 이해하는 것으로 재정립해야 한다고 제안했다.

2) 개발학의 교차학문성과 이론

개발이 사회, 경제, 정치, 문화 등 다양한 차원을 포용하는 학문적 분석이 필요한 다차원적 현상이라면, 이를 분석하기 위해서는 사회, 경제, 정치 각각의 이론뿐만 아니라 개별 학문이나 상황특이적(또는 미시적) 이론들을 연결하고 그 경계를 초월하는 다학문적 개발 이론이 요구된다.

서로 다른 학문은 같은 사회경제적 현상을 각자의 방식에 따라 다양한 측면에서 조명할 수 있지만, 이것이 꼭 상호보완적이라는 보장은 없다. 경제성장과 소득 불평등의 상관관계에 대한 분석이 대표적이다. 경제학자인 쿠즈네츠는 소득의 불평등은 노동자가 저임금·저생산성을 가진 농업 부문에서 고임금·고생산성을 가진 비농업 부문으로 이동하도록 권장하기 때문에 성장에 이롭다고 판단했다(Kuznets, 1955; 1963; 1971; 1979). 사회·정치 이론은 이와 반대로 소득 불평등은 사회정치적 불안정을 유발하여 투자를 감소시킴으로써 미래의 경제성장이 약화될 것으로 본다(Alesina and Perotti, 1996). 또는 불평등 사회의 경우 신용불량자의 비중이 높아 투자와 경제성장이 위축될 수 있고, 소득재분배의 압력을 가중하여 미래 성장력을 갉아먹는 왜곡된 재정정책으로 이어질 위험이 있다고 주장한다(Rehme, 2001).

개발학을 구성하는 학문 분야는 저마다 고유의 가정을 공유하는 이론 체계가 있고, 각 학문의 가정은 서로 불일치할 수도 있다. 이 잠재적 불일치가 우리가 주목하고 신중히 다루어야 할 요소라면, 각각의 학문 분야가 가진 이론과 가정 자체도 더욱 중요하게 인식해야 할 것이다. 이 노력을 지속해야만 개발학 연구를 통해 엄격하고 수준 높은 결과를 성취할 수 있을 것이다. 학문적 자기인식의 필요성은 처음에 생각했던 것보다 훨씬 중대한 것일 수 있다.

우리는 가정을 어떻게 보아야 하는가? 가정은 사소한 가정, 영역적 가정, 발견적 가정의 세 가지로 구분할 수 있다(Musgrave, 1981; 1993). 박스 4.3을 보면 우선 사소한 가정은 특정 상황에서 중요하지 않다고 생각하는 요소로, 경제학에서 개별 상품과 시장은 동질적이고 분절되지 않았다고 가정하는 것이 대표적이다. 영역적 가정은 특정 상황에서만 적절하다고 판단하는 가정으로, 경제학에서 말하는 세테리스 파리부스(ceteris paribus, 모든 조건이 동일하다면) 가정이나 국제무역이 전혀 없는 상태의 폐쇄된 경제 상태를 가정하는 경우가 예시이다. 마지막 발견적 가정은 사고를 더욱 촉진하기 위해 이론의 디딤돌 역할을 하는 가정으로, 신고전주의 경제학에서 생산자와 소비자를 '극대화 추종자(maximizer)'로 가정하는 경우를 예로 들 수 있다. 여기서 예를 들지 않은 다른 가정들도 현실, 사회의 본질이 근본적으로 무엇인지에 대한 존재론적 문제, 그리고 그 현실을 어떻게 분석하고 이해할 수 있는지에 대한 인식론적 문제와 관련되어 있다.

그 밖에도 다수의 개발 연구자가 자신의 모국어가 아닌 외국어나 방언을 사용하여 의도와 의미가 다르게 전달될 수 있다는 점 역시 중요한 문제이다. 많은 경우 번역 과정에서 놓치는 내용이 발생하고, 일부 이론적 용어는 다른 언어나 방언으로는 '깔끔하게' 번역되지 못할 수도 있다. 또 어떤 단어나 개념은

박스 4.3

가정의 유형

사소한 가정(negligibility assumptions)
일부 요소는 특정 상황에서 아무런 중요도가 없다.

영역적 가정(domain assumptions)
가정된 특정 상황에서만 이론이 적합하다.

발견적 가정(heuristic assumptions)
오류로 알려진 가정이지만, 이론의 이해를 돕는 '디딤돌'로 사용된다.

출처: Musgrave, 1981: 377.

다른 언어와 문화권에서는 아예 존재하지 않을 수도 있고, 존재해도 그 의미가 분명하지 않거나 모호할 수도 있다(제5장 4절 2)에서 더 논의된다).■7

이론적 가정은 학문별로도 다르지만, 다학문적인지 간학문적인지 초학문적인지 학문 사이 긴장 정도에 따라서 다를 수 있다는 점도 인식할 필요가 있다. 앞서 제3장에서 경제학자와 인류학자의 논의를 다룬 적이 있는데, 보통 경제학과 인류학이 이론화, 가정, 방법론 및 연구 기법의 측면에서 사회과학의 양극단에 있는 것으로 보기 때문에 이 두 학문 사이의 논의는 주목할 가치가 있다. 예를 들어, 경제학 연구는 단순화하고 효율성을 높이며, 보편적 법칙과 추상적 모델을 찾는 경향이 있다. 반면, 사회인류학 연구는 복잡성을 찾고, 지역 또는 맥락적 특수성을 이해하며, 동기나 목적의 복수성을 찾는 경향이 있다.

경제학 이론은 개인은 이성적이며, 효용성의 극대화를 추구하고(이는 만족을 극대화하는 것으로 이해할 수 있다), 이들의 행동과 선호는 외부적으로(즉 분석 대상인 체계와 무관하게) 형성된다고 공통적으로 가정한다. 이 가정을 흔히 '자율적 행위(autonomous agency)'라 표현하곤 한다. 이에 비해 사회인류학 이론은 개인의 행동은 이들이 처하여 관찰하고 있는 상황에 의해 형성된다고 가정하기 때문에[배태된 행위(embedded agency)] 그들이 처한 문화적 맥락에서 사람의 행동과 관계를 이해하는 전체적 접근이 필요하다는 점이다. 이를 부스 등은 아래와 같이 요약한 바 있다.

> 인류학적 접근 방식의 대표적인 특징은 의미와 신념이라는 미묘한 영역[에믹(the emic)]과 관찰하는 행동과 사건의 정형화된 양식[에틱(the etic)] 둘 모두에 지속적인 관심을 가진다는 점이다. … 그리고 실제 사회에서 이 두 측면 사이에 빈번하게 발생하는 대립 관계를 해석하는 것 역시 이들의 관심사이다.

… 대략 쉽게 표현하면 에믹과 에틱*은 각각 행위자의 관점과 그 반대인 관찰자의 관점이라 할 수 있다(Booth et al., 2006: 2).

인간 행동의 본성에 대한 주류경제학의 기본 가정으로 인해, 경제학 이론은 연구 대상인 개인 또는 집단의 상호작용에서 다른 변수와 독립적이며 영향을 받지 않는 개인들의 행동과 상호관계에 주목하게 된다. 주된 관심사는 다른 제도적인 구조를 배제한 시장 메커니즘, 특히 경쟁시장 경제에 맞추어지곤 한다. 반대로 사회인류학의 초점은 집단의 행동 및 다른 집단과의 상호작용에 맞추어지고, 다른 변수들은 상황에 맞추어 내부적으로 결정된다. 이들의 주된 관심사는 비시장 메커니즘인 경우가 많다.

경제학은 인류학이 지닌 맥락화(contextualization)의 장점을 활용할 수 있고, 인류학은 경제학의 일반화 방법의 도움을 받을 수 있다는 주장이 있다. "인류학자는 특정 변수가 결과에 어떤 영향을 미쳤는지 설명하는 데 우위에 있고, 경제학자는 그것이 얼마나 중요한지 측정하는 데 우위에 있다."는 것이다(Bardhan and Ray, 2006: 7).

요약하면 위와 같은 상반되는 관점은 인간 행동 이론의 부분인 인간의 본성을 이해하는 데 활용할 수 있을 뿐만 아니라, 보편적이든 지역적이든 모든 경험적 맥락에서 이론을 대상에 적용할 수 있다. 제5장에서 개발학의 구성 학문들이 저마다의 방법론, 이론적 가정, 연구 기법을 두고 어떻게 '협상'하는지에 대해 자세히 다룰 예정이다(제5장 3절 1)과 2)를 참조).

---

* 역자주: '에믹'은 내부자 관점으로 어떤 것을 바라보는 것이고, '에틱'은 외부자 관점에서 보는 개념이다. 예를 들어, 공동체를 에믹의 관점으로 보면 마음으로 이해할 수 있는 것이고, 에틱의 관점으로 보면 지식으로 이해되는 것이라 할 수 있다.

4. 개발학 연구를 위한 틀 구성하기

1) 틀(framework)의 역할

이 장에서 진행 중인 논의의 목적은 개발 이론 그 자체를 정리하고 비교하기보다는, 개발학 연구와 논문에서 채택된 이론적 접근 방식의 지식적 기반을 탐구하는 것이다. 이론, 특히 개발학 연구에서 활용되는 이론의 기반을 탐구하는 이 과정에서, 우리는 이론이 연구의 논리나 인과관계와 어떤 관계를 맺는지 본격적으로 정리해 볼 필요가 있다. 이는 곧 '추론(inference)'의 본질에 대한 논의로 이어질 것이다. 이에 앞서, 대다수 개발학 연구자들은 주로 개발학 관련 학문에서 이미 존재하는 이론 체계를 차용해 왔다는 사실을 명심할 필요가 있다.

'추론'에는 두 가지 관점이 존재한다. 제3장 2절 1)에서 다루었듯이 소크라테스, 플라톤, 아리스토텔레스는 지식의 근원은 증거를 일반화하는(즉 이론을 만들어 내는) 귀납적 추론을 통해 만들어진다고 했다. 반면, 갈릴레이, 홉스, 데카르트는 일반화한 이론을 기초로 증거를 수집하는 연역적 추론에서 지식의 근원을 찾았다.

박스 4.4에는 논리적 추론을 위한 기본 개념인 귀납(induction)과 연역(deduction) 그리고 귀추(retroduction)와 개연(abduction)이 설명되어 있다. 모든 연구는 이 중에 하나 이상을 선정하여 결합한 추론 방식을 활용할 수 있는데, 영어로 하면 interduction이라는 표현이 적합할 듯하다. 실제 연구에서 사용되는 접근 방식은 일반적으로 연구자의 출신 학문에 따라 결정된다. 보통 경제학과 정치학은 연역적·귀납적 접근을 활용하는 반면, 사회학은 귀추적 접근, 사회인류학은 개연적 접근을 활용하는 빈도가 높다. 그렇다면 우리는 이러한 선택지를 골라야 할까? 아래 질문을 참고해 보자.

주로 발견을 목적으로 하는 귀납적 연구인가? 아니면 가설 검증을 목적으로 하는 연역적 연구인가? 대다수 연구는 귀납적 논리와 연역적 논리를 결합한 조사 방식을 취하고자 한다(Brannen, 2005: 13-14).

누군가는 수집된 자료를 통해 그 자료들의 관계를 설명하는 보편적 진술, 즉 이론을 도출하는 귀납적 방식을 선호할 수 있다. 이때 연구 문제는 수집된 자료가 연구 주제의 내부적 본질 및 상호관계를 어떻게 설명하는지를 반추해야 한다. 반면, 또 누군가는 이미 존재하는 이론에 기초하여 수집할 자료를 결정하고, 그 자료에 기초하여 이론을 검증하는 연역적 방식을 선호할 수도 있다. 귀납적 접근에서는 자료 수집이 이론 형성보다 먼저이지만, 연역적 접근에서는 이론이 자료 수집보다 먼저 등장한다.

이 두 가지 외에 대안적 방식으로, 상대주의 전통에 기초한 개연적 접근이

박스 4.4

이론과 질문의 방향 또는 논리

귀납적 접근(induction)

단일하거나 특정한 진술에서 시작하여 일반적이거나 보편적인 진술로 결론짓는 접근 방식

연역적 접근(deduction)

'과학자는 자연이 스스로 그 규칙성을 드러내도록 기다리지 않고, 오류를 관찰하고 시행착오를 거치면서 스스로 세계에 규칙성을 부여한다.'라고 생각하는 접근 방식

귀추적 접근(retroduction)

'구조와 메커니즘의 모델을 만드는 방식 및 절차'

개연적 접근(abduction)

사회의 주체가 지닌 개념과 의미, 활동을 활용하여 사회생활을 사회과학적으로 설명하기 위해 활용하는 방식 및 절차

출처: Blaikie, 1993: 132, 95, 176, 168.

있다(제3장 2절 2) 참조). 이는 새로운 개념적 틀의 개발을 통한 새로운 방식으로, 행위자(즉 연구의 주체)의 '의미'가 가진 중요성을 수집된 자료에서 해석해 낸다. 더 나아가 귀추적 접근을 택할 수도 있는데, 이는 연구로 수집한 자료를 통해 이론을 구축하고, 그 수집된 자료가 애초에 존재하기 위해서는 어떤 조건이 필요한지를 묻는 방식이다.

요약하여 설명하면, 추론에는 여러 가지 접근 방식이 있다. 그 추론이라는 '질문의 논리'가 연구를 이끌어 가고, 언제 어떤 방식으로 연구가 이론에 딴지를 걸게 될지를 암시한다. 연구에서 추론이 가지는 중요성을 알려 주는 흥미롭고 교훈적인 사례가 있다. 에슬리아(Easlea, 1973: 13)는 뉴턴의 물리적 법칙과 수학적 논리를 활용해 관측으로 확인된 바 없던 미확인 행성의 위치를 예측하는 데 성공한 사례를 예로 들었다. 이 말인즉슨 이론은 관찰보다 앞서며, 관찰을 이끌어 낼 수 있다는 것을 의미한다.

2) 자신의 틀 구성하기

개발학 연구자와 저술가 중 다수가 거대이론이든 상황특이적 이론이든 이미 학계에서 인정받은 이론을 활용하는 것에 익숙하다. 경제학자 루이스(Lewis)의 무제한 노동공급 경제발전 모델, 정치학의 근대화 이론, 그리고 개발학에서 교차학문적 맥락으로 활용되는 지속가능한 생계(Sustainable Livelihoods)나 인간개발(Human Development) 같은 대안적 접근이 대표적이다. 하지만 또 많은 연구자들 중 특히 모험적인 연구자들은 여러 이론을 통해 얻을 수 있는 통찰력들을 결합하거나(이 장의 서론에서 설명한 프레스턴의 '일괄거래' 이론), 심지어 자신의 연구 질문과 목적에 부합하는 혁신적인 이론적 틀을 개발하려 하기도 한다. 박스 4.5는 '무엇이 이론적 틀을 구성하는가'의 물음에 대한 대응으로, 이론적 틀을 만들 때 염두에 두어야 할 기본 질문들이 정리되어 있다. 다양한 질문이지만, 네 가지로 나누어 생각해 본다면 조금 더 명료하게 이해할 수 있을 것이다.

- 기본 개념 – 어떤 개념이 이론에 포함되어야 하는가?
- 기반 가정 – 이론의 기본 가정은 무엇인가? 예를 들어, 현실의 본질, 인간이 인식할 수 있는 것, 인간의 행동 등에 대한 기본 가정은 무엇인가?
- 이론의 일반적 특징 – 이론의 기능, 목적 그리고 초점은 무엇인가?

박스 4.5

이론의 틀을 구성하기 위한 체크리스트

기본 개념

- 연구의 핵심 요소, 구성 또는 변수는 무엇인가?
- 연구의 핵심 요소, 구성 또는 변수 사이에 추정된 관계는 무엇인가?

기반 가정

- 현실에 대한 기본 가정은 무엇인가?
- 우리가 현실을 '아는' 정도에 대한 가정은 무엇인가?
- 인간의 본성과 이들의 행동에 대한 가정은 무엇인가?
- 우리의 '위치성', 규범적 전제 그리고 정치적 우선순위는 무엇인가?*
- 연구에서 개발을 전반적으로 개념화하는 방식은 무엇인가?

이론의 일반적 특징

- 연구에서 관찰되어야 하는 것은 정확히 무엇인가?
- 맥락을 어떻게 감안해야 하는가?
- 연구의 이론적 논리(즉 추론 방법)는 무엇인가?
- 국가, 지역, 공동체, 가구, 가구 간 등 수준에 따라 어떤 분석이나 분석 조합을 사용해야 하는가?
- 이론의 보편성 및 적용력에 관련된 가정은 무엇인가?

이론의 일관성

- 현실에 대한 제안 사항이 반증 검사를 통과할 수 있겠는가?
- 이론적 틀 안에 포함된 모든 가정 사이에 논리적 일관성이 있는가?
- 이론의 한계는 무엇이고, 이는 연구 문제에 답하는 것과 관련하여 중요한 내용인가?

(* 위치성, 윤리 그리고 규범적 전제에 관한 내용은 제2장 4절의 논의를 참고 바람.)

- 이론의 일관성 – 이론의 논리적 일관성이란 무엇이고, 이는 어떻게 검증되는가?

위의 기본 개념은 베번의 구조(anatomy)와 생리(physiology)에 관련된 것으로 박스 4.1에서 설명한 바 있다. 연구 문제와 관련된 현상을 목록으로 만들어 더 쉽게 이해, 분석, 반영할 수 있다면, 그 현상 사이의 관계를 체계적으로 구체화하고 표현하는 것(예로 다이어그램)이 가능할 것이다. 이러한 '지도화(mapping)'의 과정을 통해 기반 가정을 되돌아볼 수 있을 것이다. 개발을 개념화하는 이론적 틀을 비롯하여 현실, 지식, 인간의 행동, '위치성'과 관련하여 몇 가지 질문을 고민해 보면, 기반 가정이 무엇인지를 이해할 수 있을 것이다(박스 4.5 참조).

다음으로 이론의 일반적 특징은 다음 몇 가지 주제를 고민해 보면 자세히 이해할 수 있는데, 이는 각각 정확한 관찰 대상, 맥락, 사용된 이론적 논리, 그리고 그 이론의 타당성이 유효한 적용 범위를 묻는다.

마지막으로 이론의 일관성은 이론을 내부 논리적 일관성과 그 이론이 지닌 한계와 생략에 대한 평가를 검토하는 질문을 통해 평가할 수 있을 것이다.

5. 요약

이 장에서는 세 가지 내용을 다루었다.

1) '큰 그림'의 중요성

모든 이론은 연구 대상의 현상을 분석하고, 체계적으로 사고하기 위한 필수적인 추상 개념들로 구성되어 있다. 어떤 이론이 개발학 연구에 가장 적합한

지에 대해서는 학문 분야 간 또는 이들 학문 내부적으로 논쟁이 지속되고 있지만, 체계적 연구를 위해 이론이 필수적이라는 점에는 논란의 여지가 없다. 이론은 개발이 진행되는 현상 전반을 제대로 이해하기 위해서일 뿐만 아니라, 연구의 세부적인 부분을 이끌어 가기 위해서도 필요하다.

2) 개발학에서 이론의 형성

개발학에는 넓게 보면 두 가지 유형의 이론이 있다. 첫째는 '거대이론'으로 '메타내러티브'라고도 불린다. 이들은 주로 개발의 전반, 즉 개발의 '큰 그림'에 관한 이론이다. 두 번째는 메타내러티브 하위 단의 '상황특이적' 이론으로 경험 연구를 올바로 이끌어 가기 위해 사용된다. 이론의 가정은 현실을 단순화하는 수단으로서 개념의 추상화 과정이라고 볼 수 있는데, 이로써 필수적으로 다루어야 할 부분을 보다 분명하게 이해하도록 한다는 점에서 이론 구성의 기반이라 할 수 있다. 이러한 이유로 연구가 엄격하게 진행되었는지, 편견은 없는지, 연구의 한계를 인정하고 있는지를 이해하기 위해서는 연구의 가정을 정확하게 이해해야 한다.

3) 개발학의 연구 틀

개발이 사회적·경제적·정치적·문화적 요소를 포함하는 개념이라 한다면, 어쩌면 사회 이론, 경제 이론, 정치 이론, 문화 이론에 의존하는 것은 필연적이다. 개발학을 구성하는 학문 분야의 이론은 연구 독자적으로 차용되거나, 타 학문 이론과 연계되어 교차학문적으로 활용될 수 있다. '일괄거래' 이론의 사례에서 알 수 있듯이, 그동안 많은 연구가가 여러 학문과 이론의 통찰력을 결합하여 연구 문제에 적합한 혁신적인 이론적 틀을 만들고자 했다. 하지만 이를 위해서는 이론의 기반이 되는 기본 가정에 대한 심도 있는 성찰이 전제되어야 할 것이다.

주

1. '추상'은 보통 '현실(reality)'에서 파생한 것으로 설명된다. 그러나 후기근대주의자 또는 구성주의자의 관점에서 단일한 현실은 존재하지 않기 때문에, 이 상황에서 '현실'은 적절하지 않은 단어로 제외하는 것이 최선일 것이다.
2. 크루그먼(Krugman, 1995)은 루이스 모델의 가치에 의문을 제기하지만, 대다수의 개발경제학자들은 그의 주장에 동의하지 않는다(Ghosh, 2007).
3. 개발 이론이 "개발의 조건을 촉진하거나 방해하는 것에 관한 가설"(Martinussen, 1997: 14-15)이라면, 이는 개발을 긍정적으로 정의했다기보다 규범적(normative)으로 정의한 것이다. 개발의 촉진이나 방해에 관한 논의는 개발의 구성 요소(예를 들면, MDGs와 SDGs와 같은 개발목표)를 규범적으로 바라보는 관점과 연결될 수밖에 없다. 개발에 대한 보다 객관적인 관점은 어떤 개발이 '좋고 나쁜가'에 대한 가치 평가 없이 구조적 변화에 주목하는 것일 것이다.
4. 사회학과 인류학에서 '구조주의'는 개인과 사회의 행동을 결정하는 사회경제적 구조의 특징의 중요성을 강조하는 이론적 접근이다. 반면, 경제학에서 '구조주의'는 원칙적으로 신고전주의 이론에 기초하지 않은 방법론적 접근과 관계가 있다. 여기서 말하는 신고전주의 이론은 주로 미시경제학에 주목하며, 대체로 한계분석(marginal analysis, 즉 상대가격 상황에 기초한 변수의 작은 변화를 분석하는 방법) 방법에 의존하고, 본질적으로 무제도의 단일한 시스템을 추구한다. 경제학의 구조주의적 분석은 신고전주의 분석에는 거의 없는 경제질서의 변화 및 경제구조 간 차이의 중요성에 주목한다. 이들이 주목하는 변화와 차이의 대상에는 여러 가지가 있는데, 산업별 균형을 예로 들면 농업과 산업의 관계, 국제경제를 예로 들면 무역의존도의 차이, 마지막으로 제도적 특징을 예로 들면 초국적기업의 중요성이 있다. 또한 신고전주의 경제학의 경우 시장 실패와 그 원인인 외부경제를 무시하지만, 구조주의는 이 부분을 특히 강조하는 데 큰 차이가 있다.
5. 각주 1은 '추상'의 문제를 언급한다.
6. '거시적(macro)'이라고 반드시 국가 차이인 것은 아니며, 반대로 '미시적(micro)'이라고 반드시 최하위 차원인 것도 아니다. 다양한 행정구조를 가진 서로 다른 국가 속에서 비국가 행위자들이 거시와 미시, 경우에 따라 중간 수준(젠더와 같은 중간 수준) 간 중재를 할 수도 있다.
7. 이 한 사례로, 저자 중 한 사람은 알바니아에서 국가 정책 형성에 관한 연수 과제를 수행했다. 알바니아어는 독일어권에 속하는데, 알바니아어로는 영어권처럼 '정책(policy)'과 '정치(politics)' 사이에 미묘한 차이를 구분할 수 없었다. 영어권에서 정책은 일련의 목적 또는 그 목적을 달성하기 위한 수단으로 해석되는 데 반해, 정치는 국가나 지역을 통치하거나 국가 간 정치적 관계, 특정 정치적 믿음이나 신념과 관련된 활동, 또는 기관 내 영향력을 얻기 위한 활동, 권력이나 지위와 관련된 영역이나 활동과 관계되어 있거나 내재되어 있는 원칙으로 해석된다.

참고문헌

Alesina, A. and Perotti, R. (1996) 'Income distribution, political instability and investment', *European Economic Review*, 40: 1203-1228.

Bardhan, P. and Ray, I. (2006) *Methodological Approaches in Economics and Anthropology*. Q-Squared Working Paper Number 17. Centre for International Studies, University of Toronto. Available from http://www.q-squared.ca (accessed 1 August 2006).

Bevan, P. (2004) *Studying Poverty and Inequality in Poor Countries: Getting to Grips with Structure. Mimeograph*. Department of Economics and International Development, University of Bath, UK.

Bevan, P. (2006) *Researching Wellbeing Across the Disciplines: Some Key Intellectual Problems and Ways Forward*. Wellbeing in Developing Countries (WeD) Research Group Working Paper 25. Bath, UK: WeD.

Blaikie, P. (1993) *Approaches to Social Enquiry*. Cambridge, UK: Polity Press.

Booth, D. (1985) 'Marxism and development sociology: interpreting the impasse', *World Development*, 13(7): 761-787.

Booth, D., Leach, M. and Tierney, A. (2006) *Experiencing Poverty in Africa: Perspectives from Anthropology*. Q-Squared Working Paper Number 25. Centre for International Studies, University of Toronto. Available from http://www.q-squared.ca (accessed 1 August 2006).

Brannen, J. (2005) *Mixed Methods Research: a Discussion Paper*. ESRC National Centre for Research Methods Review Paper. Available from http://www.ncrm.ac.uk

Corbridge, S. (ed.) (1995) *Development Studies a Reader*. London: Arnold.

Easlea, B. (1973) *Liberation and the Aims of Science*. Brighton: Sussex University Press.

Edwards, M. (1989) 'The irrelevance of development studies', *Third World Quarterly*, 11 (1): 116-135.

Ghosh, D. (2007) 'The metamorphosis of Lewis's dual economy model', *Journal of Economic Methodology*, 14(1): 5-25.

Kanbur, R. (2001) 'Economic policy, distribution and poverty: the nature of disagreements', *World Development*, 29(6): 1083-1094.

Krugman, P. (1995) *Development, Geography and Economic Theory*. Cambridge, Mass: MIT Press.

Kuznets, S. (1955) 'Economic growth and income inequality', *American Economic Review*, 45(1): 1-28.

Kuznets, S. (1963) 'Quantitative aspects of the economic growth of nations: VIII, Distribution and income by size', *Economic Development and Cultural Change*, 11(2): 1-80.

Kuznets, S. (1971) *Economic Growth of Nations: Total Output and Production Structure*. Cambridge, Mass: The Belknap Press of Harvard University Press.

Kuznets, S. (1979) *Growth, Population and Income Distribution: Selected Essays*. New York: W.W. Norton.

Laderchi, C.R., Saith, R. and Stewart, F. (2003) 'Does it matter that we don't agree on the definition of poverty? A comparison of four approaches', *Oxford Development Studies* 31(3): 243-274.

Martinussen, J. (1997) *Society, State and Market: A Guide to Competing Theories of Development*. London: Zed Books.

Miles, M. and Huberman, A. (1994) *Qualitative Data Analysis*. London: Sage.

Molteberg, E. and Bergstrøm, C. (2000) *Our Common Discourse: Diversity and Paradigms in Development Studies*. Centre for International Environment and Development Studies, Agricultural University of Norway (NORAGRIC) Working Paper Number 20. 휴, Norway: NORAGRIC.

Munck, R. (1999) 'Deconstructing development discourses: of impasses, alternatives and politics', in Munck, R. and O'Hearn, D. (eds), *Critical Development Theory: Contributions to a New Paradigm*. London: Zed Books.

Munck, R. and O'Hearn, D. (eds) (1999) *Critical Development Theory: Contributions to a New Paradigm*. London: Zed Books.

Musgrave, A. (1981) 'Unrealistic assumptions in economic theory: the F-twist untwisted', *Kyklos*, 34: 377-387.

Musgrave, A. (1993) *Common Sense, Science and Scepticism: A Historical Introduction to the Theory of Knowledge*. Cambridge.: Cambridge University Press.

Oxford. (2007) AskOxford.com - Online Dictionary. Available from http://www.askoxford.com/concise_oed/ (accessed 18 May 2007).

Preston, P. (1996) *Development Theory: An Introduction*. Oxford: Blackwell.

Rehme, G. (2001) *Redistribution of Personal Income, Education and Economic Performance Across Countries*. Darmstadt, Germany: Mimeograph. Technische Universitat Darmstadt.

Schuurman, F. (ed.) (1993) *Beyond the Impasse: New Directions in Development Theory*. London: Zed Books.

Willis, K. (2005) *Theories and Practices of Development*. London: Routledge.

제5장

개발학에서 '엄격성'이란 무엇인가?

산을 북쪽에서 바라본 화가와 동쪽에서 바라본 화가는 분명 다른 그림을 그릴 것이다. 두 그림을 나란히 놓고 본다면, 사람들은 다른 두 산을 그린 그림으로 생각할지 모른다. 그러다가 두 그림 아래에 적힌 산의 이름이 같은 것을 보더라도 그리 놀라지는 않을 것이다. 오히려 그 산의 진정한 모습을 입체적으로 그려 낼 수 있을 것이다(Bourguignon, 2003: 44).

오늘날 문헌을 살펴보면, 사회 현실을 분석하기 위해 질적·양적 방법을 함께 사용하는 것이 바람직하고 유용하다는 인식이 널리 받아들여지고 있다. 1980년대까지 두 접근 방법을 분리해 활용해야 한다는 주장이 제법 강력했지만, 현재는 눈에 띄게 줄어든 상태이다(Hentschel, 2003: 75).

혼합 연구 방법은 한 가지 이상의 연구 방법을 사용하는 전략을 의미한다. 질적·양적 방법의 혼합 또는 양적 방법 간의 혼합이나 질적 방법 간의 혼합 등이 있다. … 또한 혼합 연구 방법은 서로 다른 종류의 자료를 동시에 다루는 것을 의미한다. 다른 분야 연구자가 참여하거나, 연구 패러다임이 다른 타 연구팀과 협업하는 것도 혼합 연구 방법이 될 수 있다(Brannen, 2005: 4).

연구 질을 평가하기 위해 개발된 준거의 대다수는 양적 접근의 전통에 뿌리를 두고 있으며, 신뢰성, 재현성(replicability), 유효성 및 타당성에 초점을 맞춘다. … 이를 [질적 연구에] 적용하기 위해서는 일부 용어를 재정의할 필요가 있다(Boaz and Ashby, 2003: 7).

'엄격성'을 확보하는 가장 기본적인 방법은 적합한 기술을 적용하는 것이다. 양적·질적 기술 두 가지 모두 서투르게 적용하거나 잘못 적용한다면 어설프고 그른 결론을 끌어내기 마련이다. … 양적·질적 연구를 적절히 융합해야 각각이 가진 장점을 극대화할 수 있다(White, 2002: 512).

1. 서론

이 장에서는 연구의 수행 과정을 중점적으로 논한다. 이에 따라 개발학의 방법론 및 연구 방법, 그리고 엄격한 개발 연구를 수행하기 위한 구성 요소가 무엇인지를 다룰 것이다. 앞 장에서 다루었던 베번(Bevan, 2006: 5)의 '지식의 기본' 측면에서 이 장과 관련 있는 요소는 연구 전략의 기초와 실증적 결론이다. 이는 개발학 연구에서 특히 어려운 요소인데, 개발학의 교차학문적 속성으로 인해, 여러 학문의 방법론, 방법 및 기술이 활용되기 때문이다. 더욱이 개발학 연구의 대상인 정책 및 실무 분야는 직간접적으로 가치를 판단하는 데 영향을 미친다. 그러므로 연구의 엄격성, 주관성, 적용 가능성의 수준과 그 안에 내재한 편향성 문제가 중요할 수밖에 없다.

이 장의 목적은 개발학 연구에서 사용되는 모든 방법론, 방법 및 기술을 상세하게 살펴보는 것이 아니다. 기존의 여러 선행 연구(Laws et al., 2003;

Mikkelsen, 2005; Desai and Potter, 2006 그리고 Scheyvens and Storey, 2003의 편집본)에서 개발학 연구에 활용되는 방법론, 방법, 기술을 잘 다루고 있다.■1 이 장에서는 개발학이 다른 학문 분야의 방법 및 접근 방식을 혼합함으로써 발생하는 문제와 이에 따른 연구의 '엄격성'이란 본질적으로 무엇을 의미하는지에 대해 집중적으로 다룰 것이다.

개발학 연구는 개발학을 구성하고 있는 여러 학문 분야에서 사용되는 방법론과 연구 방법을 복합적으로 활용한다. 산을 두 면(심지어는 모든 면)에서 관찰하는 것으로 비유했던 부르기뇽(Bourguignon, 2003: 44)의 관점은 이러한 개발학의 특성과 매우 유사하며, 개발학의 강점을 대표하기도 한다. 여러 방법론과 방법을 복합적으로 활용하는 것은 이미 개발학계에서 "상당히 널리 받아들여졌다"(Hentschel, 2003: 75). 그러나 실제로 여러 가지 방법론과 방법을 결합하는 것은 생각보다 복잡한 행위이며, 그 경우의 수가 놀라울 정도로 많다. "여러 가지 연구 방법을 활용"하거나, "다양한 유형의 자료를 다른 분야 연구자(때로는 다른 패러다임의 연구팀)와 함께 연구"할 경우, 방법론 차원에서 충돌이 발생하여 논리적 비일관성이 발생할 수 있음에 특별히 주의해야 한다(Brannen, 2005: 4).

혼합 방법론의 타당성을 수용하더라도, 이 방법론이 우수하고 엄격하다고 인정하는 것은 별개의 이야기이다. 개발학의 각 구성 학문은 서로 다른 방식으로 연구의 엄격성과 우수성을 개념화하고 있기 때문이다. 사회 연구에 전형적으로 활용되는 주요 평가 기준은 정당성, 신뢰성, 재현성, 일반화 가능성이다. 그러나 질적·양적 접근 각각은 본질적으로 다르기에, "[특히 질적 연구에] 평가 기준을 적용할 때에는 반드시 그 용어부터 재정의해야 한다"(Boaz and Ashby, 2003: 7).

더군다나 양적 접근법은 객관적이라는 인식 때문에, 질적 접근이 양적 접근보다 엄격성이 떨어진다는 오해도 존재한다. 하지만 "양적·질적 접근법 모두 틀리거나 잘못 적용될 수 있으며, 그 결과로 어설픈 개념이거나 잘못 적용되어 옳지 못한 결론이 도출될 수 있다”(White, 2002: 512). 이러한 이유로 양적·질적 접근법 중 무엇이 더 적절한지 따질 것이 아니라, 그 두 접근을 어떻게 결합해야 하는가를 파악하는 것이 급선무이다.

이 장에서는 다음의 내용에 대해 논한다. 2절에서는 일반적인 관점에서 연구 과정과 연구 설계를 다룬다. 3절에서는 개발학의 혼합 연구 방법론 도입에 초점을 맞출 것이다. 4절에서는 연구의 엄격성과 편향 문제를 중점적으로 다루며, 마지막 절에서는 이 장을 요약한다.

2. 연구 수행하기

1) 연구의 과정과 출발점

연구 유형에 따라 각기 다른 과정의 연구를 수행한다. 연구는 복잡성과 심오함을 기준으로 수준별, 형태별로 다양하게 구분할 수 있다. 연구의 스펙트럼을 그려 보면, 기다란 연속선의 한쪽 끝에는 추상 개념과 이론을 구축하는 기본 연구가, 다른 한쪽 끝에 정기적인 설문조사와 같은 응용 연구가 있을 것이다. 이러한 유형의 응용 연구는 상업적이거나 행태적 목적으로 수행할 가능성이 큰데, 이 쟁점은 제6장의 2절에서 자세히 다룬다. 데이비스(Davies, 2004)는 박스 5.1에 제시된 바와 같이 연구를 일곱 가지 형태로 구분했다. 연구의 유형별로 그 형태에 크고 작은 변형이 발생하는데, 예를 들어 정기적인 설문조사는 혁신적이거나 후속 연구의 지향점을 제시할 만한 방법론을 활용하는 경우가 드물다.

또한 개발학 연구는 문제 중심의 연구인지, 기술 중심의 연구인지를 기준으로도 구분할 수 있다. 문제 중심 연구의 목적이 특정 문제를 파악하고 해결하

박스 5.1

데이비스의 일곱 가지 연구 형태

- 태도적 연구: 설문조사, 질적 연구 등
- 통계적 모델링 연구: 선형 및 지수 회귀분석(logistic regression) 등
- 영향 연구: 실험적, 유사실험적, 조건법적 연구 등
- 경제적, 계량경제적 연구: 비용-편익, 비용-효율성, 비용-효용성, 계량경제학 연구 등
- 윤리적 연구: 사회윤리, 공공협의 연구 등
- 실행적 연구: 실험적, 유사실험적 정성연구, 변화 이론 등
- 기술 분석 연구: 설문조사, 행정 자료 비교 및 질적 연구 등

출처: Davies, 2004: 7.

는 것이라면, 기술 중심의 연구는 연구의 방법과 기술이 활용되기에 적정한지를 증명하는 것이 목적인 경우가 많다. 경제학자들은 문제 중심보다는 기술 중심의 연구에 과하게 치중하는 경향이 있다. 반면, 개발학 연구는 정책과 실제 이행 방법을 분석하는 것에 치중하기 때문에 다른 분야에 비해 문제 중심적인 경우가 많다(제2장 참조).

연구의 과정 자체는 크게 6단계로 구분해 볼 수 있는데(박스 5.2 참조), 각 단계는 서로 연결되어 있다. 그러나 박스 5.2에서 유추할 수 있듯이, 실제 연구의 사이클은 발견적이지 않고 반복적으로 진행될 가능성이 큰데, 이는 제6장에서 설명할 전형적인 정책 관리 사이클에서도 유사하게 나타나는 특징이다. 예를 들어, 연구가 관련 선행 연구에 근거하고 연구 절차가 그에 부응하도록 조정되었는가를 매 단계에서 별도로 검토하지는 않는 편이다.

연구의 절차 혹은 사이클의 첫 단계는 연구 문제를 확인하고 정의하는 것에서 시작한다. 일반적으로 이때 문헌 연구를 하게 되며, 문제의 영역을 확립하기 위한 탐색 절차가 수반되기도 한다. 근래 들어 연구 의제(agenda)의 선정자가 누구인가에 대한 관심이 커졌는데, 참여 접근법을 비롯한 일부 접근 방식에서는 연구의 대상인 참여자가 연구 의제 설정에 관여하기도 한다. 참여

박스 5.2

전형적인 연구 사이클

연구 문제의 확인과 정의

↕

연구 목적, 질문과 가설의 구성

↕

연구 설계
(이론, 방법론, 자료 수집 방법과 분석 기법)

↕

자료 수집

↕

자료 분석

↕

결과 해석

↕

결론

접근법을 활용할 때도 문헌 연구는 필수적이다. 연구 주제와 관련된 선행 연구를 검토하면서 기존에 연구되지 않은 부분(gap)을 찾거나, 당대의 관행에 도전하는 등 새로운 접근 방식으로 연구 주제를 모색하기도 한다. 다른 학문에 비해 개발학에는 연구되지 않은 분야가 거의 없어서, 이 단계에서는 주로 기존의 연구나 접근 방식을 취하고 발전시켜 현재 상황을 이해하는 경우가 많다. 이를 위해서는 연구 문제의 재구성이 필요한데, 기존에 연계된 적 없는 현상들을 연결해 보거나, 최신 자료를 수집하거나 혹은 기존 자료를 재해석할 수도 있으며, 이렇게 얻은 신규 자료나 재해석 자료를 분석하여 관행적인 통념에 도전하는 등 다양한 방식을 취할 수 있다. 또한 대학이나 연구원 같은 소속기관, 또는 재원을 제공한 후원기관의 우선순위 같은 조직적 요인이 연구 문제를 정의할 때 영향을 미치기도 한다. 연구의 우선순위와 설계에 대한 개인적 관점이 조직이나 제도적 요인에 따라 조정되는 경우가 많다.

연구 대상에 대한 일반적인 정의 방식을 연구 문제로 다룰 수도 있다. 다만 이 경우에도 연구의 목적은 구체적으로 구성되며, 설정된 연구의 질문과 가설은 확인된 문제를 효과적으로 해결하도록 실행 가능한 형태로 구체화해야 한다.

연구 목적은 연구 문제를 확인하고 정의한 후에 만들어진다. 목적은 구체적이고, 실행이 가능하며 실재해야 한다. 그리고 그 연구 목적을 바탕으로 연구 질문과 가설이 세워진다. 연구 질문과 가설은 거울과 같이 서로를 비춘다고 말할 수 있다. 가설을 연구 질문이라 표현할 수 있고, 그 반대도 가능하다. 연구 가설은 연구자가 제안 사항을 검증하려는 목적을 가질 때 더 분명히 표출되는데, 특히 통계 방법론을 활용하는 경우에 두드러진다. 반면, 연구자의 성향이 개방적이고 유연한 연구 방법을 선호한다면, 엄격한 가설 검증 방식보다는 연구 질문을 제기하는 방식을 택할 가능성이 크다. 연구의 유형에 따라 연구 질문 역시 유형화할 수 있는데(Mikkelsen, 2005: 125), 첫 번째 단계로 연구 질문은 기술적(descriptive) 질문, 설명적 질문, 해석적 질문으로 나눌 수 있다. 두 번째 단계에서는 행동지향적, 실증주의적, 규범적, 상대주의적 연구로 구분할 수 있는데, 박스 5.3에서 제시한 예시를 참고해 보자.■2 이렇듯 연구 문제와 연구 형태의 영향을 받아 연구 질문과 가설에 대한 접근법 역시 결정된다.■3

2) 연구 설계와 조작화

연구 문제를 정의하고 연구 질문이나 가설을 설정한 다음 단계는 연구 설계이다. 연구 설계 단계는 다음 일련의 선택으로 세분화할 수 있다.

i. 이론/개념의 틀 선택

박스 5.3

연구 문제의 유형

- 기술적 연구: x는 어떻게 y에 의해 변화하는가?
- 설명적 연구: 어떤 x가 y를 유발했는가? 또는 어떤 y가 x에 의해 발생했는가?
- 해석적 연구: x는 무엇인가? 또는 y는 z라는 주어진 상황에서 x현상을 어떻게 해석하는가?
- 행동지향적 연구: 사람들은 어떻게 연구 과정에 축적되고 전달된 지식에 부합하도록 행동하는가?
- 실증주의적 연구: 권력이 사회에 어떻게 분포해 있는가, 그리고 권력의 분포는 어떻게 설명하고 이해할 수 있는가?
- 규범적 연구: 권력은 사회에 어떻게 분포되어야 하는가, 그리고 이상적인 분포 방식은 어떻게 정당화할 수 있는가?
- 상대주의적 연구: 어떻게 권력을 사회에 더 균등하게 배분할 수 있는가, 그리고 그러한 방식을 어떻게 가능케 할 것인가?

출처: Mikkelsen, 2005: 125-127.

ii. 방법론 선택

iii. (자료 수집) 방법 선택

iv. (자료) 분석 기법 선택

이러한 선택에는 물론 윤리적이고 현실적인 고민이 수반되지만, 그 선택은 제2장에서 다루었던 연구 문제 그리고 연구의 질문과 가설에 따라 결정해야 할 것이다. 예를 들어, 연구의 이론적·개념적 틀(framework)은 선택에 따라 연구의 근원적인 부분이 결정된다. 만일 진행하고자 하는 연구 문제나 연구 질문 및 가설이 빈곤 가구의 생계와 관련되어 있다면, 지속가능한 생계 접근을 선택할 수 있을 것이다. 이러한 선택은 대부분 깔끔하게 맞아떨어지기보다는, 기존 이론들을 수정, 혼합 또는 결합하는 형식으로 제4장에서 설명했던 연구 전반에 걸쳐 근간이 되는 이론적 틀을 새로 구성하게 된다.

이론을 선택하는 것만으로 방법론(methodology)이 상당 부분 결정된다. 방법론은 연구 문제나 가설을 다루는 총체적인 연구 전략이라고 볼 수 있다. 방법론은 그 자체로 자료 수집을 위해 선택한 연구 방법이자 기술일 뿐 아니라, 자료를 분석하는 기술도 제시한다. 방법론이 커다란 전략이자 포괄적인 주제라면 방법과 기술은 연구를 수행하는 데 필요한 세부적인 수단이다. 일부 분야에서는 어떤 방법론이 선택되었는가에 따라 특정 연구 방법과 기술이 제한될 수도 있어, 방법론은 연구 방법과 기술의 선택을 제약한다. 그 때문에 방법론을 선택할 때 아래 다섯 가지 질문을 고민해 볼 필요가 있다.

- 방법론은 다학문적, 간학문적 또는 초학문적 방식 중 어떤 형태를 취해야 하는가? 그리고 선택된 접근 방식에는 어떤 학문 분야가 포함되어야 하는가?
- 방법론은 양적, 질적 또는 둘이 결합한 방식 중 어떤 형태를 취해야 하는가?
- 방법론은 참여적, 비참여적 또는 둘이 결합한 방식(즉 참여 접근법이 일부 포함된 방식) 중 어떤 형태를 취해야 하는가?■4
- 방법론은 정량조사와 사례 연구 또는 둘이 결합한 방식 중 어떤 형태를 취해야 하는가?
- 어느 정도의 복잡성이 요구되는가? (표본 크기 측면에서 비교연구가 포함되어야 하는지, 한 사람이 수행할 수 있는 것인지 또는 해당 접근법의 경험자가 필요한지, 마지막으로 어떤 형태로든 연구팀 구성이 정말로 필요한지)

위의 질문에서 확장하여 더 다양한 질문들을 제시할 수 있다. 예를 들어, 다양한 유형의 양적, 질적 그리고 참여적 방법론이 존재하며, 또 이들 중 일부는 혼합하여 사용할 수 있다. 질적 방법론만 보아도 민족지학(ethnography), 현상학(phenomenology), 근거이론(grounded theory), 구조적 민족지학(structural ethnography), 상징적 상호작용론(symbolic interactionism) 등 다양한 예시를 들 수 있는데, 각각의 방법론에 대한 세부적인 설명은 올센(Olsen, 2004)의 연구를 참고하기 바란다.

또한 '정량조사(survey)'와 '사례 연구'라는 선택지를 두고 고민하는 것만으로도, 방법론 선택에서 굉장히 결정적인 역할을 한다. 정량조사를 통해 통계적으로 유의미한 자료를 생성할 수 있겠으나, 해석된 의미의 '깊이'는 제한적이다. 전형적인 정량조사는 구조화된 여러 건의 면담이나 응답자 스스로 답하는 설문지 조사로 진행되기에, 질문의 수와 개별 질문에 대한 응답의 깊이가 제한적일 수밖에 없다. 반면, 사례 연구는 소수의 응답자를 대상으로 해서 통계적으로 유의미하지 않을 수 있지만, 더욱 신중하게 구조화하여 표본을 구성할 수 있다. 이를 통해 생성된 자료는 상당한 수준의 깊이를 가지지만, 그 해석의 범위나 일반화 정도는 제한적이다. 일반적으로 기술적이거나 설명적인 연구는 정량조사 방법을 취하는 반면, 해석적 연구는 사례 연구의 방법을 취하는 경향이 있다.

그리고 연구의 방법과 분석 기법은 앞서 선택한 이론적 틀과 방법론에 영향을 받아 결정된다. 1차 자료와 2차 자료 중 어떤 자료를 수집할지 결정하는 것은 매우 중요한 선택 사항이다. 1차 자료를 수집하거나 생산하려면 많은 연구 자원이 필요하여 큰 비용이 소요될 수 있다. 하지만 특히 개발도상국은 이용 가능한 2차 자료 자체가 전혀 없거나, 있더라도 연구의 기초 자료로 활용하기에는 충분하지 않은 경우가 많다(박스 5.8과 '엄격성' 관련 논의를 참조). 때에 따라서 2차 자료를 활용할 것을 염두에 두고, 절충하여 연구 질문을 구성할 필요도 있다. 앞서 2절에서 우리는 연구를 다양한 수준으로 구분해 보았고, 각 연구의 수준과 목적에 따라 1차와 2차 자료 중 무엇이 적합한지 파악하는 것

은 신중히 고민할 과제임을 알았다.[■5]

이제 그다음 단계로 연구에 적용할 이론적·개념적 틀이나 방법론에 부합하는 구체적인 연구 방법을 선택해야 할 것이다.[■6] 방법론에서도 마찬가지이지만, 연구의 방법과 기술 역시 크게 질적 접근과 양적 접근 두 가지로 구분할 수 있다. 여기서 말하는 '양적'과 '질적'이라는 표현은 단순히 방법론에만 적용되는 것이 아닌 다음의 의미도 포함하는 개념이다.

- 자료 수집의 형태 – 즉 구체적 방법
- 수집된 자료의 형태 – 즉 원자료
- 자료 분석의 형태 – 즉 분석 기법
- 도출된 자료의 형태 – 즉 최종 보고서 또는 연구의 데이터

그럼 빈곤을 측정하고 분석하기 위해 활용되는 양적·질적 접근을 비교해 보자. 일반적으로 각 접근은 다음과 같은 특징이 있다.

> 빈곤을 측정하고 분석하기 위해 활용하는 양적 접근은 … 주로 무작위 표본조사와 구조화된 면담을 시행하여 양으로 표현할 수 있는 자료를 수집하고, 이를 통계 기법으로 분석한다. 반대로 질적 접근은 … 주로 의도적으로 추출한 표본을 대상으로 대화 형식이거나 부분적으로 구조화된 방식의 면담을 시행하여 그 사람이 연구 주제에 대해 갖는 판단, 선호, 우선순위, 인식을 파악하는데, 보통 사회학이나 인류학의 연구 기법을 통해 분석한다(Carvalho and White, 1997: 1).

흔히 양적 접근과 질적 접근은 각각 자료의 형태와 수집 방식에서 뚜렷이 구분되는 것으로 설명하지만, 사실 질적 접근으로 양적 자료를 만들 수도 있

다. 다만 그 반대 방향은 성립되지 않는데, 다시 말해 양적 접근 방법으로 질적 자료를 만드는 것은 불가능하다.■7

자료 수집 단계는 선택된 연구 방법을 통해 분석할 자료를 생산하는 일종의 실천 단계로 볼 수 있다. 연구의 목적이 분명하고 직접 제시되어 있다면, 그 자료는 1차, 2차 구분과 무관하게 연구 질문이나 가설과 직관적으로 연결되어야 한다. 이 단계에서 개발학 연구의 특성으로 발생하는 몇 가지 중요한 쟁점을 신중히 검토해 볼 필요가 있다.

그 첫 번째는 자료에 대한 접근 권한을 어떻게 확보했는가이다. 1차 연구는 연구의 대상이 되는 실제 대상 집단 자체와 접촉했음을 의미하며, 2차 연구는 이미 존재하는 자료와 문서를 활용했음을 뜻한다. 앞서 제2장 3절의 내용을 참고하면 알 수 있듯이, 두 연구 방식 모두 윤리적 논란을 초래할 수 있다. 잠시 그 내용을 되짚어 보면, 연구 과정 자체에는 기술적이지만 매우 중요한 몇 가지 문제를 포함하고 있는데, 바로 상호성, 익명성, 기밀성, 사전동의, 안전성의 문제이다. 그리고 개발학계에서는 이를 기반으로 조합한 몇 가지 윤리 지침이 활용되고 있다.

대상 집단의 모든 구성원으로부터 자료를 수집하는 것은 시간적·비용적 제약으로 불가능하므로, 일반적으로 표본추출(sampling) 방식을 활용하여 1차 자료를 수집한다. 또한 통계적 추론이라 불리는 '과학적' 방식은 대상 집단의 특성을 대표하는 자료를 생산하기 위해 굳이 모든 구성원으로부터 자료를 얻을 필요는 없다고 설명한다. 박스 5.4에는 가장 흔히 활용되는 표본추출 방식이 제시되어 있다.■8

표본추출 방식은 단순히 통계적 유의성과 같은 일반화 수준을 검증하기 위해서만이 아니라, 연구의 실천적인 측면에서도 신중히 고려하여 결정해야 한다. 중요한 쟁점은 체계적인 표본추출 방식을 뒤받침하는 논리는 표본이 가진 특성이 그 표본이 추출된 모집단의 특성을 대표한다는 주장에 기반을 두고 있

박스 5.4

표본추출의 일반적 형태

무작위표집 또는 확률표집(probability sampling)
- 모집단의 각 원소가 표본으로 선택될 확률이 일정한 상태

유의표집 또는 비확률적 편의표집(non-probability convenience sampling)
- 연구자의 활용도에 의해 특정 표본이 선택된 상태, 모집단의 일부 원소가 다른 원소보다 선택될 가능성이 크다고 판단될 때 사용

출처: Bryman, 2004: 538, 541.

다는 점이다. 주로 1차 자료를 활용하거나, 2차 자료로 통계적 타당성을 측정하는 개발학 분야에 있어 표본추출은 큰 고민거리일 수밖에 없다. 본질적으로 잘 설계된 표본은 완벽하게 구성된 표본 틀, 즉 완전한 모집단에서 추출할 수 있다. 오늘날 산업국에서 표본 틀로 주로 활용하고 있는 선거인명부, 인구총조사, 전화번호부 같은 공식 자료들이 개발도상국에서는 부정확하고, 불완전하며, 구하기 어렵거나 아예 존재하지 않는 경우가 많다. 그렇기에 때로는 연구자 스스로가 자신의 표본 틀을 만들어야 한다.■9

자료 분석은 연구자가 모든 자료를 수집한 뒤 분석, 검토, 분류, 처리하는 단계이다. 이때 수집된 자료를 도표화하여 그 추세, 규칙성, 패턴 등을 밝혀냄으로써 연구 질문의 답을 제시하거나 가설을 검증한다. 양적 자료의 경우 기술통계학의 형태로 분석되며, 더 나아가 회귀분석 같은 통계적·수학적 분석 과정을 수행할 수도 있다. SPSS(사회과학용 통계패키지)나 그 밖에 상급 컴퓨터 프로그램을 활용하면 자료를 '입력'하고, 도표화하고, '처리'할 수 있다.■10 경제학 분야에서는 미시경제학 분석에 특화된 PC-GIVE와 같은 소프트웨어를 예로 들 수 있는데, 그렇다고 미시경제학이 표준적인 사회과학적 방식이나 일반적인 컴퓨터 소프트웨어를 사용하지 않는 것은 아니다. 이에 반해 질적 자료의 경우, 질적 자료에서 양적 정보를 구성하는 내용 분석 방식이나 여러 형

태로 존재하는 담론 분석 방식 사이에 선택한다(David and Sutton, 2004). 내용 분석과 담론 분석 방식 모두 연구의 주제나 '코드'에 따라 자료를 코딩하는 과정이 포함되는데, 여기서 코딩은 자료 수집 전에 이미 코드가 결정된 '하향식(top down)'일 수도 있고, 자료 수집 후 코드가 만들어진 '상향식(bottom up)'일 수도 있다. NUD*IST, Nvivo, ATLAS 같은 프로그램을 활용하면 수집한 질적 자료를 단어, 줄, 문장, 문단 등 다양한 단위에서 코딩하여 개념, 패턴, 규칙성, 체계, 주제 등을 나타내는 것이 가능하다.■11

모든 자료가 잘 정리되어 처리(또는 분석)되면 이제는 그 결과를 해석하고 맥락화하는 일만 남았는데, 아마 연구물을 직접 작성하기 이전 과정 중에서는 가장 어려운 단계일 것이다. 안타까운 것은 여러 방법과 방법론을 '섞어 놓은' 개발학 연구에서 이 단계는 더 복잡할 수밖에 없다는 점이다.

3. 개발학에서 연구하기

1) 혼합적 연구 방법과 교차학문성

서로 다른 방법론과 연구 방법의 통합[영어권에서는 질(qualitative)과 양(quantitative)의 혼합을 의미하는 'qual-quant', 'q-squared', 'q-integrated' 등으로 표현]이 개발학에서 점차 보편화되고 있으며, 이는 부르기뇽(Bourguignon, 2003)이 이야기했던 '산(mountain)'*을 제대로 관찰하기 위한 시도로 이해할 수 있다. 이 장의 서두에서 인용한 연구에서 알 수 있듯이, 혼합 방법은 사회과학 전반에서 널리 받아들이는 시도이다(Hentschel, 2003).

부르기뇽(Bourguignon, 2003: 44)이 말한 서로 다른 방향에서 산을 그리

* 역자주: 절대빈곤이 상부 꼭짓점에 위치하고 성장과 불평등은 하단부 꼭짓점을 이루는 삼각형

는 두 화가의 이야기는, 화가 각자의 시각이 가진 넓이(양적 이해)와 깊이(질적 이해)를 결합하여 보완할 수 있음을 의미한다.■12 그러나 서로 다른 특성을 가진 접근법, 방법, 자료가 간단히 비교될 수 있을 것이라 보장할 수는 없다. 다만 일반적으로 양적 방법은 관계를 구체화하여 기술하기에 유리하고, 질적 방법은 관계를 설명하고 이해하기에 장점이 있기 때문에(Thomas and Johnson, 2002: 1), 같은 주제에 대해 서로 다른 이야기를 하더라도 이것을 꼭 반박이나 논증으로 연결 짓지 않고 서로를 풍성하게 설명하도록 이끌 수도 있을 것이다.■13

물론 서로 다른 접근을 사용하는 연구자 사이에 갈등이 발생할 가능성도 있다. 그 갈등을 아래와 같이 요약할 수 있다.

> 양적 접근의 연구자는 질적 연구가 너무 상황특이적 요소에 집착하여, 연구된 표본에 대표성이 없고, 통계적으로 보았을 때 일반화 수준이 낮아 연구 결과를 보증하기 어렵다고 생각한다. 반면, 질적 접근의 연구자는 양적 연구가 과도하게 상황을 탈맥락적으로 단순화하고 축소하여, 행위자들이 자신의 삶과 상황에 부여하는 의미를 포착할 수 없다고 주장한다(Brannen, 2005: 7).

개발학의 교차학문적 특성 때문에 개발학을 구성하는 여러 학문의 방법론, 방법, 관점 사이에 긴장감이 존재한다. 이로 인해 개발학의 연구 방법을 '질'과 '양'이라는 포괄적 범주로 구분하기보다는 네 가지 연구 요소로 구분해야 한다는 주장이 제기되었다(Sharp, 2005: 3). 그 각각의 요소는 표본추출 방식(무작위적인가, 의도적인가), 자료 수집 방법(구조화되었는가, 상호관계적인가), 수집된 자료의 형태(수량화되었는가, 인지적인가), 그리고 마지막으로 분석 기법(통계적인가, 사회인류학적인가)이다. 이 구분법은 각각의 학문에 초점을 두지 않고, 개발학 연구의 논의 사항을 더욱 명료히 하는 대안으로 볼 수 있다.

이러한 맥락에서 경제학 접근과 사회인류학 접근으로 양분하는 전통적 구분 방식을 재고해 볼 필요가 있다(제4장 참조).■14

일반적으로 경제학의 경우, 보고 들은 내용을 실증적으로 분석하여 보편적 규칙을 밝혀내기 위해 객관성을 보장하고, 산출물에 집중하며, 이를 설명할 수 있는 연구 방법과 방법론을 선택한다. 이런 이유로 경제학은 오랜 기간 거시경제학적 맥락에서 정책분석에 이바지했는데, 이를 통해 관리하는 국민소득 수준, 세제수입, 무역량, 자본흐름 등 경제 요소는 산업국과 개발도상국을 가리지 않고 시급한 중요성을 가진다.■15 반면, 사회인류학의 경우 주류 담론으로부터 배척되고 소외된 목소리를 포착하여 이를 번역하여 전달할 수 있는 연구 방법과 방법론을 선택한다. 사회인류학적 방법이 가진 예측적 요소는 당연히 개발학의 다른 구성 학문에서도 매우 중요한데, 특히 앞서 언급한 정책분석에서도 매우 필요하다.

경제학에서 질적 접근을, 사회인류학에서는 양적 접근을 도입하려는 시도가 나타나고 있지만, 각 학문이 자체적으로 가지고 있는 지적 고정관념으로 인해 한계가 드러나며 의문이 제기되는 상황이다. 이에 대해 근래에 다음과 같은 의견이 제기되었다.

> 그 어떠한 기반 논리도 경제학을 양적 학문으로, 그리고 다른 사회과학을 질적 학문으로 규정하는 방식을 정당화하지 못한다. 이는 사람들이 '양적 접근'과 '수학적 접근'의 의미를 혼동하기 때문이라 생각한다. … 유수의 저명한 경제학자들이 주장했듯이, 경제학은 결코 정치학이나 사회학 심지어 역사학과 비교해도 통계적 조치에 더 순종적인 학문이 아니며, 그렇다고 덜한 학문도 아니다(Hulme and Toye, 2006: 1091).

위 주장은 경제학을 양적 분석으로, 다른 사회과학을 질적 분석으로 단순하게 연결 짓는 방식은 타당성도 실효성도 없다고 말한다. 이는 애초에 이분법이 현실에 부합하지 않기 때문이다. 연구자 중 한 명이 2006년에 발표한 다른 연구에는 질적·양적 연구의 연계에 관한 더 심도 있는 논의가 소개되어 있다(Hulme, 2006).

혼합적 접근의 기반 논리를 요약하자면 다각화(triangulation) 전략이라 말할 수 있다. 올센(Olsen, 2004)이 진행한 연구는 다각화 전략을 다양한 측면에서 소개했다. 다각화의 근간에는 특정 연구 문제에 대해 하나 이상의 접근 방식을 활용할 수 있으며, 각각의 접근이 같은 결과에 도달한다면 더 확실한 타당성이 보장된다는 발상이 있다. 또한 만약 각각이 서로 다른 결론을 도출했다면, 그 결과의 타당성에 의문을 제기해야 할 것이다. 이러한 맥락에서 올센은 연구 문제의 구체적인 결론에 도달하기 위해서는 양적·질적 접근 모두를 활용해야 한다고 제안하며, 나아가 다각화의 관점에서 다양한 연구 패러다임이 가진 방법론과 접근 방식을 포괄해야 한다고 말했다. 이를 더 확장하면, 대안적인 자료 형태, 대안적인 자료 분석 기법, 대안적인 학문관의 활용까지 연장할 수 있다. 다각화를 의미하는 영문 표현 triangulation이 지표의 거리와 물리적 현상을 정확히 측정하여 지도화하는 삼각측량법에서 기원했다는 점으로 알 수 있듯이, 개발학 연구의 엄격성을 논하는 데 다각화의 중요성은 아무리 강조해도 지나치지 않을 것이다.

2) 혼합 방법의 실제

실제로 여러 방법론과 방법을 결합하는 것은 매우 복잡한 과정이 수반된다. 질적 방법과 양적 방법을 혼합하거나, 서로 다른 양적 방법을 혼합할 수도 있으며, 반대로 서로 다른 질적 방법을 혼합하는 것도 가능하다. 더욱이 자료들의 형태와 출처가 다르거나 일관성이 없고, 다른 분야의 조사들로부터 얻어졌을 때 양적·질적 방법을 가리지 않고 문제가 발생하기 마련이다.

박스 5.5에는 개념적으로 조합 가능한 18개의 혼합적 방법이 소개되어 있다(Brannen, 2005: 14). 각 조합은 하나의 '우세한 방법'(즉 다수의 연구 자료를 처리하는 방법)과 '열세한 방법'(즉 소수의 연구 자료를 처리하는 방법)으로 구성되어 있다. 두 가지 방법이 거의 비슷한 수준의 자료를 처리하는 예도 발생할 수 있는데, 위의 구분법에 따르면 두 가지 모두 우세한 방법이 된다. 연구 방법의 결합은 박스 5.5에서 '+'로 표시했듯이 동시에 일어날 수도 있고, '>'로 표시했듯이 순차적으로 진행될 수도 있다. 그렇기에 연구자는 다음의 두 가지 질문을 신중히 고민해야 한다. 하나는 '다수의 자료를 다루는 우세한 방법이 무엇인가?'이며, 다른 하나는 그 '혼합이 동시에 일어나는가 아니면 순차적으로 일어나는가?'이다.

연구자는 여러 혼합 방법 중 무엇을 선택해야 할까? 연구 재원, 현실적 고민, 혼합 방법의 기능이 주요한 선택의 요인이 될 것이다. 다음에 정의된 혼합 방법의 네 가지 기능에 대해 알아보자(Brannen, 2005: 12).

- 정교화 또는 확장성: 추가적인 형태의 자료 분석을 활용함으로써 다른 자료 분석 결과에 대한 이해를 더 높일 수 있음.
- 유도성: 한 가지 연구 방법을 먼저 활용함으로써, 다른 연구 방법을 활용해야 할 새로운 가설과 연구 질문에 영감을 얻을 수 있음.
- 보완성: 두 연구 방법을 활용한 분석 결과를 함께 병치함으로써, 보완된 견해를 확립하고 더 큰 그림을 그려 냄.
- 모순성: 미래세대의 후속 연구 과제를 제시하기 위해 두 연구 결과의 모순성을 단순히 병치함.

빈곤 연구는 혼합 방법을 활용하는 대표적인 사례로, 빈곤의 수준과 입지를 파악하는 양적 접근과 그 빈곤의 인과 및 역학 관계를 파악하는 질적 접근

박스 5.5

자료 수집 방법의 여러 조합

동시적 자료 수집 방법

1. 질적 방법 + 양적 방법 또는
2. 질적 방법 + 양적 방법
3. 양적 방법 + 양적 방법 또는
4. 양적 방법 + 양적 방법
5. 질적 방법 + 질적 방법
6. 질적 방법 + 질적 방법

순차적 자료 수집 방법

1. 질적 방법 > 질적 방법 또는
2. 질적 방법 > 질적 방법 또는
3. 질적 방법 > 질적 방법
4. 양적 방법 > 양적 방법 또는
5. 양적 방법 > 양적 방법 또는
6. 양적 방법 > 양적 방법
7. 질적 방법 > 양적 방법 또는
8. 질적 방법 > 양적 방법 또는
9. 질적 방법 > 양적 방법
10. 양적 방법 > 질적 방법 또는
11. 양적 방법 > 질적 방법 또는
12. 양적 방법 > 질적 방법

주: 밑줄: (수집된 1차 자료의 대다수를 포괄하는) 우세한 방법을 의미
+: 동시에 진행하는 방법
>: 시간에 따라 순차적으로 진행하는 방법

출처: Brannen, 2005: 14.

을 결합한다. 주로 경제학에 뿌리를 두는 가구조사 방식과 사회인류학에 뿌리를 두는 참여적 빈곤평가(Participatory Poverty Assessment, PPA)의 사례 연구를 혼합하는 방식이 활용된다. 가구조사의 대표적인 특징으로 통계적 표집,

구조화된 질문지, 수치 자료, 통계적 분석법을 들 수 있는 반면에, 전형적인 참여적 빈곤 분석법은 의도적 표집으로 조사한 대상에게 개방적 인터뷰, 참여관찰, 초점집단토론(focus group discussion)을 진행하여, 통계적으로 분석하기 어려운 수치화되지 않는 질적 자료를 생산한다. 가구조사는 주로 양적 방법, 참여적 빈곤 분석은 질적 분석과 연계되지만, 그렇다고 해서 꼭 이 연계만 추구할 필요는 없다. 이는 앞서 언급한 인용문에서도 강조한 바 있다(Hulme and Toye, 2006: 1091).

다음의 표 5.1은 전형적인 가구조사와 참여적 빈곤평가의 강점과 약점을 설명하고 있다. 해당 표의 내용은 검증된 자료를 요약한 내용이다.

표 5.2에서 간략히 제시하듯이, 자료의 수집 단계에서든 분석 단계에서든 질적 방법과 양적 방법을 결합하고 통합하는 것이 가능하다. 자료의 수집 단계에서는 참여적 빈곤평가를 위한 하위 그룹을 설정하는 설문조사를 진행하거나, 설문 문항 개발을 위해 참여적 빈곤평가를 수행하는 형태로 설문조사와 참여적 빈곤평가를 동시에 진행할 수 있다. 자료 분석 단계에서는 각 방법의 발견 사항을 하나의 형태로 통합하거나, 각 방법을 사용하는 연구 집단의 산출물을 통합할 수도 있다. 또한 설문조사의 타당성을 입증하거나 반박하기 위해 참여적 빈곤평가를 활용할 수 있고 그 반대도 가능하며, 설문조사의 변수를 설명하거나 보완하기 위해 참여적 빈곤평가를 활용하기도 한다.

이러한 맥락에서 부르기뇽은 서로 다른 방식의 결합을 아래와 같이 설명했다.

> 빈곤 분석을 비롯하여 여타 사회적·경제적 현상 분석에서 질적 접근과 양적 접근의 구분 방식은 같은 특성을 공유한다. 두 가지 서로 다른 관점이 존재하나, 재결합만이 현실의 무언가를 이해할 수 있는 유일한 방법이라는 점이다. 한 가지 확실한 것은 단순히 서로 다른 각도에서 사물을 바라보는 것보다, 이

표 5.1 참여적 빈곤평가와 가구조사의 일반적인 강점과 약점

	강점	약점
참여적 빈곤평가	• 빈곤에 대한 풍부한 정의 • 인과 과정에 대한 높은 통찰력 • 전체성: 기존 선별된 속성이 아니라 관계들 전체를 다룸 • 과정 전반에 관한 관심과 상황에 대한 순간 포착 • 환류 작용: 질의 자료를 위한 새롭고 더 많은 면담 진행 • 상황과 사람들의 경험에 초점	• 일반화 가능성의 부족(그러나 모집단을 어느 정도 대변하는 것은 가능) • 정보를 증명하기 어려움 • 체계적 분할의 제약 • 대표성 없는 표본의 참여 가능성 • 조력자에 의한 목표 구성 • 속성 자료의 함정: 참여적 빈곤평가팀의 도착 자체가 주민들의 태도를 변화시킴
가구조사	• 시계열 분석 및 다른 자료와 비교 가능 • 결과의 신뢰도 측정 가능 • 정책입안자에게 수치적 신뢰도 제공 • 정책입안자에게 국가 수준의 통계 제공 • 다른 정책에 대한 시뮬레이션 가능 • 상관관계를 통한 인과적 연계성 파악	• 쉽게 수치화할 수 없는 것을 놓침 • 표본추출로 모집단의 상당수를 놓침 • 가구 내부 분배 포착에 실패할 가능성 • 수치는 객관적이고 확정적이라는 가정 • 다른 문화적 맥락에서도 질문이 동일한 의미를 가진다는 가정

출처: Appleton and Booth, 2001; Carvalho and White, 1997; Chambers, 2001.

표 5.2 질적·양적 자료 수집과 분석의 조합

		기능	
		결합	통합
연구 과정의 단계	자료 수집	• (국가를 대변하는 이상적인) 같은 표본을 대상으로 설문조사와 참여적 빈곤평가를 동시에 수행	• 참여적 빈곤평가를 위한 하부 집단을 구분하기 위해 설문조사를 시행하거나, 설문조사 질문을 확인하기 위해 참여적 빈곤평가를 사용
	자료 분석	• 결과를 하나로 종합하거나 질적 연구자와 양적 연구자가 혼합된 연구팀의 결과를 병합	• 설문조사의 유용성을 확인하거나 이의를 제기하기 위해 참여적 빈곤평가를 사용(또는 그 반대) • 설문조사의 변수에 대한 정보를 확보하거나 변수를 설명하기 위해 참여적 빈곤평가를 사용(또는 그 반대)

각 관점을 활용하고 나아가 재결합하는 과정이 훨씬 복잡할 것이다(Bourguignon, 2003: 44).

분명 연구자가 결합 방법을 활용하면 여러 선택의 문제에 직면하게 되어 그 과정이 복잡해질 수밖에 없겠지만, 이 접근 방법을 받아들임으로써 개발학의 다양한 연구 환경 속에서 더욱 확고한 연구적 엄격성을 확보할 수 있을 것이다.

4. 개발학에서 엄격한 연구하기

1) '엄격성'이란 무엇인가?

최근 사회과학 분야에서 연구의 품질과 '엄격성(rigour)' 문제에 관심이 커지고 있다.■16 이 책의 서론에서 우리는 각자가 이해하고 있는 '엄격성'의 정의를 명료하게 제시한 바 있다. 연구의 품질은 일반적으로 심사를 거친 학술지를 통해 발간되었거나, 혹은 심사 과정을 포함한 재정지원을 받았는지에 따라 평가되곤 한다. 그러나 연구물의 간행은 연구 이후에 진행되는 과정이며, 이 행위 자체가 연구의 높은 품질을 보장할 수 있는지에 대해 꾸준히 의문이 제기되고 있다(Grayson, 2002). 250명 이상의 사회정책 분야 연구자와 연구 이용자를 대상으로 연구의 품질을 무엇을 기준으로 평가하는지 조사한 연구에서 연구물의 간행 여부는 전체 요인 중 가장 후순위에 있음이 확인되었다(Becker et al., 2006: 7–8). 박스 5.6에는 이 연구에서 확인된 연구의 품질을 결정하는 주요 요인들이 제시되어 있다. 이 중 접근의 용이성, 연구 질문에 해답 제시, 연구 방법과 분석의 투명성, 연구의 기여도가 상위 5개 항목을 차지했다.

생체의학 분야에서는 연구의 평가 체계를 수립하기 위해 다양한 시도를 해왔는데, 최근에는 사회과학 분야에서도 이러한 평가 방법을 접목하려는 시도가 나타나고 있다(Long and Godfrey, 2004; Marsland et al., 2001). 질적

박스 5.6

사회정책 연구의 품질 기준

답변자가 '매우 중요하다'고 구분한 기준

상위 5가지

1. 적절한 독자가 접근할 수 있는 방식으로 작성됨 – 82.9%
2. 사용한 연구 설계가 분명하게 연구 문제를 제기함 – 82.5%
3. 자료가 수집되고 분석된 방식이 분명함 – 78.8%
4. 연구 과정이 명료하게 설명되고, 자료 분석이 제공됨 – 76.5%
5. 지식에 공헌하는 연구 – 68.9%

하위 6가지

30. 저명한 학술지에서 출간 – 13.2%
31. 금전적 가치 제공 – 12.8%
32. 무작위 통제 설계 사용 – 12.8%
33. 출간된 연구 성과가 다른 유명한 심사 학술지에 인용됨 – 11.6%
34. 전문 학술지/잡지에 출간 – 7.6%
35. 단행본의 하나의 장으로 출간 – 2.4%

출처: Becker et al., 2006: 5.

연구를 평가하기 위해 다방면의 토의를 시행하는 것이 대표적인 사례이다(Spencer et al., 2003). 이는 단지 질적 연구에만 해당하지 않고, 양적 연구를 평가하는 데도 유용한 근거를 제공한다. 박스 5.7에서는 질적 연구를 평가하기 위한 4가지 기준 원리, 견실한 연구의 12가지 원리, 그리고 연구 평가를 위한 18가지 질문이 요약되어 있다.

앞서 언급한 연구는 연구의 평가 기준에 또 다른 흥미로운 논의점을 제시하는데, 이는 사회과학 분야의 접근법의 질적·양적 구분 방식이 대안적인 정의를 따라 새로 정리될 필요가 있다는 점이다(표 5.3 참조). 또한 연구의 '엄격성'이라는 표현 자체에도 정밀도와 객관성, 특히 양적 방법을 지향하는 인식이 내재해 있다는 점도 문제이다(David and Dodd, 2002: 281). 이 장의 서두

박스 5.7

질적 연구의 평가 기준

연구의 4가지 기준 원리

- (광범위한 지식이나 이해의 진전을 이룩한) 공헌
- (연구 전략을 통해 제기된 질문을 해결하는) 연구 설계의 방어력
- (체계적이고 투명한 자료 수집, 분석 및 해석을 수반하는) 엄격한 시행
- (생산된 자료에 기초하여 타당하고 그럴듯한) 주장의 신빙성

견실한 연구의 12가지 원리

- 상황에 맞게 목표와 목적을 설정
- 질의응답 설계의 논리를 제시
- 새로운 쟁점에 개방성을 표출
- 행동의 투명성을 시도
- 주관적 의미에 대한 이해를 제공
- 상황에 대한 이해를 제공
- 신뢰할 수 있도록 자료를 표출
- 깊이, 다양성, 섬세함, 복잡성을 전달
- 적절한 증거 자료 조사
- 기초가 튼튼한 주장을 제공
- 연구 과정 전반에 숙고 제공
- 유용성 또는 타당성 확보

연구 평가를 위한 18가지 질문

- 결과는 얼마나 믿을 수 있는가?
- 연구로 인해 지식이나 이해가 얼마나 확장되었는가?
- 측정은 원래의 목표와 목적을 얼마나 잘 다루었는가?
- 폭넓은 추론을 도출하기 위해 연구의 범위(scope)는 얼마나 잘 설명되었는가?
- 평가의 기초는 얼마나 분명한가?
- 연구 설계는 얼마나 방어할 수 있는가?
- 사례/문서의 표본 디자인/목표는 얼마나 잘 방어되는가?
- 최종 표본의 구성과 범위는 얼마나 잘 기술되었는가?
- 자료 수집은 얼마나 잘 수행되었는가?
- 분석의 접근 및 조직화 방식은 얼마나 잘 전달되었는가?
- 자료 출처가 지닌 맥락은 얼마나 잘 보존되고 표현되었는가?

- 관점과 내용의 다양성이 얼마나 잘 탐구되었는가?
- 자료의 상세도, 깊이, 그리고 복잡성이 얼마나 잘 다루어졌는가?
- 자료, 해석 그리고 결론 간의 연계가 얼마나 분명한가?
- 보고가 얼마나 분명하고 일관성이 있는가?
- 연구의 가정, 이론적 관점, 가치관은 얼마나 분명한가?
- 어떤 증거가 윤리적 문제와 관련하여 주목할 만한가?
- 연구 과정이 얼마나 적절하게 기록되었는가?

출처: Spencer et al., 2003: 6, 7, 22–28, 71–72, 105.

의 인용문에서도 언급했듯이, 타당성, 신뢰성, 재현성, 유효성 등 대표적인 양적 연구의 평가 항목들이 완전히 질적 연구에도 적용 가능하다고 볼 수는 없다(Boaz and Ashby, 2003: 7). 예를 들어, 사회과학 분야 전반에서 연구의 질을 평가하는 주요 요소로 연구의 재현성(replicability)을 활용하곤 하는데, 연구가 시행되는 구체적인 시점뿐만 아니라 연구를 수행하는 연구자가 연구의 대상과 교류하는 수준이 저마다 다르므로 어떠한 연구도 재현될 수 없다는 비판을 제기할 수도 있다. 그러므로 개발학을 포함하여 사회경제 분야 연구에서 재현성의 문제는 자연과학과 순수 수리과학 분야에서 활용하는 의미와는 다른 쟁점들을 안고 있다.

요약하여 말하자면, 전통적인 평가 기준이 양적 접근에 편향되어 있다는 주장이 사실이라면(Becker et al., 2006: 7–8), 대안적인 평가 기준은 더 포용적인 방식을 추구해야 할 것이다(표 5.3 참조). 다시 말해, 사실(truth)보다는 신뢰성(trustworthiness), 타당성(validity)보다는 신빙성(credibility), 일반화 가능성(generalizability)보다는 전이 가능성(transferability), 신뢰도(reliability)보다는 신인성(dependability), 마지막으로 객관성(objectivity)보다는 확인 가능성(confirmability)의 맥락에서 생각할 필요가 있다.

표 5.4를 보면 여기서 더 나아가 '전통적인 과학적 준거', '사회구성주의적

표 5.3 연구의 품질 기준과 정의

전통적 기준	대안적 기준
• 타당성: 자료와 개념 간 부합의 정도 • 신뢰도: 둘 이상의 상황에서 측정할 때 나타나는 일관성의 정도 • 재현성: 관찰된 내용이 재생산 될 수 있는 정도 • 일반화 가능성: 연구의 산출물이 연구되지 않은 유사한 상황에 일반화되어 발생할 수 있는 정도	• 신빙성: 연구의 산출물을 믿을 수 있는 정도 • 전이 가능성: 연구의 산출물이 결론을 도출한 대상 이외의 환경과 연관될 수 있는 정도 • 신인성: 연구의 산출물이 연구가 시행되지 않은 시기와 연관될 수 있는 정도 • 확인 가능성: 연구자가 과도하게 개인적 가치관을 반영하여 연구를 훼손하지 않은 정도

출처: Becker et al., 2006: 7–8.

표 5.4 질적 기준의 대안

전통적인 과학적 준거, 즉 실증주의	사회구성주의적 준거, 즉 상대주의	예술적·환기적 준거	비판적 변화 준거 (신마르크스주의 및 일부 페미니즘)	평가 기준과 원리의 준거
• 편견의 최소화를 시도하는 객관성 • 자료의 타당성 • 체계적이고 엄격한 야외조사 시행 • 산출물의 일관성 확보를 위한 다각화(triangulation) • 여럿의 코딩과 패턴 분석의 신뢰도 • 산출물의 현실과 상응도 • 인과적 가설을 설명하는 증거 • 일반화 가능성 • 이론에 기여	• 주관성을 인정하고 포용 • 신뢰와 진정성 • 공정성 및 타인의 관점도 포괄 • 다양한 관점 포착을 위한 다각화 • 자성과 활용 • 자신의 배경 및 세상 속 행동방식 이해 • 특수한 사례에도 정의를 행하는 특수성 • 복수의 관점을 권장해 대화에 기여	• 어떤 방식으로든 세계를 인류에 개방 • 창의성 • 심미적 가치 • 해석의 생동감 • 실제 경험의 자조에서 등장 • 고무적 • 도발적 • 청중을 움직이며 연계 • 개별 의견이 분명하고 호소적 • '진정', '진짜', '실제'로 느낌 • 사례 연구의 경계가 모호해지며, 문학적으로 변모	• 부정의 인식을 증대하는 비판적 관점 • 불평등과 부정의의 본질과 원천 확인 • 약자의 관점을 대변 • 강자가 권력 행사 방식과 이에 따른 혜택을 가시화 • 취약계층을 존중하고 협력하여 사로잡음 • 실천 능력 향상 • 잠재적 변화 확인과 전략 세우기 • 분명하게 역사적이고 가치적인 맥락 • 결과적 타당성 또는 카타르시스적 타당성	• 누구에게도 유용하지 않으면 실행할 필요가 없는 효용성 • 공정하고 윤리적인 적절성 • 정확성 • 체계적 질의 • 온전성과 정직하며 인간을 존중함 • 보편적 공공복지에 대한 책임

출처: Patton, 2002: 544를 재구성.

준거', '예술적·환기적 준거', '비판적 변화 준거', 그리고 '평가 기준과 원리의 준거'라는 각각의 유형별로 구성된 질적 평가 기준이 대안으로 제시되어 있다(Patton, 2002). 제시된 모든 유형이 잠재적으로 개발학 연구 커뮤니티의 요소요소에 영향을 미칠 수 있다. 전통적인 과학적 준거는 일반적으로 실증주의 관점을 추구하는 연구의 엄격성과 밀접히 관련되어, 연구 자료의 객관성이나 타당성 등을 설명한다. 반면, 사회구성주의적 준거는 상대주의적 관점과 더 관련되어 있다고 볼 수 있는데, 이로 인해 주관성이 받아들여지고 다른 연구자의 관점이 함께 포용된다. 또한 연구의 예술적·환기적 준거는 창의적이고 심미적인 가치뿐만 아니라, 자극적이며 흥미를 유발하는 요소까지 반영하여 중요성을 평가한다. 그리고 비판적 변화 준거는 신마르크스주의와 페미니즘으로 대표되는 비판적 관점으로, 부정의의 실재, 불평등과 부정의의 원천, 취약계층의 관점 등에 관한 인식을 강조한다. 마지막으로 평가 기준과 원리의 준거는 앞의 준거들과 함께 도구적 준거까지 포괄된 형태이다.

개발학 연구의 엄격성에 관한 논쟁은 부분부분 복잡한 형태를 보이는데, 이 논의가 양적·질적 방법이 얽히면서 이야기가 돌고 돌 수밖에 없기 때문이다. 더 복잡한 요인은 개발학이라는 '우산' 아래에서 공존하는 여러 학문이 추구하는 연구 가치가 서로 다르다는 점이다. 대표적으로 양적 접근과 객관성을 추구하는 경제학 연구가 질적 접근과 주관성을 추구하는 다른 사회과학 분야보다 연구가 더 어렵고 엄격할 것이라는 인식이 특히 경제학계를 중심으로 만연하다. 이에 대해 다음의 인용문들을 참고해 보자.

> 나는 엄격함과 인색함의 관점에서 경제학은 사회과학 분야에서도 모범적임을 깨달았다. … 내가 말하고자 하는 것은 경제학 분야가 연구의 '견고함'이나 엄격함에 있어 결코 독점적 지위에 있는 것은 아니며, … 경제학 역시 과도한 단순화로 현실을 오해하거나, 심할 경우 이용 가능한 자료에 따라 분석 결과

를 결정하는 등 고유한 취약점이 존재한다는 점이다(Harriss, 2002: 487).

> 경제학계의 생각과 달리 다른 사회과학 분야나 그 연구자들은 … 오히려 경제학자가 '무르거나' '엄격하지 못하다'고 낮추보는 경향이 있는 듯하다. 하지만 근래 들어 경제학자 스스로가 경제학의 도구와 기술이 강력한 만큼이나 부족한 부분도 많다는 사실을 인정하며 자성론이 증가하고 있다(Kanbur, 2002: 477).

> 경제학자들 사이에는 양적 기술이 질적 기술보다 더 확실한 '엄격성'을 제공한다는 인식이 존재한다. 그리하여 이 뛰어난 엄격성을 발판으로, 정책 자문을 제공하기에 가장 적절한 분야는 경제학이라고 자신하곤 한다(White, 2002: 512).

위에 제시한 세 명의 학자 모두 양적 경제학은 견고하고 엄격하며, 질적 비경제학은 무르고 엄격하지 못하다는 이분법은 옳지 못하다고 결론을 내렸다. 특히 화이트(White, 2002)는 오히려 경제학 연구가 무르고 엄격하지 못한 성격을 띠며 질적 방법론을 활용하거나, 반대로 비경제학 연구가 엄격한 성격을 띠며 양적 방법을 활용할 수도 있다고 말했다.

물론 연구자에 따라 선택하는 준거는 다르겠으나, 근본적으로 엄격함이란 체계적인 접근 방식을 취하느냐에 따라 결정된다. 그 말인즉 연구 문제가 적합하게 규정되어 있고, 연구 질문이 명료하게 제시되었으며, 연구 질문과 가설이 연구 문제와 긴밀하게 연계되어 있어야 하고, 연구 질문의 범위가 모호하지 않아 그 의미가 퇴색되지 않는 상태를 의미한다. 나아가 체계적인 접근 방식이란 자료 수집 방식이 연구 질문과 긴밀하게 연계되어 있으며, 이때 활용하는 연구 기법은 표준화되어 일관성이 있는 분석을 제시하는 상태를 의미한다. 요약하면 연구의 과정 전반이 체계적으로 연구 질문과 연결되며, 투명한 상태를 의미한다. 이를 통해 2절에서 논했던, 연구 사이클이 체계적으로 작동할 수 있으며, 그로 인한 결과물이 표 5.3에서 정리한 준거에 부합할 것이다.

2) 주관성 그리고 수용 가능한 편견과 그렇지 못한 편견

개발학의 다수 연구가 도구적이고 정책 지향적이거나 규범적인 동기에서 촉발되기 때문에 주관성과 편견의 문제가 대두될 수밖에 없다. 표 5.5에는 연구 과정의 여러 단계에서 발생할 수 있는 의도된 편견과 그렇지 않은 편견들이 정리되어 있다. 주관성–객관성 문제가 중요한 이유는 개발학 연구가 주로 규범적 문제를 다룸으로 인해 주관적 편견이 연구에 개입될 수 있는데, 이 중에는 수용이 가능한 내용도 있으나 반드시 부정되어야 할 것도 있기 때문이다. 연구자는 될 수 있는 한 스스로의 주관적·규범적 입장을 분명히 드러낼 필요가 있으며, 연구 자료의 수집, 분석 및 해석에서도 그 허용 수준을 분명히 표명해야 한다. 따라서 개발학 연구에서 엄격성을 평가하는 것은 연구자 편견으로 인한 산출물의 의도적인 오인과 생략을 부정하고, 연구의 자료나 가치에 관한 공인된 편견만을 수용하는 행위로 볼 수 있다.

간단히 말해, 연구에서 편견은 연구의 과정, 대상 또는 연구자 스스로에 의해 개입될 수 있다. 이러한 맥락에서 다음과 같이 연구자를 '자료분석가(data–

표 5.5 개발학 연구에서 생길 수 있는 편견

	의도하지 않은 편견	의도했거나 계획적인 편견
연구자의 편견	개인적 가치와 위치	연구 디자인–연구 문제의 구체화 연구자의 입장을 지지하지 않는 증거 거부
연구 대상의 편견	잘못된 전달이나 불완전한 기억	다른 사람을 대신해 대답
연구 과정에서의 편견	정확한 표본 틀의 이용 가능성, 불완전한 자료 접근	면담자의 영향('Hawthorne effect')

analyst)'와 '자료발굴가(data-miner)'라는 두 가지 유형으로 묘사하기도 한다.

> 자료분석가는 연구 자료에 부합하는 해석을 제시하는데, 다시 말해 자료를 통해 이야기하는 사람이다. 반면, 자료발굴가는 원하는 내용을 정해 놓고, 그에 부합하는 근거가 나올 때까지 자료를 발굴한다. 마침내 자료를 찾아냈을 때, 그 내용이 곧 이야기가 된다. 양적 자료를 취급하든 질적 자료를 취급하든 공통적으로 자료발굴가는 집에서 활동한다(White, 2002: 513).

이 의견을 제시한 연구자의 관점에 따르면, '자료 발굴(data-mining)'은 근본적으로 주관적이고 때에 따라 편향될 수 있기에, 그 결론은 사전에 결정된 내용을 따르고 연구자의 의견을 뒷받침하는 증거들만 발굴된다. 반면, 편향되지 않은 연구는 연구 문제에서 출발하며, 조사자를 결론으로 안내하는 자료를 수집한다. 표 5.6에는 자료 발굴에 대한 서로 다른 관점이 자세히 정리되어 있다.

위에서 설명한 자료 발굴을 보완하는 방법은 자료의 해석 방식이나 연구 문제와 질문의 관계를 미리 규정하지 않고 선별하지 않은 대량의 자료를 활용하는 것이다. 이 방법이라고 꼭 편견의 위협에서 벗어나게 한다는 보장은 없는데, 극단적이면 연구가 체계적이지 못하고 엄격성이 결여되기도 한다. 연

표 5.6 '자료 발굴'의 사례

1차 자료 발굴 방법	2차 자료 발굴 방법
연구자의 입장을 뒷받침하기 위한 표본 선택	연구자의 질문과 가설을 뒷받침할 수 있는 자료 선택
연구자의 입장을 뒷받침하기 위해 쓰인 연구 도구	연구 질문 및 가설과 불일치하면 자료는 거절됨
연구자의 입장을 뒷받침하기 위한 자료 해석	자료 클리닝-연구자의 입장에 수용할 수 없는 자료는 거부됨

구 자료가 연구 질문 또는 가설과 갖는 직접적인 관계를 규정하지 않은 채 회귀분석을 진행하거나, 행태적 관계를 규명하지 않고 통계적 정합성만을 추구할 경우 대량의 무작위 자료를 활용하더라도 체계적이지 못하고 엄격하지 못한 연구가 될 수 있다(Kenny and Williams, 2001; Sala-I-Martin, 1997의 연구를 참조). 또 다른 문제는 연구자가 연구를 위해 대상 국가를 겨우 몇 주, 심지어 며칠만 방문했거나, 충분한 지식 없이 주로 2차 연구 자료를 활용할 경우 발생한다. 현지에서 직접 자료를 수집하고 정리한 현지 연구자나 통계전문가의 노력을 이해하지 못하거나, 해당 자료가 갖는 한계를 충분히 인지하지 않거나 관심 자체가 없을 수 있으며, 자료가 수집된 연구의 질문이나 가설을 분명하게 파악하지 못하기도 한다. 이러한 유형의 연구는 주로 연구자가 그 자료의 의미와 수집 방법에 충분히 관심을 두지 않고, 인터넷 웹사이트 같은 데이터뱅크에서 얻은 비선별적 자료만을 활용할 경우 발생한다.■17

나아가 개발학 연구에서 방법적 편향으로 발생하는 한계에 대해서도 고민해 볼 필요가 있다. 이 문제는 개발도상국뿐만 아니라 산업국을 연구할 때도 동일하게 발생하는데, 그 정도와 방식은 다를 수 있다. 예를 들어, 근로자를 대상으로 진행한 인터뷰에서 질문자가 상위계층의 영어 억양을 사용할 경우 응답자로부터 별다른 호응을 얻지 못할 수 있다.

개발도상국에서 인터뷰, 초점집단토론, 설문조사, 관찰 같은 1차 조사를 진행할 경우 과소 보고나 회신 부족이 발생하거나, 응답자로부터 수집한 자료를 활용하는 데 급급하여 신뢰도나 타당성이 떨어질 수 있다. 억양, 방언, 성별, 나이, 계층, 교육 수준, 외모 등 질문자의 특징으로 생성되는 인상이나 자제력으로 인해 '질문자 영향(interviewer influence)'은 더욱 악화할 수 있다. 현지의 사회문화적 요소 역시 응답자에게 영향을 끼치는데, 가장이나 마을 지도자가 조사의 대상을 대표하여 응답할 수 있다. 이 밖에 현지의 문화, 인터뷰 참석자가 누구인지, 그리고 응답자는 질문자가 어떤 대답을 듣고 싶다고 예상하는

지에 따라 응답이 달라질 수 있다.

연구자나 연구 대상에게 익숙하지 않은 언어로 연구가 진행됨으로써 발생하는 쟁점도 있다. 의미가 의도에 맞게 전달되지 않을 수 있으며, 숨겨져 있는 의미가 있거나, 번역 과정에서 사라질 수도 있다. 연구자가 모든 지역 언어를 학습하는 것은 불가능하기 때문에, 숨겨진 의미와 언급되지 않은 맥락을 파악하는 등 사회적 동태성은 번역할 때 반드시 고려해야 하는 사항이다.

답을 찾는 데 쉬운 길은 없다. '다른 문화'를 연구하기 위해서는 자료뿐만 아니라, 그 분석과 전파 방식을 번역하는 과정이 동반된다. 연구자는 현지 언어를 이용해 실무적 지식을 파악해야 하는데, 이것이 어려우면 연구팀에 현지어 통역자를 배로 늘릴 필요가 있다. 이러한 접근 방식을 따른다면, 누군가가 연구의 방법과 엄격성에 대해 문제를 제기하더라도, 현장조사에 앞서 연구 절차와 번역의 세부 원칙이 고려되었다는 점을 주장할 수 있다. 추가로 연구자와 번역가 그리고 연구 대상 사이에도 역학관계가 존재함을 인지할 필요가 있다. 이에 관해 기술적으로 매우 훌륭한 번역과, 불완전하지만 내부적인 해석 중에 무엇이 더 중요한 연구 대상인지 고민이 필요하다(Bujra, 2006).

카세트테이프나 디지털 녹음기를 활용한 녹취 인터뷰를 진행할 수도 있으나, 물론 응답자의 동의를 얻었더라도 녹음 행위로 인해 받아 적을 때와는 답변이 달라질 수 있다는 문제가 발생한다. 이러한 문제로 선행 연구자들은 현지어 조사 진행 시 구술에 대한 기록과 함께 번역도 같이 병행되어야 연구자가 번역 과정을 기억하고 독자에게 투명성을 보증할 수 있다고 조언한다(Cameron, 2004: 9).

오늘날 개발학 연구에서 주된 자료로 활용되는 2차 자료와 공식 문서들도 다양한 쟁점을 내포하는데, 박스 5.8에 그 내용이 요약되어 있다. 정부와 여러 국제기구[국제노동기구(ILO), 국제통화기금(IMF), 세계은행, 국제연합(UN), 유엔개발계획(UNDP), 유엔무역개발회의(UNCTAD) 등]는 매년 대량의 사회경제 정보가 포함된 정례 보고서를 발간하고 있다.■18 상당수 경제학 연구들은 인터넷을 통해 국민소득과 같은 거시 정보나 가구조사를 통한 미시 정보 같은 2차 자료를 손쉽게 확보하고 있다. 원자료를 직접 수집할 경우 발생하는 가격, 시간, 실용성 문제로 인해 이러한 간행물들이 연구의 출처로 널리 활용된다. 그러나 이러한 관행은 연도, 통계계열, 국가 사이 차이를 단순 비교 문제를 비롯한 여러 가지 이유로 엄격성의 문제가 발생할 수 있다. 세계은행을 포함하여 여러 기관이 자료를 정리하고 간행하기에 앞서 이러한 문제를 해결하

박스 5.8

2차 자료와 엄격성

2차 자료는 연구 단계별 행위자의 편견들이 한데 반영되어 형성된 (기나긴) 사회 과정의 최종 산물이다. 표본을 추출하거나 그렇지 않은 경우를 막론하고 거의 모든 연구에서 오류는 확실히 발생한다. 연구의 초기 단계에서는 조사 질문의 선택에 편견이 발생하며, 질문자가 응답자의 답변에 영향을 주는 것도 가능하다. 또한 응답 회신의 어려움이나 정보의 활용도를 고려하여 연구의 소비나 지출에 관해 부정확한 보고가 이루어질 수도 있다. 사회경제학 연구에서 특정 집단이 과소 보고되는 일이 일어나곤 하는데, 이는 완전한 '법적 지위'를 보장받지 못하는 노숙자나 빈민가 주민 같은 취약계층이 제외된 정부의 불완전한 공식 자료에 기반을 두고 연구의 표본 틀을 구성할 경우에 발생한다. 불균형적으로 소외된 가구는 가난한 경우가 많아, 측정된 빈곤계층의 수는 실제보다 더 낮은 경향이 있다. 나아가 연구 자료의 수집이나 처리 및 해석이 완료된 후반부 단계에서는 원자료가 특정 지표의 정의와 얼마나 부합하는지를 정의하고 입력하는 단계에서 연구자의 편견이 개입되거나 심할 경우 오류가 발생할 수 있다.

이에 앞서 언급한 문제를 보완하기 위해서는 연구 자료를 활용할 시 충분하지는 않지만, 필수적인 다음의 몇 가지 질문을 명심해야 할 것이다. 지표는 어떻게 개발되었는가? 자료는 누가 어떤 목적으로 수집했는가? 표본 틀은 어떻게 만들어졌는가? 누가 생략/제외되었는가? 어떠한 정의(definition)가 활용되는가? 이렇게 만들어진 지표는 어떻게 또 어떤 목적으로 활용되는가?

그러므로 공식 자료에는 문제 현상의 개념적 포착 방식(성인 문맹률을 예로 들면, '문맹'을 어떻게 정의하는가?) 측면과 아울러 이를 위해 수집된 자료의 품질과 정확성 측면에서도 문제의 소지가 있다.

기 위해 다분한 노력을 기하고 있으나, 그 과정 전체를 포함하여 간행하는 것은 불가능한 일이다.

개발도상국에서도 2차 자료는 대부분 저렴하고 손쉽게 활용할 수 있으며, 때로는 원자료를 구매하는 것도 가능하다. 하지만 국가에 따라 시간이나 개념 정의의 연속성 측면에서 2차 자료의 품질에 문제가 있을 수 있다. 또한 출처가 다른 자료의 결합은 훨씬 문제가 되는 과정이다. 국가 간 비교연구를 위해서는 모든 국가에서 자료의 계열이 표준화된 완전한 연속성이 확보된 자료를 연구해야 한다. 하지만 UNDP의 『인간개발보고서(Human Development Report)』와 세계은행의 『세계개발보고서(World Development Report)』가 제시하는 모성사망률 사례에서 알 수 있듯이, 모든 자료가 항상 일관적이지는 않다.■19

그렇지만 OECD 파리21 연례회의[21세기 개발을 위한 통계 파트너십(Partnerships in Statistics for Development in the 21st Century)]나 세계은행의 인구보건조사(Demographic and Health Survey, DHS), 유엔아동기금(UNICEF)의 다중지표집락조사(Multi-indicator Cluster survey, MICS) 등 국제사회의 이니셔티브를 통해 알 수 있듯이, 현재 우리가 처한 상황은 분명 개선되고 있다.■20

이 장에서 논의한 한계들 하나하나의 중요성과는 별개로, 실제 실무연구자들이 이러한 한계를 그저 '학문적'인 문제로 치부할 수 있다는 위험이 존재한다. 특히 정보 입수의 효용성이 매우 제한적이거나, 정책입안자가 이미 존재하는 통계자료를 활용한 연구 결과를 재촉하는 상태라면, 설령 그 자료에 의문점이 있더라도 성급하게 받아들일 위험이 크다.■21

개발학 연구자들은 2차 문서에 과도하게 의존하는 경향이 있다. 상당수의 개발 연구가 조직 내부적으로 진행하거나, 외부 기관으로부터 의뢰받아 특정 정책에 활용할 정보를 제공하기 위한 목적으로 진행된다. 이러한 연구는 유사한 정책 관련 분야에서는 더 학술적인 연구로 보일 수 있는데, 해당 분야를 지원하는 기관 스스로가 내부적으로 조사를 진행하거나 외부 기관에 연구 용역을 의뢰하고 있다. 설령 기관들이 순수한 학문적 준거에 부합하는 연구를 지원할지라도, 기관 스스로는 뚜렷한 정책 의제를 갖고 있을 수밖에 없다. 때때로 위탁 연구의 결과물은 의뢰기관이 소유하는 것으로 간주하여 연구의 지식재산권에 제한이 걸리는 일도 있다. 지식 그 자체가 개발의 중대한 기반이 된다는 점에서, 세계은행 같은 특정 기관에 의해 개발 분야의 지식이 독점되는 상황은 매우 우려스럽다. 이 내용은 박스 5.9에 간략히 설명되어 있다.■22

이와 관련하여 개발학 석사과정에서 반드시 배워야 할 내용이 무엇인지 제시한 다음의 주장을 살펴보자.

박스 5.9

누구의 현실을 반영하는가? '지식 은행'으로서의 세계은행

근래 들어 세계은행은 차관 제공이라는 전통적 역할에서 개발 분야 지식과 전문가 제공에 초점을 맞추는 것으로 변화를 꾀하고 있다. 이는 지식을 무지한 사람에게 전달할 수 있는 공공재로 보고, 이를 경쟁적이지 않게 제공하면 빈곤한 사람들이 혜택을 볼 것이라는 가정에 기반을 둔 것이다. 1999년 10월 연례회의에서 한 세계은행 총재의 연설은 지식의 저장고 또는 '지식 은행'으로서의 세계은행이라는 발상을 촉발했다. 이는 1998년에 간행된 『개발 지식을 위한 세계개발보고서(World Development Report on Knowledge for Development)』의 후속 조치로, 이후 '개발 전문가의 첫 번째 기항지(the first port of call for development expertise)'가 되겠다는 세계은행의 기조하에 글로벌 개발 네트워크(Global Development Network)라는 거대 인터넷 포털을 구축하기에 이르렀다. 이러한 행보는 세계은행 안팎에서 논란을 일으켰다. 나아가 『세계개발보고서 2000-2001』의 대표 저자였던 칸버(Ravi Kanbur)가 세계화에 대한 논조를 완화하라는 불합리한 압력을 느꼈다며 사임하는 일이 발생했고, 실제로 『빈곤의 목소리(Voices of the Poor)』 보고서가 사전에 메시지를 결정하여 작성되었다는 것이 드러나며 후기개발주의 관점에서 비판이 가해지고 있다.

출처: Mehta, 2001.

개발도상국(또는 이러한 관점에서 개발 쟁점 전반)에서 실제로 작동하는 영속적 특성을 다루는 질적 자료가 부족하며, 일부의 경우 양적 자료까지 모두 부족한 현실이다. … 정책 결정에 활용하는 상당수의 자료가 … 매우 불완전하며, 불안정적이고, 간단히 말해 활용 가치가 낮다. 자료 분석 도구라는 제한된 무기만을 무장한 학생들은, 설령 굉장히 고차원적인 도구를 가지고 있더라도 앞으로 그들이 다른 목적으로 수집된 파편적이고, 오래되었으며, 결함 있는 자료를 다루어야 한다는 상황을 고려하면 충분히 준비하지 못한 상태이다. … 학생들은 자료 경영자가 되어 이질적인 출처와 형태의 증거를 연결하여 주장을 만들거나 반박할 수 있어야 한다. 스스로가 실무자로서 차이를 만들기 위해 무엇을 하고 있는가? 그것을 어떻게 알게 되었는가? 만약 그것이 잘못되었다면 어떻게 깨달을 수 있을까? 자신의 프로젝트로 발생한 효과와 이와 동시에 발생한 다른 사건의 영향을 어떻게 구분할 수 있는가? 양적·질적 자료들을 어떻게 조합할 것인가? 그리고 이러한 질문들에 답을 꼭 찾아야만 하는 것인가?(Woolcock, 2007: 64-65)

이는 단순히 석사과정뿐만 아니라, 모든 단계에 있는 연구자들에게 적용할 수 있는 질문들이다. 아마 제시된 질문 중 가장 중요한 것은 이 질문 같다. "만약 그것이 잘못되었다면 어떻게 깨달을 수 있을까?"

5. 요약

이 장에서는 다음 세 가지 영역에 대해 주로 다루었다.

1) 연구하기

연구 과정 전반을 하나의 절차로 이해하되, 다양한 유형의 연구가 있음을 명심해 두는 것이 좋다. 연구의 수준과 유형에 따라 연구 과정이 달라질 수 있다.

2) 개발학 연구하기

'산'을 '모든 각도에서 관찰'하기 위해 방법론과 방법을 혼합하는 시도가 개발학에서 점차 보편화되고 있다. 그러나 다른 유형의 접근 방식, 방법, 자료를 통합하고 비교하는 것이 언제나 가능하다는 보장은 없다. 연구자 사이에는 적대적인 논쟁이 오갈 수 있고, 개발학에는 다양한 학문적 접근 방식이 존재한다. 경제학과 양적 접근, 그리고 사회인류학과 질적 접근의 연계가 가장 일반적이나, 이러한 인식 자체가 각 학문의 설계와 중점 요소를 적절히 통합하지 못하도록 관점을 제한하고 지적 편견을 조장한다는 의문이 제기된다. 방법론과 방법을 통합하는 방식은 실제로는 양적 접근과 질적 접근의 통합 범위에 따라 복잡하게 나타난다.

3) 엄격한 개발학 연구하기

일반적으로 연구의 품질은 그 연구가 심사를 거친 학술지에 게재되었거나, 심사 과정이 포함된 예산 지원을 받았는지를 기준으로 평가한다. 하지만 연구물의 간행은 연구의 후속 절차이며, 최근에는 여러 가지 쟁점이 제기되고 있다. 이 중 하나는 어떤 종류의 '준거'가 연구의 '품질'과 '엄격성'을 평가하는 데 활용될 수 있는가이다. 사회 연구를 평가하는 가장 전형적인 기준으로 타당성, 신뢰도, 재현성, 일반화 가능성 등을 떠올릴 수 있을 것이다. 그러나 일부에서는 사회과학 분야 중 특히 개발학의 질적·양적 접근 방식은 기존의 것과 다른 대안적 방식으로 평가해야 한다고 주장한다. 또 다른 쟁점은 다수의 개발학 연구가 갖는 정책 지향적 성격과 위치성의 문제로 발생하는 연구의 엄격성의 문제이다. 개발 연구자는 자신이 추구하는 연구의 과정 중 일부이다. 이로 인해 연구에서 수용 가능한 편견이 무엇이며, 그렇지 못한 편견이 무엇인지를 구분하는 것이 쟁점이 되었다.

주

1. 추가로 포괄적인 사회과학 연구 방법을 요약하고 있는 출간물은 Blaikie(1993), Bryman (2004), David and Sutton(2004), Denscombe(2003)의 연구가 주목할 만하고, 개발학과도 관련이 매우 깊다.
2. 행동 지향적 연구와 규범적 연구는 차이가 존재하는데, 전자는 연구 목적 자체가 참여자 사이에서 변화의 촉매가 되고자 하는 것이다. 반대로 규범적 연구는 참여자를 넘어 큰 틀의 변화를 제시하고자 한다.
3. 연구 문제를 통해 빈곤감소 정책의 영향 등 쟁점 요소를 식별하여 분석할 수 있다. 연구 문제는 이와 관련하여 구성된 다수의 연구 질문과 가설을 기반으로 운영된다. 이때 연구 질문은 좀 더 구체적인 형태를 취한다. '젠더 지향적 정책은 빈곤감소에 어떤 영향을 끼치는가?'와 같은 예를 들 수 있다. 같은 주제에 관한 연구 가설은 '젠더 지향적 정책은 빈곤감소에 영향을 미친다'로 표현할 수 있다. 연구 질문은 폭넓지만, 연구가 가능한 방식으로 쟁점을 제기하는 반면, 연구 가설은 검증이나 반박이 가능한 제안을 제공한다.
4. 제6장에서 언급한 것처럼, 오늘날 개발학에서 활용이 늘고 있는 참여적 방법론에는 몇 가지 계열이 있다. 연구적 맥락으로 활용되는 참여적 방법과 정책 및 실무적 맥락에서 활용되는 참여적 방법은 구분될 필요가 있다. 연구의 실행 및 계획 측면에서 신속농촌평가(Rapid Rural Appraisal, RRA)와 참여적 빈곤평가(Participatory Poverty Assessment, PPA)는 농촌(또는 도시) 지역의 사람들이 자신의 삶과 환경에 대한 지식을 표현, 개선, 공유 및 분석하도록 장려한다는 점에서 방법 및 접근 방식이 같은 계열에 있다(Chambers, 1994: 1253). 이들은 복지와 개발에 대한 빈곤층의 관점을 끌어내려는 방법으로 활용된다. 체임버스(Robert Chambers)는 이러한 변화를 이끈 선구자 중 한 사람으로 잘 알려져 있다. 실제로 체임버스가 제시한 새로운 패러다임은 이제 많은 개발학 연구자에게 정통적 요소로 인정받고 있다. 참여적 접근법 활용의 증가는 서구 지식이 개발학을 지배함으로써 토착 지식이 희생되고 있다는 비판에 대한 반응으로 일정 부분 볼 수 있다. 이러한 연구 중 가장 유명한 것이 세계은행의 『빈곤의 목소리(Voices of the Poor)』이다(Narayan et al., 2002). 하지만 참여적 방법과 기법은 부정과 억압을 초래한 거대한 구조에 반하는 지역에 대한 집착, 그리고 권력이 어떻게 작동하고 구성되며, 이로 인해 권한이 어떻게 배부되는지에 대한 이해가 부

족하다는 비판에 직면했다. 또한 참여적 접근에는 정치적 접근에 반하여 시민과 사회에 대한 편향이 반영되었으며, 참여적 개발의 특정 옹호자들이 참여를 권력 분석을 위한 정치적 방법론으로 인식하지 않고 프로젝트 일환의 기술적 방법으로 취급하는 경향이 있다는 비판을 받아 왔다(Hickey and Mohan, 2003: 5, 6).

5. 개발도상국 대상의 경제 연구는 완전히 새로운 자료를 만들 수 있을 정도로 막대한 규모의 자원이 지원되지 않는 한 2차 자료를 사용할 수밖에 없는 경우가 많다. 경제학자는 주로 경제성장, 공공재정 문제, 국제 무역수지 등 거시 문제에 관한 연구를 고민하고 있으며, 나아가 국가 간 교차분석과 비교연구도 염두에 둔다. 그러나 빈곤 연구와 같은 가구 단위의 미시적 연구의 경우, 1차 자료 수집 전략에 대한 고민이 필요하다는 점은 경제학 역시 다른 학문 분야와 마찬가지이다.

6. 사회과학에 사용된 다양한 연구 방법을 전체적으로 검토한 연구는 Denscombe(2003)와 David and Sutton(2004)의 연구가 가장 대표적이며, 물론 그 밖에 다수의 연구가 존재한다.

7. 2007년에 간행된 학술지 『세계개발(World Development)』의 특집호에는 '빈곤 분석을 위한 질적·양적 접근의 결합 사례(Experiences of Combining Qualitative and Quantitative Approaches in Poverty Analysis)'가 게재되었다(Kanbur and Shaffer, 2007).

8. 표본추출 방법을 다룬 Bryman(2004)의 연구는 매우 명료하지만, 그 밖에도 표본추출의 원칙과 관행을 다룬 다양한 연구들이 존재하며, 이러한 연구 중 일부는 개발도상국에서 자료 수집에 초점을 맞추고 있다.

9. 급속한 도시화로 인해 신규 도시(또는 교외 지역)의 거주자가 공식적으로 등록되지 않는 경우가 발생할 수 있어, 잘못된 표본 틀로 인해 추출된 정보나 연구 산출물이 제대로 나타나지 않을 수 있다[Suryahadi and Sumarto(2001)의 인도네시아 사례 참조]. 이로 인해 연구자들이 기존의 표본 틀에 의존하지 않고 그들 스스로 표본 틀을 구성하여 연구를 진행한 사례들이 존재한다(Edusah, 1999; Mensah, 2000).

10. 컴퓨터 프로그램 패키지를 활용한 양적·질적 자료 분석 방법과 사례를 소개하는 유익한 입문 자료로 David and Sutton(2004)의 연구를 참고하기 바란다.

11. 여기서 언급한 소프트웨어 패키지에 대한 추가 정보는 온라인 검색을 통해 쉽게 얻을 수 있다.

12. 그 밖에도 주로 인상과 화가에 비유하여 표현할 수 있다. 모네(Monet)를 예로 들면, 정확하게 같은 지점에서 다른 시각, 다른 시간대, 다른 날씨 등 조건의 차이를 두고 여러 그림을 그렸는데, 이는 같은 관찰 대상에 다양한 차원의 해석을 부여한 것으로 볼 수 있다.

13. 물론 연구의 산출물에 대한 대안적 해석 역시 논쟁의 대상이 될 가능성이 있다.

14. 이러한 정형화된 이분법은 우리가 결합하고자 하는 두 접근법의 차이와 극단이 무엇인지 명료히 확인할 수 있기 때문에 매우 유용한 발견 도구이다.

15. 오늘날의 거시경제 분석은 1930년대 중반에 케인스와 그의 동료들이 높은 실업률 회피 방

안 연구에 몰두했던 것에서 시작되었다는 점에 주목할 필요가 있다. 이후 거시경제 분석이 산업화된 경제 사이클을 예측 및 통제하는 방향으로 발전할 수 있었던 것은 1920년대와 1930년대 동안 독일에서 국가사회주의자들의 부상으로 인해 조명된 대량 실업 사태의 정치적 의미와 관련이 있었다. 1945년 이후 마셜플랜(Marshall Plan)의 시행과 세계은행[국제부흥개발은행(International Bank for Reconstruction and Development, IBRD)]의 역할 사이에 존재했던 관념적 연결고리는 이러한 측면을 상기시킨다.

16. 여기서는 사회과학 위주로 언급되었지만, 개발학은 이보다 더 광범위한 분야를 포괄한다는 점을 명심할 필요가 있다. 농촌/농업 개발과 개발의 환경적 영향의 두 가지 연구 주제를 예로 들어 보면, 개발학 연구에는 일반적인 사회과학 분야의 범주를 초월하는 지식이 필요함을 알 수 있다. 이 점은 앞서 제3장 3절 2)에서 자세히 설명한 바 있다. 또한 연구의 엄격성에서도 하버드 대학교의 참조 방식의 예에서 참고할 수 있듯이, 완전히 표준화된 양식으로 모든 자료와 문서의 출처를 밝히는 등 기본 요건을 충족해야 할 것이다.

17. 같은 데이터뱅크 중에서도 세밀하게 잘 설계된 데이터뱅크[예를 들어, Deininger-Squire 데이터와 UNU WIDER 데이터, 후에 Dollar and Kraay가 진행한 경제성장과 빈곤 간의 상관관계 연구의 기초자료가 된다(Deininger and Squire, 1996; Dollar and Kraay, 2000; 2001; 2002; 2004; UNU WIDER, 2000)]와 세부적인 출처와 수집 방식을 확인하기 어려운 일반적인 통계 데이터뱅크(세계은행에 의해 상생되는 대부분의 세계개발지표)는 구분할 필요가 있다.

18. 최근에는 국가 정책 및 제도 평가(Country Policy and Institutional Assessment, CPIA) 같은 거버넌스 지표, 달러 환산 자원 고갈 추정지 같은 환경 데이터 등 비전통적인 자료들도 세계은행이 제공하여 이용할 수 있다. 이로 인해 다양한 세계개발지표를 출력하거나 전자 형태로 더 쉽게 이용할 수 있게 됨에 따라, 세계은행이 매년 간행하는 『세계개발보고서(World Development Report, WDR)』에 포함되는 자료의 양도 줄어들었다.

19. Loup and Naudet(2000: 11)은 1990년대 중반에 간행된 『인간개발보고서(Human Development Report, HDR)』와 『세계개발보고서(WDR)』에서 제시한 모성사망률을 인용하여 비교했다. WDR에서는 자료를 확보한 56개국이 나열되었고, HDR에는 그보다 48개국이 추가되었다. 분석 결과 WDR에 포함된 55개 국가 중 1/4만이 HDR의 자료와 유사한 범주로 분류되었으며, 1/2은 HDR에 비해 상당히 높은 수준을 보였고, 나머지 1/4은 상당히 낮은 수준을 보였다.

20. 더 세부적인 내용은 http://www.paris21.org/, http://www.measuredhs.com, http://www.childinfo.org/를 참고하자.

21. 예를 들어, UNDP(2003: 35)는 새천년개발목표(MDGs)의 기초자료에 관해 50~100개 국가에서 신뢰할 만한 추세 자료(1990년대에 3년 단위로 2회 이상 관측된 자료)를 확인할 수 없으며, 20~50개 국가에서는 데이터 자체가 전혀 없다고 밝혔다. 1일 1달러(the dallar-a-day) 대책의 경우에도, 100개 국가에서 추세 자료를 확인할 수 없었고, 55개국에서 데이터가 전혀 없었다.

22. 예를 들어, 세계은행은 국제소득–빈곤 데이터의 거의 유일한 생산자이며, 그 자료를 기반으로 세계은행의 자체 활동이 평가된다[Redde and Pogge(2002)의 연구 참조]. 세계은행이 개발경제학 연구의 접근법에 미친 영향에 관해서는 Broad(2006)의 연구를 참고하며, Kanbur의 사임에 관한 추가 논의는 Wade(2001)의 연구를 참고하자.

참고문헌

Appleton, S. and Booth, D. (2001) *Combining Participatory and Survey-based Approaches to Poverty Monitoring and Analysis*. Q-Squared Working Paper Number 14. Centre for International Studies, University of Toronto. Available from http://www.q-squared.ca (accessed 1 August 2006).

Becker, S., Bryman, A. and Sempik, J. (2006) *Defi ning 'Quality' in Social Policy Research: Views, Perceptions and a Framework for Discussion*. Suffolk, UK: Social Policy Association.

Bevan, P. (2006) *Researching Wellbeing Across the Disciplines: Some Key Intellectual Problems and Ways Forward*. Wellbeing in Developing Countries (WeD) Research Group Working Paper 25. Bath, UK: WeD.

Blaikie, P. (1993) *Approaches to Social Enquiry*. Cambridge, UK: Polity Press.

Boaz, A. and Ashby, D. (2003) *Fit For Purpose: Assessing Research Quality For Evidence Based Policy and Practice*. ESRC UK Centre for Evidence Based Policy and Practice Working Paper Number 11. London: Queen Mary, University of London.

Bourguignon, F. (2003) 'Qualitative and quantitative approaches to poverty analysis: two pictures of the same mountain?', in Kanbur, R. (ed.), *Q-Squared: Qualitative and Quantitative Methods of Poverty Appraisal*. Washington, DC: Permanent Black.

Brannen, J. (2005) *Mixed Methods Research: a Discussion Paper*. ESRC National Centre for Research Methods Review Paper. Available from http://www.ncrm.ac.uk

Broad, R. (2006) 'Research, knowledge, and the art of 'paradigm maintenance': The World Bank's Development Economics Vice-Presidency (DEC)', *Review of International Political Economy*, 13(3): 387-419.

Bryman, A. (2004) *Social Research Methods*. London: Oxford University Press.

Bujra, J. (2006) 'Lost in translation? The use of interpreters in fi eldwork', in Desai, V. and Potter, R. (eds), *Doing Development Research*. London: Sage.

Cameron, J. (2004) *The Epistemology of Post-Modernism and Post-Structuralism*. Paper prepared for Development Studies Association Annual Conference. Church House, London, 6 November. Available from http://www.devstud.org.uk

Carvalho, S. and White, H. (1997) *Combining the Quantitative and Qualitative Approaches to Poverty Measurement and Analysis*. World Bank Technical Paper Number 366. Washington, DC: World Bank.

Chambers, R. (1994) 'Participatory rural appraisal: challenges, potentials, and paradigm', *World Development*, 22(10): 1437-1451.

Chambers, R. (2001) 'The best of both worlds?', in Kanbur, R. (ed.), *Q-Squared: Qualitative and Quantitative Methods of Poverty Appraisal*. Washington, DC: Permanent Black.

David D. and Dodd J. (2002) 'Qualitative research and the question of rigour', *Qualitative Health Research*, 12(2): 279-289.

David, M. and Sutton, C. (2004) *Social Research: The Basics*. London: Sage.

Davies, P. (2004) *Is Evidence Based Government Possible?* Paper presented at the 4th Annual Campbell Collaboration Colloquium, Washington, DC, 19 February.

Deininger, K. and Squire, L. (1996) 'A new data set measuring income inequality', *The World Bank Economic Review*, 10(3): 565-591.

Denscombe, M. (2003) *The Good Research Guide*, 2nd ed. Maidenhead: Open University Press.

Desai, V. and Potter, R. (2006) *Doing Development Research*. London: Sage.

Dollar, D. and Kraay, A. (2000) *Growth is Good for the Poor*. World Bank Policy Research Working Paper Number 2587. Washington: World Bank.

Dollar, D. and Kraay, A. (2001) Growth is Good for the Poor. World Bank Policy Research Working Paper Number 2587 (revised). Washington: World Bank.

Dollar, D. and Kraay, A. (2002) 'Growth is good for the poor', *Journal of Economic Growth*, 7: 195-225.

Dollar, D. and Kraay, A. (2004) 'Growth is good for the poor', in Shorrocks, A. and Van Der Hoeven, R. (eds.), Growth, Inequality, and Poverty: Prospects for Pro-poor Economic Development. Oxford: Oxford University Press. pp.62-80.

Edusah, S. (1999) *The Socio-Economic Signifi cance of Rural Small-Scale Industries in Ghana*. PhD Thesis, University of Bradford, Development and Project Planning Centre.

Grayson, L. (2002) *Evidence Based Policy and the Quality Of Evidence: Rethinking Peer Review*. ESRC UK Centre for Evidence Based Policy and Practice Working Paper Number 7. London: Queen Mary, University of London.

Harriss, J. (2002) 'The case for cross-disciplinary approaches in international development', *World Development*, 30(12): 487-496.

Hentschel, J. (2003) 'Integrating the Qual and the Quan: when and why?', in Kanbur, R. (ed.), *Q-Squared: Qualitative and Quantitative Methods of Poverty Appraisal*. Washington, DC: Permanent Black.

Hickey, S. and Mohan, G. (2003) *Relocating Participation within a Radical Politics of Development: Citizenship and Critical Modernism*. Draft working paper prepared for conference on 'Participation: From Tyranny to Transformation? Exploring New Approaches to Participation in Development', 27-28 February 2003, University of Manchester.

Hulme, D. (2006) *Integrating Quantitative and Qualitative Research for Country Case Studies of Development*. Brooks World Poverty Institute, University of Manchester, and ESRC Global Poverty Research Group. Manchester: Universities of Manchester and Oxford. Available from http://www.sed.manchester.ac.uk/idpm/staff/documents/DH_GDNPaper.pdf (accessed 2 July 2007).

Hulme, D. and Toye, J. (2006) 'The case for cross-disciplinary social science research on poverty, inequality and wellbeing', *Journal of Development Studies*, 42(7): 1085-1107.

Kanbur, R. (2002) 'Economics, social science and development', *World Development*, 30 (3): 477-486.

Kanbur, R. and Shaffer, P. (eds) (2007) 'Experiences of combining qualitative and quantitative approaches in poverty analysis', *Special Issue of World Development*, 35(2): 183-354.

Kenny, C. and Williams, D. (2001) 'What do we know about economic growth? Or, why don't we know very much?' *World Development*, 29(1): 1-22.

Laws, S., Harper, C. and Marcus, R. (2003) *Research for Development: A Practical Guide*. London: Sage.

Long, A. and Godfrey, M. (2004) 'An evaluation tool to test the quality of qualitative research studies', *International Journal of Social Research Methodology*, 7(2): 181-196.

Loup, J. and Naudet, D. (2000) *The State Of Human Development Data And Statistical Capacity Building In Developing Countries*. Human Development Report Offi ce Occasional Papers, March. Geneva: UNDP.

Marsland, N., Wilson, I., Abeyasekera, S. and Kleih, U. (2001) *A Methodological Framework for Combining Quantitative and Qualitative Survey Methods*. Socio-Economic Methodologies Best Practice Guidelines 10. Chatham: Natural Resources Institute.

Mehta, L. (2001) 'The World Bank and its emerging knowledge empire', *Human Orga-*

nization, 60(2): 189-196.

Mensah, J.V. (2000) *Small-Scale Industries in Ghana's Economic Development: Comparative Economic Effi ciency of Rural and Urban Small-Scale Industries in the Central Region*. PhD Thesis, University of Bradford. Development and Project Planning Centre.

Mikkelsen, B. (2005) *Methods for Development Work and Research: A Guide for Practitioners*. London: Sage.

Narayan, N., Patel, R., Schafft, K., Rachemacher, A. and Koch-Schulte, S. (2002) *Voices of the Poor: Can Anyone Hear Us?* Washington, DC: World Bank.

Olsen, W. (2004) 'Triangulation in social research: qualitative and quantitative methods can really be mixed', in Holborn, M. (ed.), *Developments in Sociology 20*. London: Pearson Education. pp.103-118. (This publication is based on an invitation to write a chapter for a book for schoolteachers at A-Level in Sociology. Available from http://www.ccsr.ac.uk/methods/festival2004 /programme/Sat/pm/MSTheatre/documents/Olsen_000.doc (accessed 18 June 2007).

Patton, M. (2002) *Qualitative Research and Evaluation Methods*. London: Sage.

Redde, S. and Pogge, T. (2002) *How Not to Count the Poor*. Department of Economics Working Paper. Colombia University, New York.

Sala-I-Martin, X. (1997) 'I just ran two million regressions', *The American Economic Review*, 87(2): 178-183.

Scheyvens, R. and Storey, D. (2003) *Development Fieldwork: A Practical Guide*. London: Sage.

Sharp, K. (2005) *Squaring the 'Q's? Methodological Reflections on a Study of Destitution in Ethiopia*. Working Paper No. 7. Q-Squared, Toronto.

Spencer, L., Ritchie, J., Lewis, J. and Dillon, J. (2003) *Quality in Qualitative Evaluation: A Framework For Assessing Research Evidence*. London: Government Chief Social Researcher's Office.

Suryahadi, A. and Sumarto, S. (2001) *The Chronic Poor, the Transient Poor and the Vulnerable in Indonesia, Before and After the Crisis*. Social Monitoring and Early and Early Response Unit (SMERU) Working Paper. Jakarta: SMERU.

Thomas, A. and Johnson, H. (2002) *Not Only Reinforcing but also Different Stories: Combining Case Studies and Survey to Investigate how Postgraduate Programmes can Build Capacity for Development Policy and Management*. Paper for 'Combined Methods' conference, Centre for Development Studies, Swansea, 1-2 July 2002.

Thorbecke, E. (2003) 'Tensions, complementarities and possible convergence between the qualitative and quantitative approaches to poverty assessment', in Kanbur, R. (ed.), *Q-Squared: Qualitative and Quantitative Methods of Poverty Appraisal*. Washington, DC: Permanent Black.

UNDP. (2003) *Human Development Report 2003*. New York: Oxford University Press.

United Nations University: World Institute for Development Economics (UNU WIDER) Research. (2000) *World Income Inequality Database*. Available from http://www.wider.unu.edu/wiid/wiid.htm

Wade, R. (2001) 'Making the World Development Report 2000: attacking poverty', *World Development*, 29(8): 1435-1441.

White, H. (2002) 'Combining quantitative and qualitative approaches in poverty analysis', *World Development*, 30(12): 511-522.

Woolcock, M. (2007) 'Higher education, policy schools, and development studies: what should Masters degree students be taught?' *Journal of International Development*, 19 (1): 55-73.

World Bank. (2007) *World Development Indicators 2007*. Washington: World Bank.

제6장

개발학에서 연구와 실무는 어떻게 연결되는가?

유클리드라면 아마도 프톨레마이오스에게 "기하학에 '지름길'은 없다."라고 말할 것 같다. 경제정책이나 사회정책 평가에도 지름길이 있는지는 분명하지 않다. 경제정책과 사회정책에는 주의해야 하는 고려 사항이 매우 다양하고, 이를 염두에 두고 정책을 평가해야만 한다. 평가를 위한 대안 방식에 관한 논쟁 대부분은 규범적 고려 사항의 핵심이 무엇인지 우선순위를 정하는 것과 관련되어 있다(Sen, 1999: 85).

그 때문에 우리는 거시적 맥락을 구체화하고, 특정 개입 방식을 택한 근거를 명확히 밝히며, 이 개입 방식이 다른 대안보다 타당하고 경제적으로 바람직한지 평가함으로써 거시경제 및 경제부문 분석(Economic and Sector Work, ESW)에 관심을 더 기울이는 것이 사업 기획을 잘하여 준비 및 감독에 드는 시간을 줄이는 방법이라는 결론을 내렸다(Deininger et al., 1998: 415).

1. 서론

이 장에서는 개발학 연구와 저술의 관계 그리고 개발 정책과 실무의 관계를 탐구할 것이다. 프로그램 및 사업 기획과 관련된 정책이든, 모니터링 및 평가 정책이든 혁신적 정책의 관리를 위한 연구 방법과 접근 방식이 필요하기 때문에 개발학 연구자들은 오랜 기간 실제 활용 분야 및 해당 실무자들과 긴밀하게 관계를 맺고 있다.

이 장의 목적은 개발 분야의 이슈나 논란을 제시하는 것이 아니며, 다양한 방법론과 '개발 실무'와 관련된 방법론적 이슈, 방법론의 발전 및 실제 적용을 중점적으로 다룰 것이다. 기존 개발학 연구나 '개발 실무'에 가해진 여러 비판은 엄격성이 부족하다는 시각에 근거한다. 비판 의견의 대부분은 개발학 연구물은 지나치게 기술적(descriptive)이고, 분석적인 측면이 부족하다는 관점으로 제시되어 왔다. 특히 개발학의 이론과 방법론적 기반이 탄탄하지 않다는 비판이 많았다. 바라는 점이 있다면, 이 장을 통해 실제 개발 분야에 더 엄격하고 체계적으로 적용할 수 있는 분석 방법과 기술이 충분히 다양함을 증명해 보려 한다.

이 장 도입부의 아마르티아 센(Amartya Sen) 인용구는 평가 연구를 수행함에 그 어떠한 접근법도 단독으로 사용하는 것은 권장하지 않음을 강조하고자 인용했다. 평가 연구는 개발학에서 관련된 주요 활동이면서 동시에 연구 요소를 상당 부분 포함하는 활동이다. 그리고 실무 단계에서도 이러한 다양한 접근법을 활용하는 것은 보편적이며 쉬이 받아들여진다. 데이닝어 외(Deininger et al, 1998: 415) 저자들의 인용구는 개발학이 사업, 분야, 정책 관련 활동을 더 체계적으로 다룰 경우, 비용적으로 더 효율적이고 품질 높은 결과로 이어질 수 있다는 점을 강조하기 위해 인용했다. 두 인용구 모두 개발학 실무자들이 체계적이고, 엄격하며, 품질 높은 노력을 기울이면 '개발 실무'에도 도움이 된다는 점을 내포하고 있다.

이 장의 2절에서는 개발학의 학문적 측면과 실무자들의 실제 적용 사이의 관계에 대해 다룰 것이다. 이는 이 책의 서론에서 표 I.1에 요약되어 있다. 3절에서는 개발 정책의 관리 및 실무를 더욱 미시적인 측면에서 다룰 것이다. 가장 먼저 정책 관리와 사업 관리 간 관계를 살펴볼 것이며, 여기에는 정책의 위계질서와 주기가 포함된다. 이후 성과기반관리(Results Based Management, RBM) 맥락에서 논리모형(Logical Framework)을 제시하고 이에 대해 논의할 예정이다. 개발 관리에 사용되는 참여적 접근법과 지속가능 생계 접근법에 대해서도 차례로 논의할 것이다. 4절은 '큰 그림'에 대한 내용으로, 방법론에 대한 효과적 접근법을 찾기 위해 구조조정 프로그램(Structural Adjustment Program, SAPs)과 정책 개편을 평가한 경험을 일반적인 관점에서 탐구해 보려 한다.■1 경제 분석에서 활용하는 '잠재가격(shadow price)'의 문제점을 이러한 맥락에서 설명하고 논의할 것이다. 마지막으로 5절에서는 이 장에서 제기된 쟁점과 관련된 전반적인 결론을 도출할 것이다.

2. 개발학 실무자와 개발 실무

개발 분야의 실무자들은 학계나 독립 연구자가 연구를 수행할 때만큼이나 업무에 대한 사전분석 및 평가를 체계적이고 엄격히 수행할 필요가 있다.■2 그러나 개발 실무자의 활동과 연구자의 연구는 각각 목적과 소요 시간이 다르다는 점을 인지할 필요가 있다. 이는 개발 실무자는 개발학 연구자나 저술가와 마찬가지로 적절한 접근법, 이론, 방법, 기술의 활용과 같은 체계적 접근의 필요성을 인지해야 함을 의미한다. 비교적 최근에 발간된 개발의 방법론적인 문제를 다룬 두 권의 책이 있다. 한 책은 개발도상국 개발 정책의 다양한 양상을 다루며 귀중한 기여점을 선택적으로 엮어냈지만, 책 전반에서 방법론, 방법, 기술에 대해서는 극히 일부만을 언급했다(Kirkpatrick et al., 2002). 다른 책은 유럽의 공공분야 개혁에 대해 포괄적으로 평가하려 했으나, 저명한 평가 방법과 기술에 대한 충분한 논의 없이 국가별 연구를 모아 편집하여 출간했다(Wollman, 2003). 두 책 모두 잘 정립된 방법과 기술을 체계적으로 활용했었다면, 더 가치 있는 모음집이 되었을 것이다. 이러한 맥락에서 이 장의 핵심 목적은 개발 이슈와 경험을 더 체계적으로 이해하는 데 도움이 되는 다양한 방법과 접근법을 제시하는 것이다.

오늘날의 개발학 커뮤니티를 이해하는 한 가지 방법은 담론 중심 관점과 실무 중심 관점의 차이에 주목하는 것이다. 그 차이는 이 책의 서론에 요약되어 있으며, 더 자세한 사항은 제3장에 기술되어 있다.■3 담론 중심 관점은 장기적 관점에서 개발의 거시적 개념에 초점을 둔 지적 담화를 중요시한다. 그러나 때로는 현실의 개발 문제와 그 해결을 위한 실용적 적용 방안을 제시하는 것은 제한적일 수 있다(Apthorpe and Gasper, 1996; Escobar, 1995). 반면, 실무 중심 관점은 경험주의자로 묘사할 수 있으며, 경험적 분석을 통해 개발 문제를 이해하고 해결책을 고안할 수 있는 이론, 방법, 기술에 집중한다(Chambers, 1994a, 1994b; 1994c; Oakley, 1991; 1995; Potts, 2002). 두 관점은 일정 부분 중첩되는데, 담론 중심 관점도 '경험주의'에 기여할 수 있다. 실제로 '담론' 문헌 연구와 함께, 실용적인 정책 관련 경험 연구 모두에 크게 이바지한 학자의 사례가 여럿 존재한다(Apthorpe, 1972; 1999; Apthorpe and Atkinson, 1999; Wood et al., 2001).

산업국과 개발도상국 모두에서 정책 및 그 이행을 분석하기 위해 연구 요소가 포함된 다양한 활동들이 수행되고 있다. 이는 너무도 당연하지만, 반드시 짚고 넘어가야 할 부분이다. 정책, 프로그램, 프로젝트를 기획하고 평가하는 과정에는 1차 자료의 생산, 2차 자료 조합, 그리고 분석 기법을 활용한 자료 분석이 포함된다. 많은 개발도상국에서 선진국처럼 자료 은행(data bank)을 비롯한 2차 자료가 충분하지 않다. 이는 1차 자료의 수집이 더 필요한 배경이기도 하다. 개발 실무자들, 다시 말해 개발 정책과 그 실무를 직접적으로 수행하는 이들은 결과를 빠르게 창출할 필요를 느끼기 때문에 신뢰할 만한 자료를 수집 및 분석하는 것을 중요하게 여긴다. 반면, 이보다 장기간에 걸쳐 진행되는 학술 및 기타 독립적인 연구는 실행자들의 작업과 달리 자료나 분석 기법에 대해 전통적으로 제기되는 비판적 견해를 신중히 고려한다. 장기적인 경향이 있는 독립 연구자들의 활동과 단기적인 경향이 있는 실무자들의 활동의 차이는 앞으로 이 장에서 큰 비중을 차지할 것이다.

그림 6.1을 통해 정책, 프로그램, 프로젝트의 기획에서 연구의 이론과 방법의 위치를 표시했다. 그림의 왼편에는 '독립적 연구'와 '연구 방법 및 기술'이 양방향 관계로 표현되어 있으며, 이를 통해 독립적 연구는 기존 연구의 방법과 기술을 활용하는 동시에 새롭게 만들고 수정할 수도 있다는 점을 알 수 있다. 도표 가운데의 '정책과 실행의 설계'는 공인된 '연구 방법 및 기술'을 활용한 '독립적 연구'의 시사점에 기반을 둘 수는 있으나, 반대로 새로운 연구 방법이나 기술을 만들거나 수정하는 역할은 할 수 없음을 의미한다. 도표 오른편을 통해서는 '정책 성과와 영향의 모니터링 및 평가'는 '독립적 연구'의 결과를 2차 자료로 활용하며 공인된 '연구 방법 및 기술'을 활용해 1차 자료를 직접 생

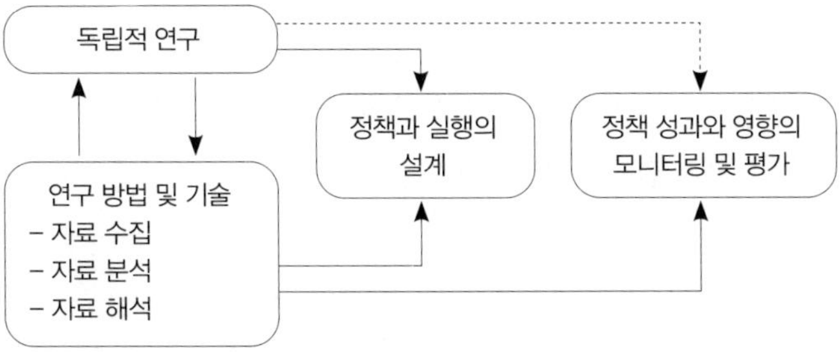

그림 6.1 '개발 연구': 활동, 정책과 실무

산하기도 하지만, 일반적으로 '연구 방법과 기술'을 새로 만들거나 수정하는 경우는 드물다는 점을 알 수 있다. 이는 개발 분야의 연구 방법 및 기술이 국제개발원조기관에 의해 실시될 수는 있지만, 정책을 기획하고 모니터링 및 평가하는 과정에서 활용되는 경우는 많지 않음을 의미한다.

그림 6.1에서 확인되는 기본적, 응용적, 정례적 연구의 구분은 개발의 맥락에서 과학·기술 분야 연구를 논한 스튜어트(Stewart, 1977: 제5장)의 시사점과 유사하다. 이러한 구분 방식에 대해 제5장 2절 1)에서 다루었다. 기본 연구는 양적 연구 방법의 발전처럼 근본적으로 방법론에 관한 것이고, 응용 연구는 빈곤 수준의 영향 요인 분석과 같이 이론을 실제 적용하는 것과 관련되어 있다. 그리고 정례적 연구는 생활비 지표에 대한 통계 수집과 같이 정기적으로 수행하는 조사 활동과 관련되어 있다. 이 세 가지 차원의 연구는 꽤 많은 연구 방법과 기술을 공통으로 활용하고 있다. 또한 정책, 프로그램, 프로젝트에 대한 정기적인 모니터링 및 평가 연구가 개발 분야 연구에 기초 정보를 제공하는 것에서 알 수 있듯이 세 차원의 연구는 서로 보완하는 역할을 할 수 있다.

3. 개발 정책에 대한 체계적 접근

지난 수십 년 동안 담론에 집중하는 연구자들만이 아니라 경험주의자에게도 각자가 주목하는 개발 전반에 가장 적합한 접근법이 있었다. 이 부분은 이 책의 제1장에서 다루었다. 상당수의 주요 문헌 연구가 정부의 정책적 개입이 개발을 촉발한다는 관점을 견지하고 있다. 이와 반대로 개발은 여러 요소의 복잡한 상호작용의 결과이며, 정부 조치는 그중 단지 일부일 뿐이라는 관점도 있다. 이 관점은 때로는 사회집단이 개발 목표를 달성하기 위해서는 정부 개입에 저항해야 할 수도 있다고 본다. 이 두 극단 사이에 존재하는 다양한 관점이 모여 하나의 스펙트럼을 이룬다. 많은 개발 실무자 중 특히 국제 개발원조 기구 종사자들은 정부기관을 통해 일하는 경우가 많은데, 이로 인해 개발 전략 역시 공공부문이나 국제원조에 근간을 두고 있다. 종합적 농촌개발정책이나 유치산업(infant industry) 보호정책, 공기업을 통한 주요 경제사회 인프라 서비스 제공 등을 비롯하여 최근 몇 년 사이 크게 비판받은 접근법은 독립 이전 식민 지배하에 만들어진 경우가 많다. 그동안 다른 정치철학이나 이데올로기를 따라 일부가 조정되었을 뿐, 식민 지배에서 독립한 신생 정부는 여전히 이러한 개발 전략을 이어 왔다. 이러한 기조는 1980년대와 1990년대에 국제금융기구(International Financial Institutions, IFI)와 더 넓게는 국제원조 커뮤니티에 의한 '구조조정(structural adjustment)'의 시대에 이르러서야 끊어졌다.■4

현시점에서 명확히 할 것은 연구, 정책 관련 연구, 체계적 정책 관리, 정치적 절차 사이의 관계이다. 개발 정책과 실행 방식을 결정하는 정치인들이 자신의 기준에 따라 우선순위를 정하고, 그에 맞는 정책 기획을 승인하는 것은 어쩔 수 없는 일이다. 개발 우선순위를 정하거나 정책 개입을 승인하는 것은 개발학 연구자의 역할이 아니다. 따라서 실무자와 컨설턴트를 포함해 개발학 연구자들의 역할과 정책결정권자의 역할을 구분할 필요가 있다. 정책 관련 연구와 정치적 절차의 완전한 분리는 불가능하다. 하지만 개발학이 실제 적용 관련 요소가 많음에도 정치적 의사결정과는 분리하여 생각해야 한다는 관점은 개발학계 대부분이 견지하고 있다.

이 장에서는 연구의 여러 분석 방법과 기술을 논의할 예정인데, 이 중 일부 방법과 기술은 이미 인정받았으나 개중에는 완전히 혁신적인 것도 있다. 개발학 연구와 실무에 활용되는 방법과 기술은 지속적이며 건설적인 변화를 거듭하고 있다. 그러나 논의는 선택적으로 이루어져야 하기에, 일부 주요 접근법에만 초점을 맞추려 한다. 이 과정에서 중요한 담론들이 생략되기도 하고 간과되기도 했다. 독자들께서 이런 선택적 기술에 대해 이해해 주기를 소망한다.

1) 포괄적 이슈: 개발 계획과 정책

최근 몇 년간 프로젝트 중심의 국제원조 방식에 대한 불만으로 개발 정책과 예산 관리는 정책적 위계 관계라고 볼 수 있을 정도로 변화했다. 이 위계는 이 장의 후반부에서 더 자세하게 다룰 논리모형(Logical Framework)과 그 파생물인 성과기반관리(Results Based Management, RBM, 예로 UNDP, 2002를 참조)에서 명확하게 볼 수 있다. 개발원조기관(예로 DFID, 2005: 53 참조)과 개발도상국들(예로 Uganda, 2000: 3.5절 참조)은 프로젝트 기반으로 개발을 관리하는 것에 비판적이었는데, 이는 공공정책과 공공지출 관리가 분절되어 일관성을 잃는다는 이유 때문이었다.■5

1960년대와 1970년대, 그리고 1980년대 초반까지 주로 세계은행과 국제통화기금(International Monetary Fund, IMF)으로 대표되는 국제금융기구를 비롯하여 국제원조 커뮤니티는 개발 프로그램에서 프로젝트 단위의 관리를 강조하는 경향이 있었다(Baum and Tolbert, 1985; Gittinger, 1982). 초기의 국가개발 계획은 국가나 분야 차원에서 개발 경험이나, 해당 국가의 전반적인 제도 체계를 고려하지 않고 그저 공공부문의 개발 계획 리스트나 카테고리를 나열하는 정도의 형태였다(예로 Uganda, 1961). 그러나 시간이 흐르면서 개발 계획에서 정부의 세수, 원조지출액, 기타 수입을 분석하여 재정 상태를 추산하거나, 내적 합치도(internal consistency) 테스트를 진행하는 등 거시적 전망을 강조하는 경우가 늘어났다. 그리고 우선순위 설정에 관심이 증가하는 등 부문, 지역, 제도적 요소에 관한 포괄적인 논의가 늘어났다(예로 Government of Malaysia, 1991; Government of Pakistan, 1988; Republic of kenya, 1986; Republic of Uganda, 1966; 1972; Waterston, 1979). 또한 제도 체계, 공공행정, 사회 개발과 같은 경제와 관련 없거나 간접적인 경제 이슈에 대한 고려가 늘어난 것도 특징이다.

그러나 1970년대와 1980년대에 발생한 몇 가지 사건들은 개발도상국이 지난 20~30년 동안 채택해 온 개발 계획의 형태에 좋지 않은 영향을 미쳤다. 첫째로, 미국과 영국에서 레이거노믹스(Reaganomics)와 대처리즘(Thatcher-ism)이 등장하며 정치적 양상이 달라지면서 장기 개발 이슈에서 시장기반 해결책을 강조했고, 신자유주의 혁명에 반하는 계획을 기피하기 시작했다(Toye, 2003: 30–32). 둘째로, 국제 금융시장이 변화하면서 상당한 수준의 외화 환율이 재편되었고, 일시적이나마 국제경제를 예측하기 어렵게 만들었다. 셋째로, 상당수 주요 선진국에서 이전 20~30년과 비교했을 때 일반적이지 않은 수준의 물가상승이 발생했고, 이는 국제 금융시장의 불확실성을 높였다. 넷째로, 중동을 중심으로 국제 안보가 불안해지면서 국제 원유 가격이 요동쳤다. 다섯째로, 국제금리가 명목과 실질 기준 모두에서 높아져 대출 비용이 크게 늘어났고, 이는 채무가 있는 개발도상국의 국가 재정과 국제수지에 부담으로 작용했다. 이러한 요소들이 동시에 작용하면서, 사상적 측면에서 서구의 주요 정치 지도자들은 '계획'을 동구 스타일의 지휘와 통제 중심의 관리 시스템으로 연결 지었고, 동구권이 개발 목표를 달성하지 못하면서, 서구의 주요 국가들이 개발 계획의 정치적 성향을 의심하는 결과로 이어졌다. 또한 계획의 착수가 더 어려워지고, 개발 목표의 달성 가능성 역시 낮아지면서 국제 및 국가적 경제 상황이 어떻게 전개될지 예측하는 것은 이전보다 훨씬 어려워졌다.■6

앞서 나열한 요소들은 개발 계획을 둘러싼 환경을 점차 불안정하게 하는 경향이 있었다. 이러한 불안정성이 정부가 개발 개입 시 비교적 짧은 수행 기간의 프로젝트나 미시 수준의 관리에 집중하도록 만든다는 논란을 일으켰다. 프로젝트 준위에서 개발 관리를 추천할 이유야 많지만(박스 6.1 참조), 여기에는 몇 가지 중요한 단점도 뒤따른다(Mosley and Eeckhout, 2000).■7 각 개발도

박스 6.1

프로젝트 관리의 요소

1. 개별 프로젝트와 광범위한 국가 및 부문별 목표 사이 관계 검토
2. 프로젝트 목적, 성과, 영향에 대한 신중한 양적 구체화
3. 객관적 증명이 가능한 성과 지표의 사용
4. 중기 프로젝트의 지속가능성과 소득 창출에 필요한 재원 예측
5. 기술, 경제, 재정, 사회, 환경, 제도 차원에서 함의 고려
6. 사업에 수반되는 주요 위험과 불확실성 분석
7. 사업 관리 제도에 모니터링과 평가를 포함

상국의 공공부문 개발에 분절된 형태의 프로젝트 중심의 관리를 하면서 전체적인 개발 정책이 조율되지 않고 일관성이 부족한 경향이 커졌으며, 수원국의 거래비용이 높아지는 등의 영향을 끼쳤다(DFID, 2005).

프로젝트 관리가 얼마나 정교한지는 프로젝트의 규모와 복잡성에 따라 결정되며, 작고 단순할수록 프로젝트의 관리 수준은 한층 가벼워진다는 점을 명심할 필요가 있다. 이 쟁점에 관해 참고할 만한 연구가 다수 있다(Baum and Tolbert, 1985; Potts, 2002). 국제금융기구를 비롯한 국제원조 커뮤니티의 개입 방식에 가해진 비판에 반응하여, 세계은행은 1999년에 종합개발프레임워크(Comprehensive Development Framework, CDF) 접근법을 발족시켰다.■8 종합개발프레임워크는 국제금융기구와 국제개발 커뮤니티 밖에서는 인지도가 낮지만, 이후 빈곤감소전략보고서(Poverty Reduction Strategy Papers, PRSPs), 본래는 국제개발목표(International Development Targets, IDTs)에서 출발한 새천년개발목표(Millennium Development Goals, MDGs)와 지속가능개발목표(Sustainable Development Goals, SDGs), 고채무빈곤국(Heavily Indebted Poor Countries, HIPC), 외채경감전략(World Bank, 2006)을 한데 아우르는 '우산' 같은 역할을 했다. 이러한 기조 변화는 많은 개

발 전문가들로부터 맹비난을 받았던(예로 Mohan et al., 2000; Mosley et al., 1995 참조) 20여 년의 구조조정 프로그램(Structural Adjustment Programmes, SAPs) 이후에 등장했다. 세계은행과 직간접적으로 연결되어 있는 다른 다자, 양자 기관들까지 이처럼 접근법을 바꾼 데에는 두 가지 이유가 있다. 첫째로, 구조조정 프로그램의 기본 목적은 경제 관리 및 통제 시스템을 바꾸는 것이었는데, 이는 1990년대 중반에 이르면 대부분의 국가에서 달성되었다. 둘째로, 세계은행을 비롯한 원조기관 스스로가 구조조정 프로그램에 가해진 비판에 대응하기를 원했기 때문이다. 특히 개발도상국이 구조조정 프로그램을 주도적이지 않으며, 실제로 빈곤감소도 이루지 못했다는 비판(Killick, 1995)에 대응하고자 했다. 물론 새로운 접근법에 많은 비판론자가 흡족했다고 보기는 어렵겠지만, 1990년대 말에 워싱턴을 비롯한 세계 중심지에서 상전벽해와도 같은 큰 변화가 발생했다는 점은 부인할 수 없다.

종합개발프레임워크가 대표하고 있는 '통찰적 사고(thinking-through)'는 기존의 프로젝트 기반 접근법에서 개발 관리, 그리고 나아가 포괄적인 정책기반 접근법으로 전환하는 것과 맥을 같이한다. 이미 설명한 바와 같이, 정책기반 접근법은 프로젝트 관리를 그만두겠다는 것이 아닌 거시적 사회경제의 맥락 속에 프로젝트가 더욱 효과적으로 위치할 수 있도록 전반적인 정책 위계가 필요함을 의미한다.

그림 6.2에서 정책 위계를 살펴볼 수 있다. 넓은 의미의 개관 역할을 하는 전략(예로 빈곤감소 또는 산업화)이 가장 상위에 위치하고, 그 아래에 정책과 프로그램, 프로젝트, 활동이 차례로 위치한다. 정책은 경제 또는 사회의 특정 영역에 대한 접근법으로, 전략적 개관을 부분적으로 활용한다. 프로그램은 주로 분야(sector) 또는 하위 분야(sub-sector) 수준에서 활용되며, 다수의 관련 사업들로 구성되어 있다. 프로그램의 하위에 있는 프로젝트는 정해진 기간에 수행하는 개입 활동을 수반한다. 가장 하위에 있는 활동은 네트워크 분석

(Network Analysis) 사례에서 알 수 있듯이, 필요는 하지만 프로젝트의 요소라고까지는 인정하기 어려운 개개인의 행위들을 포함한다.

그림 6.3의 좌측 칸에는 기본적인 정책 위계가 제시되어 있는데, 이는 분야별로 세분된 정책 틀(가운데 칸)과 1980년대 초반부터 중요하게 다루어지는 지역별/분권적 정책 관리 접근법(우측 칸)이라는 맥락에 따라 만들어졌다(예로 Aryeetey and Goldstein, 2000: 294–295; Kokor and Kroes, 2000; Republic of Kenya, 1984 참조).■9

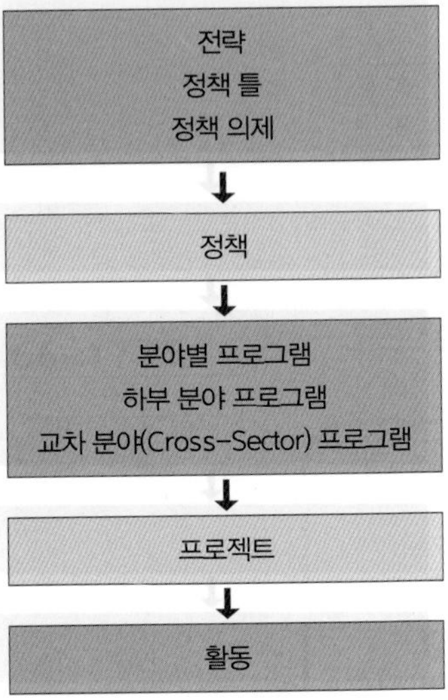

그림 6.2 정책 관리의 위계

정책 위계 개념을 실제 개발도상국 환경에서 이해하려면, 초등교육을 예시로 들면 도움이 될 것이다. 전략은 '빈곤감소'이고, 정책은 빈곤감소 수단으로서의 '교육 개발', 그리고 프로그램은 교육 개발의 중요 요소로 '초등교육'이 될 수 있다. 이때 초등교사 대상 교육과 같이 하위 프로그램도 있을 것이다. 프로젝트는 학교 건설이, 활동은 학교 기초공사가 될 수 있다. 식수 공급 개선을 또

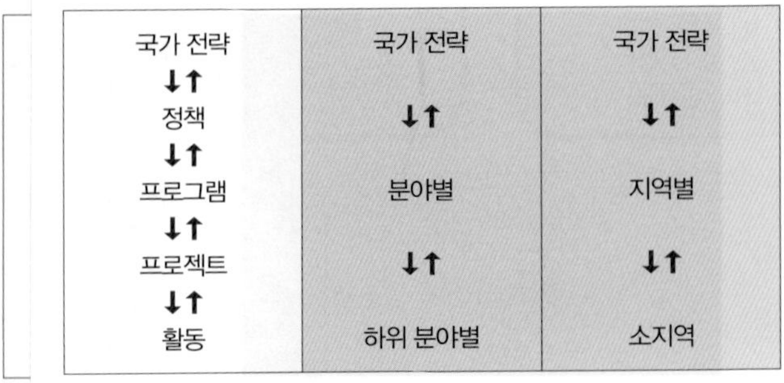

그림 6.3 정책 관리 체계 내 위계

다른 예시로 제시할 수 있는데, 이때 전략은 '공공보건 개선'이고 정책은 '공공수도 공급 개선이 될 것이다. 프로그램은 '배관을 통한 물 공급 개발', 프로젝트는 '정수 시설 확장', 마지막으로 활동은 '물펌프 확충'이 될 것이다.

이러한 정책적 위계 속에서 프로젝트 기반으로 개발 정책을 관리한다면, 그 결과가 매우 성공적이기는 어려울 것이다. 만약 개발원조를 시작하는 기초 지점이 프로젝트 단계라면 전략, 정책, 프로그램에 대한 중요 문제들이 간과될 가능성이 크다. 분야 수준에 초점을 맞추더라도 빈곤감소, 성, 환경, 분권화, 재정적 지속가능성과 같은 주요 범분야 이슈 중 상당수를 무시할 가능성이 크다(빈곤감소전략보고서 참조, Klugman 2002: 235-401).[10] 그러나 원조기관들이 프로젝트 기반 접근법으로 국가 프로그램을 관리해 왔다고만 평하는 것은 그들이 가진 역량을 간과하는 것이다. 많은 원조기관이 이미 자체적인 국가별 전략을 마련하고 있으나, 최근에는 수원국과 협의 및 동의 절차를 강화하고, 전반적인 개발원조 접근 방식을 함께 설정하는 등 활동 조율에 더 큰 노력을 기울이고 있다(예로 DFID et al., 2005). 개별 원조기관의 국가 전략을 수원국의 개발 전략 및 우선순위와 조율하기 위한 이 같은 노력이 없다면, 국제원조 커뮤니티는 종합개발프레임워크의 핵심 원칙인 수원국의 주인의식을 저해한 채 '공여자 중심'의 전략과 우선순위에 집중한다는 비난에 처하게 될 것이다.

정책주기(Policy Cycle)는 이 장에서 그리고자 하는 전체적인 윤곽의 단면 중 하나이다. 여러 측면에서 보았을 때, 정책주기는 1970년대, 1980년대, 1990년대에 발간된 안내서와 매뉴얼에서 흔히 다룬 프로젝트 주기 관리에서 유래하여 발전해 왔다(Baum and Tolbert, 1985: 334-335; MacArthur, 1994; Picciotto and Weaving, 1994; Potts, 2002: 12-17). 국제원조 커뮤니티가 프로젝트 기반 관리에서 정책이나 분야 기반 관리를 강조하면서, '프로젝트 주기'를 보완할 수 있는 '정책주기'라는 개념이 필요해졌다. 한 예시는

OECD의 SIGMA(Support for Improvement in Governance and Management, 2001) 시리즈에서 찾아볼 수 있다. 또한 영국 중앙정부가 공공정책의 심의 및 평가를 주제로 발행하는 정부간행물(Green Book)에는 배경, 목적, 감정, 모니터링, 평가, 환류(Rationale, Objectives, Appraisal, Monitoring, Evaluation, Feedback, ROAMEF) 주기가 제시되어 있는데(HM Treasury, 1997), 이것이 오늘날 국제원조 커뮤니티가 추구하는 정책주기와 매우 유사하다.

그림 6.4는 보편적인 정책주기의 예시이며, 앞서 여러 문헌을 통해 언급했듯이 이 정책주기 도표가 프로젝트 주기에 기반을 둔다는 점을 알 수 있다. 우리가 다루는 것은 하나의 통합된 순환주기이기에 제시된 정책주기 중 어떤 요소부터 논의하든 크게 상관이 없다. 다만, 그림의 왼쪽 상단에 있는 문제나 정책 의제를 확인하는 것부터 시작하기가 가장 쉽다.■11 이는 제도에 존재하지 않던 완전히 새로운 정책 이슈로 구성할 수도 있고, 기존 정책주기를 분석하여 내부적으로 정의할 수도 있다. 이어서 해야 할 활동은 정의된 문제를 해결하고 목표를 달성할 수 있는 대안 모색, 이를 위한 자료 수집, 그리고 그 자료 및 정책을 분석하는 것이다. 다음은 의사결정의 단계로, 이때 의사결정 범위도 정해져야 한다. 예를 들어, 어떤 대안을 택할지, 개입은 어느 수준으로 해야 할지, 정책 실행의 단계는 어떠하며 시기는 언제인지를 정해야 한다. 다음 활동은 실행 계획을 준비하고, 계획을 수행하며, 그 실시 사항을 모니터링하고 평가하는 것이다. 정책 결과와 성과를 모니터링하고 평가하는 것은 다른 활동과 명확하게 분리되어야 한다. 이 평가 결과를 바탕으로 정책 문제나 의제를 조정해야 할 수도 있으며, 이때 정책주기를 따라 일련의 활동을 다시 수행할 수도 있다. 여기까지 도표를 간략히 설명했으며, 이는 종합적이기보다는 개략적으로 설명한 것이기 때문에 필요한 독자들은 앞선 문단에서 제시한 전문 문헌을 참고하기 바란다.

독자 중 정책이 형성 및 관리되는 현실에 익숙한 이들 다수는 이 정책주기를 믿지 않고 결정론적 관점에서 볼 수도 있다. 이들은 현실의 정책 제도의 복잡함을 고려하면, 정책주기의 논리 단계를 따를 환경을 조성하는 것은 불가능에 가깝다고 생각할 것이다. 고위급 정책입안자조차 정책주기가 제시하는 절차와 방식을 따르는 것은 자신의 정치적 영향력 행사에 적절하지 않으며, 이러한 외부 원칙을 활용하면 자신이 정치적으로 협상할 수 있는 범위가 줄어든다고 인식할 수 있다. 이러한 발상에 대응하기 위해, 첫 번째로 정책주기는 정책적 개입을 관리하는 데 수반되는 여러 단계를 관념화하는 발견적(heuristic) 장치라는 점을 강조할 필요가 있다. 여느 이론이나 발견적 장치와 마찬가지로, 이 모델은 주요 요소와 이슈를 정립하기 위한 개념이다. 두 번째로는 정책 목적을 효율적으로 달성하고 부패를 척결하기 위해 오늘날 거버넌스와 공공

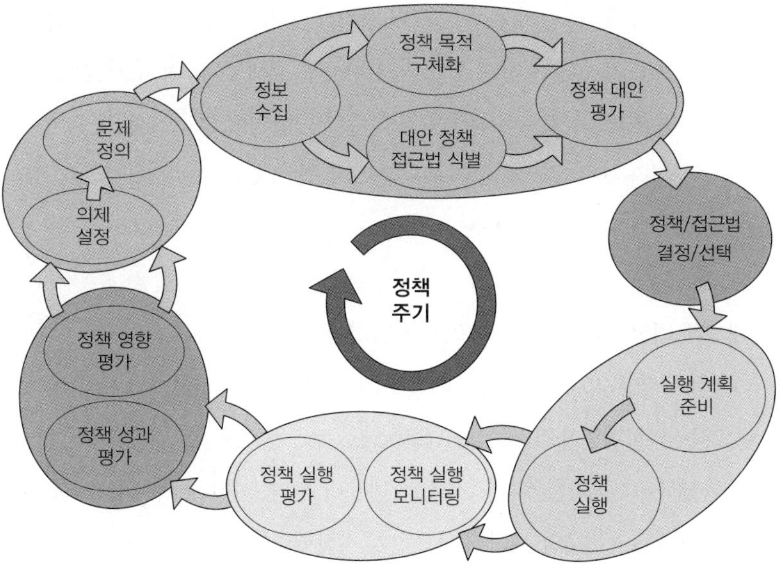

그림 6.4: 정책 관리를 위한 '정책주기' 제안

출처: 위 도식화 과정에 슈켈겐 마르쿠(Schkelzen Marku, 알바니아 티라나 농촌연구센터)가 지대한 공헌을 하였음.

정책 관리에서 투명성 기준을 개선할 필요성이 강조되고 있다는 점을 들 수 있다. 정책 관리의 효율성을 개선하면 정치적 재량권이 축소될 가능성이 크다. 그러나 현실의 정책 관리에서는 목적 달성을 위해 목적과 도구를 체계적으로 구체화하는 것과 정책적 포부를 실현하는 데 필요한 정치적 수단을 확보하는 것을 구분할 필요가 있다.■12

정부의 개발 계획을 프로그램 기반 접근으로 수행하기 위해 기울인 그간의 노력은 크게 성공적이지 않았다. 종합적 농촌 개발 사업들은 농촌 지역의 여러 단면[예를 들어, 농촌 지도 조언(agricultural extension advice), 농업 신용(agricultural credit), 급수, 보건과 의료 서비스, 교육 등(Livingstone, 1979)]을 프로그램 형태로 연결하려 시도했는데, 이들을 조율하는 데 큰 어려움이 있었다. 이러한 차원에서 지난 30년 동안 개발 관리는, ① 국가 개발 계획, ② 프로그램 차원의 개입, ③ 프로젝트 기반 관리라는 세 가지 준위 모두에서 의구심을 받아 왔다. 세 가지 준위의 개발 관리에서 발생하는 문제를 해결할 수 있는 대안으로 제시된 지방분권화 역시 난항을 겪었었다. 여러 개발도상국의 분권화된 지방정부는 (절대적인 인력 수와 숙련인력 모두에서) 인력 부족과 심각한 재정 부족 문제로 어려움을 겪어야 했다(Aryeetey and Goldstein, 2000: 294–295; Charlton, 2005; Robinson, 2007).

2) 개발에 대한 '미시적 관리': 기술, 방법과 접근법

미국국제개발처(United States Agency for International Development, USAID)는 컨설팅업체인 Practical Concepts Inc.에 프로젝트 분석 방법 개발을 의뢰했고, 그 결과를 바탕으로 1971년부터 논리모형(Logical Framework 또는 Logframe)을 사업 분석에 활용하기 시작했다(MacArthur, 1993: 4). 논리모형은 수직축을 따라서는 포괄적 목적, 세부 목표, 투입, 산출물, 그리고 수평축을 따라서는 내러티브 서술, 객관적 측정 지표, 자료의 출처, 가정 및 위험 요소 사이의 논리적 연결을 강조한다.■[13] 논리모형의 지속적인 발전으로 목표 달성을 위한 수단과 도구의 중요성과 함께 투입(input), 산출물(output), 성과(outcome), 영향(impact)의 구분이 강조되고 있다. 특히 후자와 관련하여 독일 공여기관은 이를 더 발전시켜 목표 중심 프로젝트 계획(Zielorientierte Projektplanung, ZOPP, 또는 Goal Oriented Project Planning, GOPP)을 따라 성과기반관리 모델을 개발했다. 이 모델은 논리모형의 수직축을 기존 네 가지 요소에 두 가지를 더해 6개로 확장한 형태이다(GTZ, 1992; 1997).■[14]

그림 6.5는 이를 도표화한 것으로, 밝은 영역은 4×4 매트릭스로 구성된 본래 논리모형이며, 어두운 영역은 수직축에 성과기반관리 접근법의 성과와 영향을 추가한 것이다.■[15] 성과기반관리 접근법에 관해서는 캐나다국제개발청(Canadian International Development Agency, CIDA, 1999), 경제협력개발기구(OECD, 2000), 유엔개발계획(UNDP, 2002), 세계은행(Kusek and Rist, 2004)에서 훌륭히 논의한 바 있다.

성과기반관리 모델의 활용을 주장하는 가장 설득력 있는 논거는, 프로젝트

	내러티브 요약	객관적 증명 가능한 지표	증명 수단	중요 가정
↑	프로그램 또는 분야 목적:	목적 성취의 측정 수단:		프로그램 목적 달성을 위한 가정:
수직적 논리	프로젝트 목표:	목표 달성을 알 수 있는 조건:		사업 목표 달성을 위한 가정:
	프로젝트 산출물:	산출물 규모:		산출물 창출을 위한 가정:
	프로젝트 투입:	실행 대상(형태와 양):		투입을 위한 가정:
	프로젝트 성과:			
↓	프로젝트 영향:			
	←	수평적 논리		→

그림 6.5 논리모형과 성과기반관리

(또는 정책)는 산출물 자체가 아닌 산출물에서 도출되는 성과를 달성하기 위해 시행되며, 성과가 기대한 효과로 이어지지 않는다면 그 성과는 근본적으로 제 기능을 하지 못한 것이라는 점이다. 여러 예시를 참고하면, 개발 분야의 맥락에서 이 주장을 더욱 명확하게 이해할 수 있을 것이다.

성과기반관리 접근법은 정책의 성공 여부를 금전적 지급이 아닌 프로젝트나 프로그램, 또는 정책을 통한 성취물을 통해 판단해야 함을 시사한다. 금전적 지출은 목적 달성을 위한 수단으로, 산출물을 끌어내기 위한 투입을 확보하는 역할을 한다. 그리고 이 산출물의 결과물이 성과와 영향이다. 최근 몇 년간 영국 정부를 비롯한 선진 시장경제 국가에서는 정부지출 관리에 공공서비스 협약(Public Service Agreement, PSA)과 자원회계예산(Resource Accounts Budgeting, RAB)을 비롯하여 다양한 혁신을 시도하고 있다. 이는 정부지출 성과의 발생 시기가 회계연도와 정확하게 맞아떨어지지 않고, 지출(투입) 자체보다 그로 인한 성과와 영향이 정책적으로 더 중요하기에, 정부 프로그램은 전통적인 예산 규제 틀에 완전히 맞출 수 없음을 인정한 것이다(Balls and O'Donnell, 2002: 240-242).

개발도상국 환경을 예로 들면, 공급하는 물의 수질을 개선하여 보건 기준을 높이고, 이를 통해 도시 지역 저소득층의 삶의 질과 생산성을 개선하는 것을 정책 목적으로 잡을 수 있다. 이 경우 정부는 공공부문을 통해 직접 물을 공급하거나 민간 부문(시민사회와 일반 가정을 포함) 스스로가 물의 수질을 개선하여 공급하도록 장려하는 방식으로 정책 목적을 달성할 수 있다. 이때 정책의 성공 여부는 삶의 질과 생산성이 얼마나 개선되었는지에 기반을 두고 판단해야 하며, 수질이 개선된 물을 공급했는지 여부나 물 공급 시스템에 얼마나 많은 예산을 지출했는지를 바탕으로 결정해서는 안 된다. 심지어 개선된 수도 공급으로 삶의 질과 생산성이 좋아질 수 있었던 이유가 수도 시스템에 대한 공공부문의 투자가 아니라, 공중보건 교육이 강화되었거나 규제나 환경 관리 체계가 변화한 영향일 수 있다는 점도 감안해야 한다. 또한 물 공급과 같은 하위 분야만이 아니라, 장기 정책 목적을 달성하기 위해서는 기관의 재정적 지속가능성도 매우 중요할 수 있다는 점을 염두에 두어야 한다.

프로젝트 기반 개발 정책 관리에 관한 연구의 영향으로 이 접근 방식에 대한 불안감이 커지자, 더욱 거시적인 관점들이 등장했다. 여기에는 정책 중심적 관점, 지속가능한 생활과 복지를 중시하는 관점, 범분야 이슈를 드러내려는 관점,■16 범분야 접근(이 접근법은 차후에 SWAP라 불리며, 이 장의 5, 9, 10번 주석 참조) 등이 있다. 최근에 프로젝트, 프로그램, 정책, 전략, 국제 등 다양한 차원에서 진행 중인 개발 계획 관련 논의의 대부분은 지표 중심 접근법에 기반을 두고 있다.■17 이와 동시에 국내/국제 시장의 자유화와 NGO를 비롯한 시민사회 전반의 역할을 강조하는 분권화에도 많은 관심이 집중되고 있다.

3) 참여적 접근법과 지속가능한 생계

참여적 접근은 지난 10~15년 동안 수많은 개발 전문가들이 프로젝트, 프로그램, 정책의 관리에서 가장 강조한 이슈 중 하나였다(Harper, 1997; Mikkelsen, 2005; Oakley, 1991; OXFAM, 1995: Pt 3). 이들은 주로 참여는 민주적 원칙에 기반을 두어야 하며, 정책적 개입에 영향받는 집단이 의사결정 과정에 충분히 참여하지 못하는 상황을 용납하지 않는 경우가 많다. 하지만 이 장에서는 참여의 본질 및 활용과 관련된 기술적인 이슈를 다루려 한다. 이는 정책주기(그림 6.4 참조)의 여러 단계에 적용될 수 있으며, 그중에서도 특히 자료의 수집, 준비, 실행, 모니터링과 평가 단계에 활용도가 크다.

프로젝트, 프로그램, 정책으로 인해 긍정적이든 부정적이든 영향을 받을 가능성이 큰 집단과 협의하는 것은 긍정적 영향을 강화하고 부정적 영향을 줄이는 기반이 될 수 있다. 이러한 협의와 참여 과정으로 프로젝트, 프로그램, 정책의 영향을 가장 크게 받을 사람들의 수용성이 커지는 효과도 있다. 이렇게 영향을 크게 받을 집단을 흔히 '이해관계자'로 간주한다(MacArthur, 1997). 또한 협의와 참여 과정은 프로젝트, 프로그램, 정책을 보다 지역사회에 우호적이고, 지역의 목표와 우선 사항에 부응하도록 설계하는 기반이 된다. 이는 프로젝트나 정책주기 뒷단의 실행과 운영 단계까지 확장할 수 있는데, 예산과 일정의 틀 내에서 매끄럽고 효율적으로 실행하고 성과와 영향을 효과적으로 달성할 가능성을 높인다. 따라서 정책의 성과와 직접적 이해관계가 있는 사람들이 정책적 '개입'의 기획, 의사결정, 실행, 운영에 참여하면, 그 정책의 성공을 촉진하고 경제와 사회에 긍정적인 영향을 미칠 수 있다.

이해관계자 일부는 정부나 비정부단체 개입이 자신들의 이해와 어긋난다고 느낄 수 있는데, 참여적 접근법 옹호론자는 당연히 이러한 가능성에 크게 주목하지 않을 것이다. 때때로 지역사회에서 자신들의 이해관계에 어긋난다며 '개입'을 거부하는 일이 발생한다. 정부가 다국적기업과 같이 막강한 경제적 이해관계를 가진 존재를 대변하는 경우가 이러한 상황에 해당한다. 이해관계자들은 정책적 개입이 계획대로 도입되거나 실행되는 것을 저지하기 위해 큰 고통을 감내해야 할 것이다. 심지어 참여 절차에 효과적으로 관여하는 것을 거부할 수도 있고, 그 과정 자체를 방해하려 할 수도 있다. 반대로 다국적기업이 정부의 특정 개입이 자신들의 이해와 상충한다고 판단하여 비협조적으로 행동하는 상황도 발생할 수 있다. 발생할 수 있는 상황은 이 책에서 모두 다루기 어려울 만큼 다양하다. 다만, 정책 책임자들이 사전에 참여적 접근이라는 맥락에서 많은 것들을 고려하면, 그렇지 못한 계획을 세웠을 때보다 더 좋고 수용 가능한 성과와 영향을 창출할 가능성이 크다는 것만큼은 분명하다(Fritzen, 2007).

개발도상국에서 농촌개발사업을 할 때, 일반적인 경제성평가를 적용하기 어렵거나 '모든 것을 갖추어' 타당성 조사를 하는 것이 재원 제한으로 비효율적이라 판단되는 경우, 신속농촌평가(Rapid Rural Appraisal, RRA) 접근법을 적용한다. 신속농촌평가를 변형한 것이 참여적 농촌평가(Participatory Rural Appraisal, PRA)라 불리는 접근법이며, 이 접근법의 주요 선구자 중 한 사람이 체임버스(Chambers, 1994a; 1994b; 1994c)이다. 사회적 약자들이 참여를 통해 개발에서 자율권을 가질 수 있도록 노력하는 세계 17개 기관 간 연대인 '참여 연구 및 행동을 위한 자원센터 네트워크(Resource Centres for Participatory Learning and Action Network, RCPLA Network, 2007)가 주요 후원자 중 하나이다. 이 접근법은 농촌과 관련이 적은 분야에도 적용할 수 있으며, 본래 적용 대상이었던 개발도상국은 물론 선진국에도 적용할 수 있다.

참여적 접근법은 다양한 형태를 띨 수 있다. 지역사회의 영향력 있는 지도자끼리 고위급 회담으로 구성하거나, 그 협의에 일반인들까지 포함할 수도 있다. 설문은 질문지로 구성되고, 영향받는 모든 사람을 대상으로 하기보다는 추출된 표본을 기반으로 진행하기도 한다. 이러한 방식 대신에 정책 기획자와 이해관계자가 함께 논의하는 심층집단면담(focus-group meetings)을 마련할 수도 있다. 참여적 접근법의 협의 방법은 무한에 가까울 정도로 다양하며, 이 방법들에 대한 검토 의견은 이미 앞서 언급한 문헌에서 확인할 수 있다. 분명한 것은 이해관계자에게 민감한 프로젝트, 프로그램, 정책일수록 참여적 접근법이 더 효과적으로 기획, 실행, 운영에 이바지할 수 있다는 것이다. 특히 지역사회 차원에서 이해관계자에 미치는 영향이 클 때 더욱더 그러하다.

세계은행에서 1996년에 발간한 『실무에서 참여(Participation in Practice)』는 참여의 비용과 편익에 관한 주요 연구 3건의 결과를 담고 있다. 결과는 박스 6.2에 정리되어 있으며, 참여적 접근법으로 기대할 수 있는 편익에 대한 상당히 명확한 증거를 제시한다.■18

지속가능한 생계 접근(Sustainable Livelihoods Approach)은 개발을 위한 개입, 특히 정부기관에 의한 대규모 개입을 분석하는 방식 중에 비교적 새

박스 6.2

참여적 접근법의 편익

- 세계은행 직원들은 참여적 접근 방식의 사업을 수행할 때, 비참여적 접근 방식의 사업과 비교했을 때보다 평균 10~15% 정도 더 많은 시간을 사업 준비와 평가에 쏟는다.
- 참여적 접근 방식으로 사업을 수행할 때 직원들은 관리·감독 초기 단계에서 참여 절차 정립을 돕는 데 많은 시간을 쏟는다.
- 실제 사업비 지출까지 걸리는 시간 자체는 참여적 접근 방식의 사업과 비참여적 접근 방식의 사업 간 차이가 크지 않다. 이해관계자들이 사업에 더 전념하고 사업 수행이 원활하게 이루어져 참여적 접근 방식으로 사업을 수행했을 때 사업비를 더 빠르게 지출한 사례도 있다.
- 사업 실행의 전반적 질을 결정하는 가장 중요한 요소는 수혜자의 참여 여부이다.
- 효율적으로 사업을 수행하기 위해서는 수혜자가 다른 이해관계자들이 지역 차원의 사업 활동을 모두 정한 뒤에 이루어지기보다는, 사업 주기의 모든 단계에 수혜자가 참여할 수 있어야 한다.
- 거시적 차원에서 수혜자의 참여 여부는 사업 기획에 결정적 영향을 미치지는 않으며, 다른 이해관계자의 참여, 제도·기술적 요소의 영향이 더 큰 것으로 나타났다.
- 수혜자와 임차인의 참여에 큰 비용이 발생할 수 있는데 여기에 적절히 대응하지 못하면, 참여적 접근법을 성공적으로 시행하는 데 심각한 어려움을 초래할 수 있다.
- 세계은행 재원으로 운영하는 사업에 참여적 접근법을 활용했을 때, 사업의 효과성과 효율성이 높아지고, 지역사회 집단의 역량 및 수혜자의 자율권이 강화되는 등의 결과가 명확히 나타난 사례가 있다.

출처: Rietbergen-McCracken, 1996: 3.

롭게 고안되었다. 이 방식은 영국 국제개발부(Department for International Development, DFID)가 도입한 방식으로 주로 농촌 개발과 관련이 깊다. 그림 6.6은 『격차 메우기(Bridging the Gap)』라는 DFID(2001: 43-47)의 개발 계획 안내서에 제시된 지속가능한 생계에 대한 기본 도표를 옮겨 그린 것이다.■19 지속가능한 생계 접근 방식은 개발을 위한 개입이 전통적인 프로젝트 분석 범위보다 더 넓은 사회·기술·경제의 맥락에서 이루어진다는 점을 인정한다. 그러나 1970년대의 종합적 농촌개발사업과의 차이는 여러 개발 활동을 긴밀히 조율하기 위한 논리모형을 제시하는 것이 아닌 분석과 '집단사고(joined up thinking)'를 위한 논리모형을 제공하려 한다는 점이다. 이 때문에 전통적인 경제·사회 분석을 대체하기보다는 이를 보완하는 역할을 한다. 그림 6.6에 제시된 여러 요소는 개발 기획을 위한 기법과 방법을 다룬 여러 연구에서 찾아볼 수 있다. 프로젝트 분석에서 각각 분리되어 있지만, 밀접히 관련된 기술적·환경적·제도적·사회적·재정적·경제적 측면을 강조했던 바움과 톨버트(Baum and Tolbert, 1985: 391-538)의 연구가 대표적이다. 지속가능한 생계 접근은 논리모형과 성과기반관리 접근법에서 볼 수 있듯 기술과 방법이 발전하는 연장선에서 등장한 대표적인 접근법이다.

그림 6.6을 보면 개발을 위한 개입이 가운데에 위치하고, 성과는 그림 우측에, 투입(재원)은 정책, 제도 과정 상자의 왼쪽에, 그리고 취약 상황은 그림 좌측에 위치한다. 전반적인 맥락은 생계 전략(livelihood strategies), 그리고 영향과 접근에서 파악할 수 있다. 이 접근법의 강점은 개별적으로 개발에 개입하는 행위를 직접적으로 관련된 분석 체계에 포함한다는 것이다. 이 분석 체계에는 위험 요소로도 해석할 수 있는 충격(shocks)이 명확히 드러나며, 이는

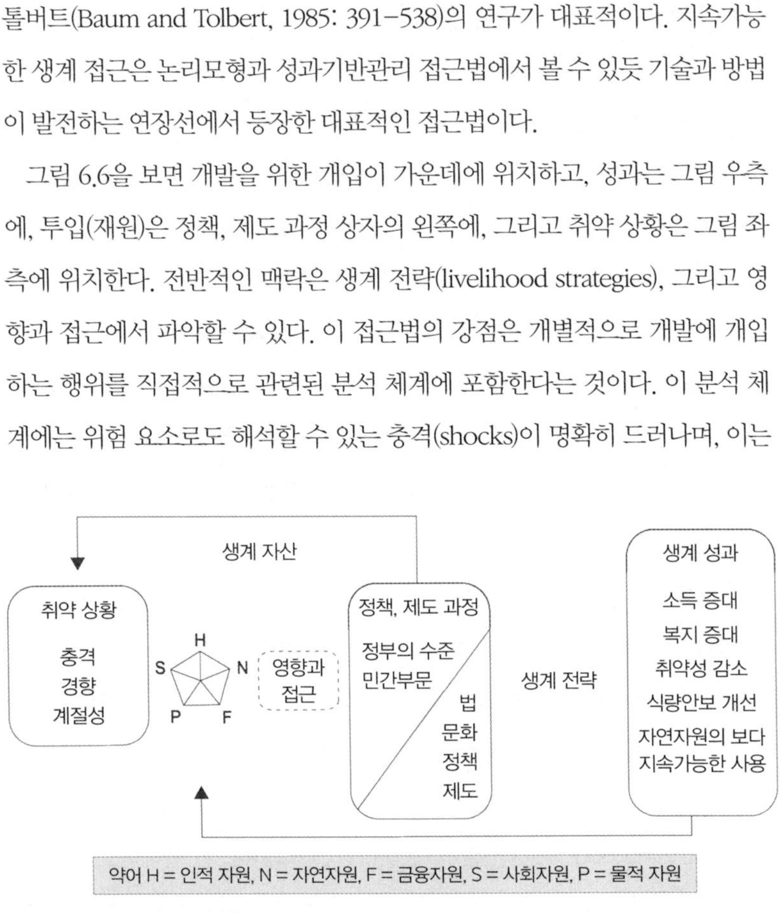

약어 H = 인적 자원, N = 자연자원, F = 금융자원, S = 사회자원, P = 물적 자원

그림 6.6 영국 국제개발부의 지속가능한 생계 다이아그램

출처: DFID, 2001: 44.

논리모형의 핵심 가정과도 밀접히 관계되어 있다. 한편, 이 접근법의 도드라지는 약점은 프로젝트, 프로그램, 정책의 재정적·경제적 분석과 연결점이 명확히 드러나지 않는다는 점이다. 그러나 이러한 비판은 논리모형과 성과기반관리 접근법에서도 동일하게 제기될 수 있다.

4) 개발 정책 및 실행에서 연구 방법의 기여점: 증분분석

이 장에서는 주장의 논리와 설득력을 잃지 않도록 증거를 제시하며 광범위한 관련 이슈에 대해 논의하고 있다. 이 시점에서 "어떻게 이 모든 것을 다 알 수 있지?"라는 질문을 생각해 볼 필요가 있다. 이 질문에 대한 답은 '증거'이며, 이 증거는 주로 연구를 통해 얻는다. 연구에는 정부기관이나 그 기관으로부터 의뢰나 재정지원을 받은 컨설턴트가 수행하는 평가 연구, 그리고 대학을 비롯한 연구기관이 정부(주로 양자공여기관), 다자기구, 연구재단에서 지원받아 수행하는 독립 연구가 있다. 국제적 비교연구 활성화와 양질의 학술문헌 증가에 크게 기여해 온 평가 연구는 외부의 지원을 받아 수행하는 경우도 있지만 대부분은 재정지원을 받지 못하도록 제도화되어 있다.[■20]

수준이 높은 평가 연구는 사회과학의 연구 기법이 활용되며, 연구 용역 보고서와 유사하다. 또한 연구 수행 인력 역시 적절한 자격 요건과 경험을 겸비해야 한다. 평가 연구에서 활용하는 주요 데이터와 정보는 개발을 위한 개입의 성과 및 영향을 체계적으로 모니터링하는 과정에서 얻는 경우가 많다.[■21] 모니터링 과정에서 생산된 데이터는 사실상 1차 자료로, 이를 보완할 수 있는 2차 자료도 여러 출처를 통해 찾을 수 있을 것이다.

평가 연구는 주로 증분분석(incremental analysis) 방법을 통해 사업의 시행 여부(with/without)에 따라 발생하는 차이에 주목한다. 이 접근법은 '특정 개입이 대상 변수에 미치는 영향은 무엇인지'에 관한 답을 찾는다. 기팅어(Gittinger, 1982: 47-50)는 이러한 접근법을 처음 체계적으로 제시한 학자 중 한

명이다. '개입'이 없이도 대상 변수는 자연스레 개선이 되거나 악화될 수 있다는 것이 그의 주장의 핵심이다. 프로젝트의 시행 전후를 단순 비교하는 것은 그 프로젝트의 영향을 측정하는 방법으로는 적절하지 않다. 개입 없이도 될 상황에서 개입의 전후를 단순 비교하면 개입의 영향을 과대평가하게 된다. 반대로 개입하지 않으면 악화될 상황에서 전후를 단순 비교하면 개입의 영향력이 과소평가된다. 이러한 이유로 개입의 영향력을 측정할 수 있는 충분한 데이터가 없는 상황에서 정책, 프로그램, 프로젝트의 영향을 분석하기 위해 프로젝트 전후를 비교하는 방식은 '대략적이고 즉각적으로' 전반적 인상을 제시할 뿐 충분히 엄격하고 체계적이지는 못한 행위이다.

다이어그램으로 정리한 두 가지 경험적 예시를 통해 증분분석에 대해 더 자세히 이해할 수 있다. 이 장의 내용과 관련지어 두 예시를 미시적 관점에서 거시적 차원의 순으로 설명해 보려 한다. 이 장의 뒷단에서는 구조조정 프로그램에 대한 논의를 통해 증분분석을 경제 정책의 개편까지 확대할 것이다. 기팅어가 제시한 첫 번째 실제 사례는 다음의 시리아 축산개발 사업이었다.

> 이 사업 없이도 시리아의 전체 양의 개체수는 연간 약 1% 증가할 것으로 예상되었다. 해당 사업은 먹이와 동물 치료 서비스의 접근성 향상을 통해 양의 개체수를 늘려, 반유목민 양떼 주인과 축산농가의 수입을 확대하고 안정화하기 위한 사업이었다. 이 사업이 추진되면, 국가의 양 생산은 연간 3% 증가할 것으로 예상되었다. 이 사업의 경우, 분석가가 단순히 사업의 전과 후를 비교했다면, 연간 양 생산 증가분 전체가 사업의 성과라고 잘못 평가했을 것이다. 실제로 이 사업이 기여한 연간 양 생산의 증가분은 2%뿐이고, 나머지 1%는 사업과 관계없이 자연히 증가할 부분이었다(Gittinger, 1982: 47).

그림 6.7은 기팅어(Gittinger, 1982: 4)의 저서에서 가져온 것으로, '사업이

있는' 경우와 '사업이 없는' 경우의 순편익을 보여 준다. 순편익은 적절한 할인율을 적용하여 분석한 해당 연도의 수익에서 비용을 단순히 제하여 구한다. 그림 6.7에서는 '사업이 없는' 경우에 연간 1%의 생산량 증가와 맞물려 천천히 증가하는 모습을 보인다. 반면, '사업이 있는' 경우, 투자 단계에서 비용이 전체 이익을 넘어서고, 순편익은 사업이 없었던 경우에 비해 현저히 낮은 것을 알 수 있다. 그러나 투자가 끝나는 단계에서 변곡점에 도달한 이후로는, 연간 3%의 양 생산량 증가와 맞물려 이익이 크게 증가하고, 순편익은 사업을 추진하지 않은 경우보다 훨씬 빠르게 늘어난다.

이 사업에서 얻을 수 있는 증분 순편익은 사업이 있을 때 순편익에서 사업이 없을 때 순편익을 단순 차감하면 된다. 여기에 현금흐름할인법(discounted cash flow, DCF)을 적용하여 순편익을 평가하면 시리아의 양 축산업의 경제적 가치는 사업을 시행했을 때 하지 않은 경우보다 훨씬 더 증가하는 것을 알 수 있다.■22

두 번째 예시는 물가상승률을 조정하기 위한 정부의 정책과 관련된 내용이

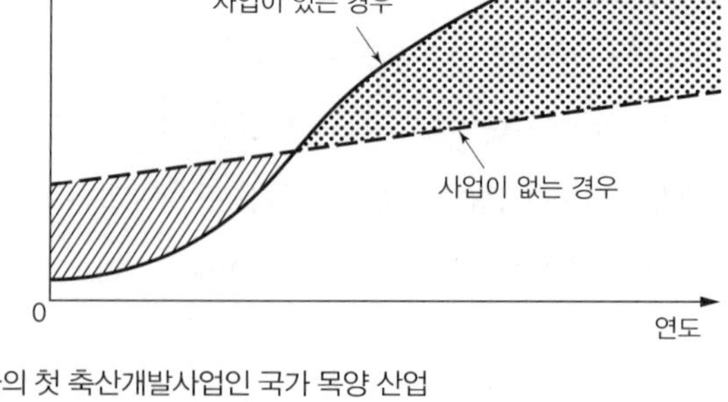

그림 6.7 시리아의 첫 축산개발사업인 국가 목양 산업

출처: Gittinger, 1982: 48.

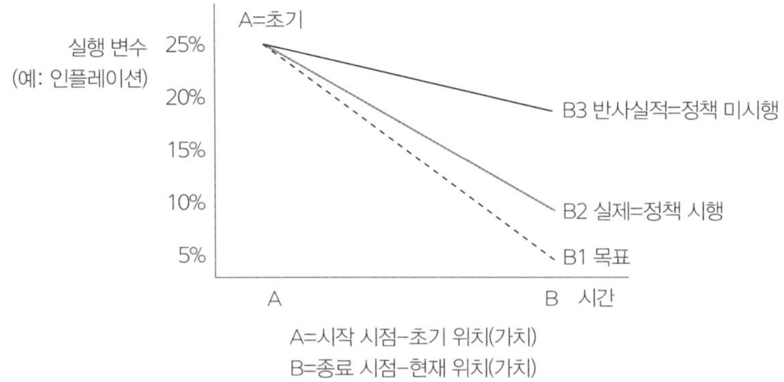

그림 6.8 정책을 시행한 경우와 미시행 경우에 대한 평가

a) B1-B2: 목표와 실제를 비교한 것으로, 5%가 부족함. 목표 개선은 20%이었으나 실제 개선은 15%임.
b) A-B2: 전과 후를 비교한 것으로, 15% 부족함.
c) B2-B3: 정책 시행과 미시행을 비교한 것으로 10% 부족함. 정책을 미시행한 경우 개선 수준은 5%인데, 정책을 시행한 경우는 15%임.

다(그림 6.8 참조). 한 국가의 연간 물가상승률이 25%에 달해, 정부가 이를 5년 이내에 연간 5% 수준으로 낮추는 정책을 도입했다고 가정하자. 도표에 가정된 상황을 보면 물가상승률이 5년간 연간 10%까지 하락했지만, 정부 정책 없이도 이와 무관한 요인으로 인해 물가상승률은 20%까지 낮아졌을 것이다.■23 이 경우 당초 정부 목표는 물가상승률을 20%p 낮추는 것이었지만, 정부가 이바지했다고 인정받을 수 있는 수준은 10%p이다. 정부가 5년 동안 물가상승률을 5%로 낮추는 데 실패하면서, 실제 물가상승률은 목표치의 2배인 10%가 되었다. 정책을 도입하지 않았다면 물가상승률은 20%였을 것이다[이는 '반사실적(counterfactual)' 추론이라 알려져 있다■24]. 정부 정책이 완전히 실패한 것은 아니므로 일부 성공적인 측면도 있었지만, 목표는 달성하지 못했다. 이 같은 분석 방식은 반대로 물가상승률이 높아진 경우에도 적용할 수 있다. 다시 말해, 반사실적으로 추론한 물가상승률이 현실의 물가상승률보다 높다면, 정부 정책이 물가상승률을 낮추는 데 일부 기여했음을 인정받을 수 있다. 그림 6.8은 정책의 성공 여부는 목표 대비 달성 수준, 정책 이전 대비 변화, 그리고 반사실적 추론이라는 세 방식으로 평가할 수 있음을 명확히 보여 준다. 이 세 가지 중 첫 번째와 세 번째는 타당한 접근법이나, 정책 이전과 이후를 비교하는 접근법은 가능하다면 지양해야 할 접근법이다.

4. 큰 그림: 거시 분석

1) 구조조정 프로그램: 방법론적 사례 연구

구조조정 프로그램(Structural Adjustment Programmes, SAPs)을 비롯하여 이와 연관된 조건부 정책들은 1980년대와 1990년대에 많은 논란을 일으켰던 개발 관리 접근법이다. 구조조정 프로그램의 이론적 뿌리는 레이거노믹스(Reaganomics)와 대처주의(Thatcherism)로 대표되는 신자유주의 학파이다(제6장 3절에서 언급). 여러 연구에서 언급된 바와 같이, 워싱턴 컨센서스(Washington Consensus)는 구조조정 프로그램을 도입하자는 주장을 요약한 것이나 다를 바 없었다(Williamson, 1982; 1993; 1994).■25 이 장에서는 구조조정의 정치철학에 대해서는 논하지 않을 것인데, 이보다는 구조조정의 목적과 그에 따른 성과와 영향을 평가하는 방법에 초점을 맞출 것이다. 한 가지 기억해야 할 것은 이 구조조정 프로그램이 처음 기획된 시점은 세계은행이 종합개발프레임워크를 국제개발의 정책 의제로 내세우며 빈곤퇴치 문제가 주목받기 이전이라는 점이다. 구조조정 프로그램은 일반적으로 시장 메커니즘을 활용하여 개발도상국의 경제 거버넌스를 개선하는 것에 주안점을 둔다. 이러한 '시장화(marketization)' 논리는 정부의 정책적 규제를 정당화하는 논리로 사용되었던 시장실패가 실제로는 부적절한 공공정책(또는 정부실패)으로 인해 발생했다는 논리를 상당 부분 빌려 왔다. 이론적으로 보면, 부적절한 정책을 없애는 것만 시장실패 정도를 낮출 수 있기에, 규제 성격의 공공정책의 필요성도 낮아진다. 이는 다시 공공부문과 민간부문 사이의 거래비용을 줄이는 효과가 있다. 이러한 일련의 추론은 흠잡을 곳이 없어 보인다. 특히 구조조정 프로그램이 무역을 비롯해 국제사회의 경제적 이슈와 활동에 치중하고 있어, 부의 분배, 복지, 빈곤퇴치 같은 정책 의제의 우선순위를 떨어뜨린다 할지라도 논리적 결점을 찾기가 쉽지 않다.

구조조정 프로그램에 가해지는 주된 비판은 개발도상국이 구조조정 프로그램을 도입하는 상황과 관련되어 있다. 대부분 오랜 식민 통치 끝에 근래에 이르러 겨우 확보한 개발도상국의 주권이 국제금융기구의 조건부 정책의 도전을 받을 때 발생했다. 국제금융기구는 구조조정 프로그램을 기반으로 짜인 정책을 도입한다는 조건으로 개발도상국에 국제원조를 비롯한 여타 재정지원을 제공했다. 그러나 몇몇 개발도상국 정부는 국민의 여론이 호의적이지 않아 도입하지 못한 정책을 국제금융기구를 방패 삼아 도입할 기회로 활용하기도 했다. 이런 이유로 뒤이은 1990년대 후반에 종합개발프레임워크를 개발할 때는 주인의식에 대해 더 신중하게 고민했다. 구조조정 프로그램과 관련된 또 다른 주요 논점은 이 프로그램이 채택했던 '모두에게 맞는 하나(one size fits all)'의 철학이다. 이 철학은 개별 국가의 역사적 배경과 사회경제적 특성이 지닌 중요성을 무시했다. 무엇을 할지 정하기도 전에 김칫국부터 마시는 것 같았던 구조조정 프로그램의 보고서와 제안 사항이 만든 허무맹랑한 이미지는 이를 둘러싼 비판에 대한 두려움을 선명히 드러냈다.

구조조정 프로그램을 규정하는 가장 핵심적인 연구 질문은 이 프로그램이 실제로 목표를 달성했는지, 특히 경제 성과를 개선하고 높은 경제성장률을 이루는 데 이바지했는지 여부이다. 이는 바로 평가 질문이자 다음 두 가지 이슈의 핵심이다. 하나는 구조조정 프로그램으로 도입한 경제 정책의 영향을 이 프로그램과 무관하게 발생한 영향과 구분할 수 있는지이고, 다른 하나는 연구 질문이 의도한 수준의 면밀한 분석을 수행할 수 있을 정도로 경제통계가 양적·질적으로 충분한지이다. 이는 이 책의 핵심 주제인 엄격한 연구 및 분석과 관련된 이슈이다. 앞서 정책의 영향을 평가할 때는 정책을 미도입한 반사실적 추론을 포함한 증분분석에 기반을 두어야 한다고 강조한 바 있다. 이는 곧 구조조정 프로그램의 경제적 영향을 엄격히 분석하려면, 프로그램으로 정책과 조치가 시행되었을 때와 그렇지 않았을 때의 경제 성과를 비교할 필요가 있음을 의미한다.

구조조정 프로그램의 영향을 다룬 가장 체계적인 연구물 중 하나는 총 두 권으로 구성된 『빈곤과 권력(Aid and Power)』이다(Mosley et al., 1995: 특히 제6장). 이 책의 핵심 쟁점은 반사실적 추론을 정의하는 방식인데, 다음의 두 가지 방식으로 대안을 선정했다. 하나는 개별 국가의 자국 내 상황에 기반을 두는 것이며, 나머지 하나는 국제적인 비교에 기반을 두는 것이다. 두 번째의 경우, 구조조정 프로그램을 도입한 국가와 그렇지 않은 국가가 각각 구조조정 프로그램을 도입한 시나리오와 그렇지 않은 시나리오를 대표한다고 볼 수 있다. 실험 용어로 표현하면 도입하지 않은 시나리오는 '통제집단(control group)'이라 할 수 있는데, 사회과학적 특성상 현실에서는 실험실처럼 반사실적 상황을 미리 설정하는 것이 불가능하기 때문이다.

이 연구를 통해 밝혀낸 사실 중 하나는 구조조정 프로그램을 도입하지 않은 그룹(반사실적 그룹)이 프로그램을 도입한 그룹보다 경제 성과가 더 좋았다는 것이다(Mosley et al., 1995: 199). 이러한 모순은 어떻게 설명할 수 있을까? 한 가지 가능성은 구조조정 프로그램 도입 자체가 엉성하게 이루어져 부정적 영향이 나타났을 수 있다는 것이다. 이는 구조조정 반대론자들이 만족할 만한 결론이다. 다른 가능성은 구조조정 프로그램은 상황이 좋지 않은 국가의 경제 상황을 개선하기 위해 도입하는데, 상황이 나아서 도입하지 않은 국가와 조건법적 비교를 하는 것 자체가 오해를 일으킬 수 있다는 결론이다. 후자의 경우,

'도입'과 '미도입'의 비교군을 만들기 위해 국가를 선택하는 과정에서 발생하는 문제이다. 비교군을 선택할 때에는 활용할 수 있는 정확한 경제통계가 존재하는지에 영향을 받을 수밖에 없다. 구조조정 프로그램의 영향을 평가하는 경제 연구의 대부분이 활용 가능한 2차 자료에 기댈 수밖에 없다는 점과, 원자료를 수집하면 쉽사리 더 정확하고 적절한 데이터를 만들 수 있을 것 같지만 실용적이지 못한 경우가 많다는 점을 기억해 둘 필요가 있다.■26

이제 정책 연구에 영향을 미쳐 온 마지막 질문이 남아 있다. 이는 시간과 관련된 것으로 그림 6.8의 그래프에서 수평축으로 표현되었다. 지금부터 다룰 사항은 그림 6.4의 정책주기를 참고하면 이해에 도움이 될 것이다. 일반적으로 정책 변화는 해결할 문제를 인식하면서 시작된다. 문제 인식은 주로 현재 정책적으로 원활히 기능하지 않는 것을 인식하거나, 새롭게 발생한 정책 수요에 대응해야 할 때 발생한다. '좋은' 정책적 개입을 위해서는 문제의 본질과 가용한 정책적 대안이 무엇인지 파악할 수 있도록 충분히 정보를 조합하고 분석하는 시간이 필요하다. 정책적 개입의 기본 특성을 준수하는 방식은 계획을 먼저 세운 후에 그 계획을 따라 실시하는 것이다. 상당 시간이 지나 정책 시행이 완료되면, 저절로 성과와 영향이 드러날 것이다. 다음 가나의 사례를 통해 더 정확히 알아보자.

가나투자센터(Ghana Investments Centre, GIC)는 가나 경제에 국제투자자의 참여를 활성화하기 위해 설립되었다. 1983년 가나 경제회복 프로그램과 그 이후에 도입된 구조조정 프로그램의 목적 중 하나 역시 국제투자를 촉진하는 것이었다. 국제투자 대부분은 국내외 투자자가 공동으로 협약하는 방식(합작투자)으로 이루어졌다. 가나투자센터는 이를 촉진하기 위해 개편된 기관이었다. 1972년에서 1982년 기간 동안 가나가 겪었던 경기침체는 국제투자자들이 가나 투자에 갖는 신뢰도에 부정적인 영향을 미쳤다. 더 많은 해외 투자자본을 유치하기 위해서는 산업에 대한 신뢰를 회복할 필요가 있었으며, 이를 회복하려면 수년이 소요될 것으로 예상되었다. 국제적인 기업들의 신뢰를 회복한 후에도, 실제 투자가 이루어지기 전까지 잠재력 있는 기업을 모색·평가하여 협상을 진행하고 투자계획을 준비하는 데 수년의 기간이 필요했다. 투자 계획과 승인이 완료된 이후에 운영하는 단계가 시작되었는데, 기초 문제들이 해결되며 시장이 형성 또는 재형성되면서 생산품이 점진적으로 늘어나는 듯한 모습을 보였다. 이때 정책의 성과와 영향은 신뢰할 수 있는 데이터에 기반을 두고 확인해야 하며, 데이터는 분석가가 조합하고 수집할 수 있어야 한다. 가나투자센터의 정책 개혁을 시행하여 발생한 실제 성과 및 영향을 평가하기까지 약 10년이라는 시간이 필요할 것으로 예상된다(Acheampong and Tribe, 1998: 69-71; Huq, 1989: 74, 260-262). 지나치게 공을 들인 것이 아닌가 생각될 수 있으나, 정책 개혁이 반드시 빠른 결과를 낳지는 않는다는 것을 보여 주기에 좋은 예시이다. 정책 개혁의 대상이기도 한 사회·경제 시스템의 특성으로 인해 개편의 성과와 영향이 명확하게 드러나기까지 상당한 시간이 소요될 가능성이 크다. 그 성과와 영향을 평가 분석할 수 있을 정도의 통계자료가 생성되기까지는 그보다 더 오랜 시간이 소요될 수 있다.

지난 25년 동안 구조조정 프로그램에 관한 연구들이 다룬 쟁점은 국제개발의 주요 요소들이 지닌 본질적 특징이나 이에 관한 논란보다는, 객관적인 연구와 분석 방법을 고민하는 과정에 발생하는 일부 딜레마들이 주를 이루었다.

2) 경제 관리와 잠재가격의 활용

경제 정책의 개편을 둘러싼 담론을 다루는 연구 질문 중, 고도의 기술적 요소를 다루는 질문은 정치적 속성에 대한 분석을 배제하고 연구를 진행하는 경우가 많다. 정치적 분석은 주관적인 판단에 기반을 두기에 편파적일 가능성이 커, 이러한 방식의 담론 분석을 통해 도출한 결론은 그 가치가 제한적일 수밖에 없다. 반대로 정치적 쟁점을 전혀 고려하지 않은 경제 분석 역시 결론이 갖는 가치가 제한적이다. 정치적 분석에 주목하는 사람들은 이 주장에 공감하지 못할 수 있으나, 비경제학자 중에는 경제학자의 정책 분석은 엄격성이 부족하다고 생각하는 경우가 종종 있다. 이는 학문 간 논쟁의 대표적인 사례이다.

1960년대에는 브라질, 인도, 멕시코, 파키스탄, 필리핀, 대만을 비롯한 다양한 국가의 산업 발전 사례를 다룬 연구가 많았다. 이 연구들은 OECD의 지원을 받은 저명한 경제학자들이 수행했다. 이 국가 연구를 요약하여 엮어 낸 연구를 사례로 살펴보자(Little et al., 1970). 당시 아프리카는 제조업의 발전 수준이 극히 제한적이어서 이 연구의 대상에 포함되지는 않았지만, 포괄적으로 말해 이 연구는 산업 발전을 위한 정부 정책이 분석가들의 일반적인 예상 이상으로 무역 보호장치 역할을 하며, 라이선스 계약은 유연하게 체결되지 못하고, 다른 정책 제도도 제 기능을 하지 못하고 있다는 결론을 내렸다. 이와 더불어 OECD의 다른 유사 연구(Little and Mirrlees, 1969)에서는 정부 정책과 시장구조의 복합적 영향을 받는 여러 개발도상국의 제조업 투자가 지닌 경제성을 평가하려면 '잠재가격(shadow price)'이나 '계산가격(accounting price)'을 활용하는 것이 바람직하다는 결론을 내렸다(Potts, 2002: 제11장의 사례 참조). 잠재가격은 보통 시장가격과 '경제적 기회비용(economic opportunity cost)' 사이의 차이가 클 때 활용할 수 있다. 그리고 일반적으로 시장가격과 '경제적 기회비용'의 차이가 크면 '시장실패'인 경우가 많다. 시장실패는 여러 경제학 서적에 잘 정리되어 있는 개념으로, ① 시장이 제 기능을 하지 못할 때(시장의 불완전성), ② 시장 활동의 결과가 맞아떨어지지 않을 때(외부경제), ③ 특정 활동을 위한 시장이 존재하지 않을 때(공공재), 마지막으로 ④ 시장이 자원배분 기능을 하지 못하고 목적에 맞지 않는 결과를 초래했을 때(Meier, 1995: 540)와 같은 상황이 포함된다. 예를 들어, 시장의 불완전성은 시장에서 독점이 발생했거나 정부의 세금, 보조금 및 통제 정책이 강력할 때 발생한다. 이때 시장가격 대신 '잠재가격'이나 '계산가격'으로 가치를 평가하면 투자 우선순위가 완전히 달라질 수 있다. 하지만 논리적으로 보면 이러한 시장 왜곡을 '교정'하기 위해 정부는 세금, 보조금, 시장 통제를 적극적으로 도입하여 사적 이익을 '공공' 또는 '사회적' 이익과 일치시킬 필요가 있다. 민간부문의 시장 활동을 잠재가격 기반의 평가 결과와 일치하도록 조정하는 전체적인 접근이 필요한 것이다. 하지만 이는 결코 단순한 작업이 아니며, 설령 그럴 수 있다 하더라도 기대와 달리 내국인이든 외국인이든 민간 투자자들은 언제나 정부가 조정한 시스템에 부합하지 않는 결정을 고집할 것이다.

개발도상국에서 잠재가격을 기반으로 투자를 평가하기 어려운 상황을 이해하기 위해서는 다음의 두 가지 복잡한 요인도 고려해야 한다. 먼저, 경제학 이론에 근거하여 오랜 기간에 걸쳐 형성된 개념인 잠재가격은 제조업 분야 투자에 초점을 맞추고 있으나(Little and Mirrlees, 1969), 실제로는 공공분야 투자 분석에 가장 활발하게 적용되고 있다. 특히 국제원조를 통해 재원을 조달하는 사업을 분석하는 데 널리 쓰였는데, 농업과 건설 분야가 대표적이다. 민간이나 합작 기업 또는 제조업 분야의 투자가치를 분석하는 데 잠재가격을 적극적으로 적용한 사례는 없다. 둘째, 투자 분석가들이 일관성 있게 활용할 수 있는 잠재가격은 매우 소수의 국가에서만 산출하고 있다. 다시 말해, 여러 평가 분석에서 활용된 잠재가격은 임시방편으로 도출한 것이거나 컨설턴트들의 각자의 입맛에 맞게 산출한 탓에 일관성이 없었다(다음 가나 사례를 다룬 연구 참조, Huq, 1989: 260–265).

OECD의 연구로 확인한 바와 같이, 여러 개발도상국에서 실제 경제 환경에 맞는 투자 우선순위를 성공적으로 설정하지 못하는 상황을 고려하여, 제대로 작동하지 않는 많은 개발도상국의 '경제 통제 시스템'을 보완하려면 대안으로 '교정적인' 수단이 필요하다는 인식이 등장했다(Little et al., 1970). 어찌 보면 '가격을 바로잡으려는' 시도로 생각할 수도 있는 이 '잠재가격'은 간헐적으로 활용되었으며, 그 효과가 미미하고 뒤늦어, OECD의 연구는 '시장실패'를 교정할 수 있는 대안은 '시장화(marketization)'라고 결론을 내렸다. 시장화는 국내외 시장을 자유화시키는 것으로, 구조조정 프로그램의 핵심이다.

지금까지의 논의 내용은 신자유주의나 신고전주의의 관점이 아닌 '시장실패'와 '구조주의자'의 관점에 근거하여 구조조정 프로그램의 기본적인 논거를 지지한다. OECD 연구에서 확인된 규제, 세금, 보조금이 명목상 경제적 목적을 달성하지 못했기에, 당초 합의했던 정책적 목적을 달성하기 위해서는 대안적인 접근이 필요했다.

5. 요약

이 장에서는 학계 연구자와 실무자 모두가 개발 분야 분석가로서 활용할 수 있는 다양한 방법과 기술을 소개했다. 다룬 방법과 기술 중에는 개발도상국을 분석하기 위해 고안되었다가 차후에는 산업국에도 적용된 것이 있다. 또한 개발도상국을 분석하기 위한 근거로 산업국에서 활용하던 방법과 기술을 빌려오는 경우도 있으며, 이 경우에는 사회경제적 차이를 고려해 개발도상국에 맞게 조정하여 활용하는 경우가 많다. 이 장에서 명확한 한 가지는 생생하고 적합하며 엄격한 방식의 연구를 수행하기 위한 개발학의 이론, 방법, 기술은 절대 부족하지 않다는 것이다. 이 장의 주요 요지는 아래와 같이 간략히 요약할 수 있다.

1) 개발학 실무자와 개발 실무

개발학 분야 연구자와 저술가는 담론을 중시하는 그룹과 경험을 중시하는 그룹의 두 가지 진영으로 구분할 수 있다. 이 두 진영 사이에 중첩되는 부분은 제한적이다. 제한된 시간에 연구를 수행하여 정책적 함의를 도출해야 한다고

해서, 그 연구를 위한 엄격하고 체계적인 접근법의 필요성이 감소하지 않는다.

2) 개발 정책과 관련한 체계적 접근법

정책이나 실무와 관련된 연구·조사는 연구 방법론과 방법 활용의 배경이기도 한 정책 위계 구조와 정책주기라는 맥락에서 다루어 볼 필요가 있다. 개발학 분야 연구자와 저술가는 방법론과 방법을 획기적인 방식으로 개발하거나 변형해 왔으며, 이 방법론과 방법은 당초 적용 대상이었던 개발도상국뿐만 아니라 산업국에도 적용할 수 있다.

3) 큰 그림: 거시 분석

정책 목적(예로 더 나은 거버넌스)과 정책 프레임워크(예로 융자 조건)는 구분하여 살펴볼 필요가 있다. 특히 주관적 판단과 편견이 이미 관여되어 있는 경우(예로 구조조정 프로그램이 개발도상국에 미치는 영향에 대한 분석)는 더욱 명확한 구분이 필요하다.

주

1. 국제금융기관이 개발 정책을 다룰 때 취하던 '구조조정' 및 관련 '정책 개편' 중심의 접근 방식은 빈곤감소전략보고서(PRSPs), 국가 정책 및 제도 평가(Country Policy and Institutional Assessment, CPIA), 정책 및 사회적 영향 평가(Policy and Social Impact Analysis, PSIA)로 대체되었다(예로 DFID and GTZ, 2005). 이 책의 논의는 구조조정의 본질과 경험보다는 평가 방법과 기술에 대해 초점을 맞추고 있다.
2. 연구의 '독립성'은 절대적이기보다는 상대적인 사항이다. 일반적으로 독립 연구는 정책을 결정하고, 정책에 영향을 미치며, 실제 이행하는 기관과는 독립적인 기관(특히 대학, 연구기관, 싱크탱크)이 수행한 것으로 인식된다. 그러나 연구기관이 정책과 관련된 기관(정부부처나 공여기관 등)으로부터 연구 재원을 조달받았을 때, 수행 연구의 우선순위, 안건, 문제 및 질문이 재원 제공기관으로부터 (제안서의 품질 기준을 맞추기 위한 기본 사항 이상으로) 얼

마나 큰 영향을 받았는지는 이슈이다. '독립'기관이 연구를 수행했지만, 정책과 관련된 기관의 재정지원을 받았다면, 이 연구는 해당 정책 관련 기관이 직접 연구를 수행한 결과와 구분하기 어려울 수 있다. 따라서 이 장에서 '독립 연구'를 언급할 때 필자는 연구의 '소유권'과 펀딩기관의 '영향'과 관련한 복잡한 이슈를 충분히 인지하고 있었음을 명확히 밝힌다. 이러한 맥락에서 영국고등교육재정위원회(UK Higher Education Funding Councils)가 2001년 연구평가(Research Assessment Exercise)에서 대학의 개발학 연구 의제가 공공기관의 영향을 너무 크게 받고 있다고 우려를 표했던 것은 의의가 있다.

3. '담론과 실무 경향성'이라는 표현은 개념과 방법론적 문제를 비롯한 지적 담론을 더욱더 중요시하는 개발학 커뮤니티('담론')와 직접적으로 정책과 실무를 더 중시하는 커뮤니티('실무')를 구분하기 위해 사용했다. 두 경향성 모두 경험적 관찰(경험주의)과 관련이 있으나, 관점을 달리한다. 제6장을 포함하여 이 책의 논의는 두 경향성에는 공통점이 있고, 두 개의 양극단이기보다는 하나의 연장선 있는 두 개 지점이라는 관점을 취함을 명확히 밝힌다.

4. 독립 이후에 식민지 시기의 개발 전략을 이어 온 사례는 탕가니카(Tanganyika, 이후 '탄자니아'가 됨)가 독립할 당시 경제발전에 대한 세계은행 보고서에서 찾아볼 수 있다. 세계은행 보고서에서는 농촌 개발을 위한 '개선'과 '전환'이라는 개념을 구분해 제시했다(Government of Tanganyika, 1961: 제6장). '전환' 접근법은 이후에 '마을 소유화(villagisation)'라고 불렸으며, 이후 탄자니아 정부의 '우자마(Ujamaa) 마을' 전략으로 발전되었다(Belshaw, 2003; Collier et al., 1986; Ghai and Green, 1979; Hyden, 1975; 1980: 3, 5장, Newiger, 1967; Ruthenberg, 1964 참조). 또 다른 사례는 1950년대와 1960년대 아프리카 산업발전 전략이다. 이 산업발전 전략은 영국식민청(UK Colonial Office)이 펴낸 아서 루이스(Arthur Lewis)의 「산업화와 골드코스트(Gold Coast, 이후 '가나') 보고서」로부터 큰 영향을 받았다.

5. 프로젝트를 중심으로 원조를 관리하는 가장 기본적인 형태는 프로젝트별로 원조 재원을 승인하는 국제원조기관이 대표적이다. 원조기관이 직접 행정적으로 관여하는 경우가 드문 다른 방식으로는 프로그램 접근(각 프로그램은 복수의 사업으로 구성), 범분야 접근(각 분야 계획은 복수의 프로그램으로 구성), 일반예산 지원(원조기관이 개발도상국 정부에 원조재원을 직접 제공하는 것으로 승인 기반으로 제공하며, 승인 기준은 개발 재원 관리의 '효과성'임)이 있다. 개발도상국에서는 국제원조의 수혜자를 관리하는 것은 물론 공공지출도 관리해야 한다.

6. 관련된 내용은 세계은행의 『1983년 세계개발보고서(World Development Report for 1983)』에서 자세하게 다루고 있다(World Bank, 1983).

7. 널리 받아들여지고 있는 Mosley와 Eckhout의 프로젝트 기반 접근에 대한 비판론은 모순적이게도 통합적 농촌개발프로젝트(Integrated Rural Develoment Project, IRDP)에까지 비판의 범위를 확장한다. 그러나 IRDP 방식을 추진할 때 발생하는 문제들은 '프로젝트 중심 접근법'의 특성이 아닌 엄격하게 통합되어 있는 '프로그램' 특성으로 인해 발생한다. 그 때문에 IRDP는 프로젝트 중심 접근법의 실패 사례로 제시할 수 없으며, 오히려 '프로그램 접근

법'을 빌려 와서 실패한 사례로 보아야 한다. 관련해서는 리빙스턴(Livingstone, 1979)의 연구를 참고하자.

8. 종합개발프레임워크(CDF)는 21세기에 들어서서 첫 10년 동안은 거의 언급되지 않았다. 이는 어쩌면 특정한 정치적 목적을 달성하기 위해 새로운 '계획'을 도입한 듯한 징조로 보이기도 한다. 그러나 CDF는 구조조정 프로그램의 많은 단점을 효과적으로 해결하는 전체적 접근 방법을 제시했다. CDF가 울펀슨(James Wolfensohn) 세계은행 총재의 임기와 관련이 있었지만 말이다. 1970년대의 신국제경제질서(New International Economic Order, NIEO)도 유사한 사례이다(예로 Wälde, 1995 참조). 신국제경제질서는 이 장에서 개발 계획의 쇠퇴를 설명하면서 언급했던 국제 경제 사건들의 엄청난 파장에 밀려 사라졌다.

9. 정책 위계질서는 여러 저술가(예로 Brown et al., 2001)가 근래에 지지하고 있는 범분야 접근(Sector Wide Approach, SWAP)과 결합할 수 있다. 하지만 SWAP는 여러 측면에서 새로운 접근법은 아니다. 예를 들어 많은 국가 개발 계획에는 분야별 내용이 있으며, 이는 대체로 분야 전문가들이 작성한 것이다(예로 Government of Pakistan, 1988; Government of Uganda, 1972). 세계은행의 PRSPs 자료집도 대부분 사회경제 계획에 있어 분야별 접근법을 활용하고 있다(Klugmand, 2002).

10. 물론 이는 최근 몇 년간 일부 국제 공여기관이 지지하는 범분야 접근(SWAP, 9번 주석 참조)의 근본적 한계를 인정하는 것이다.

11. 정책 의제의 예시로는 빈곤감소, 지방분권화, 지역 통합, 거버넌스 개선, 시장자유화가 있다.

12. 이러한 사업주기 유형과 관련된 체계적 접근법은 새로운 방식이 아니며, 이 분야를 깊이 있게 탐구한 전문가들도 몇몇 존재한다. Thomas and Grindle(1990)의 논고가 대표적이며, Sutton(1999)도 전체론적인 논의를 펼쳤다. 서식스 대학교의 부속 개발학 연구기관인 Institute of Development Studies(IDS)의 지식·기술·사회팀은 최근에 환경 관련 정책의 절차를 다룬 자신들의 연구물을 검토한 바 있다(예로 KNOTS, 2006을 참조).

13. 미국국제개발처(USAID)가 처음으로 논리모형을 도입한 이래로 많은 국제 공여기관이 이를 활용하고 있으며, 몇몇 기관은 자체적으로 변형하여[영국 해외개발청(Overseas Development Administration)의 사례(Cracknell, 1989; McCulloch, 1986)와, 유럽연합의 사례(Directorate General for Development, 1993) 참조] 기본 모델에 내용을 추가했는데, 이는 수원국의 원조 관리를 더 복잡하게 만들었다. 논리모형과 파생 모델에 관한 명쾌한 논의를 찾고자 한다면 MacArthur(1993; 1995; 1998), NORAD(1996), Potts(2002: 31–36)를 참고하자.

14. 해외개발연구소(Overseas Development Institute, ODI)가 펴낸 『개발도상국의 진보적인 정책입안자를 위한 툴킷(Toolkit for Progressive Policymakers in Developing Countries)』은 정책 분석을 위한 방법 및 기술과 관련하여 매우 유용한 최근 연구물이다(Sutcliffe and Court, 2006).

15. 논리적 측면에서 보았을 때 수직 구조에서 투입이 산출물 상단에 위치해야 한다는 주장이

있을 수 있지만, 기본 논리모형에서 위치를 바꾸더라도 큰 차이가 없다. 성과기반관리 방식의 요소를 더해 확장한 모델은 투입을 산출물 상단에 넣을 근거가 더욱 확실히 드러난다.

16. 세계은행의 빈곤감소전략보고서(PRSPs)에 녹아 있는 핵심 이슈 중 하나는 범분야 주제로, 여기에는 참여, 거버넌스, 커뮤니티 주도의 개발, 성, 환경이 포함된다. 이 주제들이 가진 중요성을 부인할 사람은 많지 않을 것이다(Klugman, 2002: Vol. 1, iii).

17. 세계은행 빈곤감소전략보고서(PRSPs) 자료집의 거의 모든 장에는 기술적인 주석이 달려 있고, 여기에는 분야별 지표와 이슈별 지표 활용 가이드라인이 포함되어 있다. 그리고 몇몇 장에서는 측정과 지표를 주로 다루고 있다(Klugman, 2002: Vol. 1,2, iii).

18. 10년 가까이 된 자료를 활용한다는 점, 그리고 세계은행이 뚜렷한 권위를 갖지 못하는 분야에서 세계은행 자료를 활용한다는 점이 잠재적인 문제이다. 그러나 박스 6.2에 정리된 결론의 구체적인 특징은 매우 흥미롭다고 생각한다.

19. 원래 이 발간물은 DFID의 직원과 컨설턴트가 개발 분야 프로젝트, 프로그램, 정책을 준비하고 평가하는 데 활용하는 가이드라인이었다. 국제 공여기관의 여타 간행물처럼 『격차 메우기(Bridging the Gap)』는 당초 의도한 독자층보다 더 많은 이들이 활용하고 있으며, 개발 분야 연구자, 실무자, 교육자가 유용하게 활용하고 있다. 지속가능한 생계 접근의 초기 버전도 Scoones(1998)가 쓴 IDS 논고에서 확인할 수 있다.

20. 평가 연구는 불가피하게 대외에 공개하지 않거나 기밀로 보관하는 경우가 있다. 그러나 국제 공여기관은 웹사이트를 통해 상당히 많은 평가 연구물을 제공하고 있다. 영국 DFID 웹사이트에는 평가 연구 관련 별도 메뉴가 있으며(http://www.difd.gov.uk/aboutdfid/evaluation.asp), 세계은행 웹페이지에서는 사업평가부서(Operation and Evaluation Department, OED)를 찾을 수 있다(http://www.worldbank.org/oed/).

21. 모니터링은 기본적으로 데이터와 정보를 생산하는 활동이며, 평가는 이 데이터와 정보를 분석하는 것이다. 성과 및 영향과 관련한 논의는 이 장의 3절 2)를 참고하라.

22. 이러한 방법을 활용하여 재건 사업을 다룬 사례는 Yaffey and Tribe(1992: 5장)의 연구를 참고하자.

23. 주요 경제 부문 중에서 나은 강수 조건, 낮은 전략 물자(예로 석유)의 수입가, 높은 생산성이 예상된다면, 이 정도 폭의 인플레이션이 발생할 수 있다.

24. '반사실적 추론'은 사업 또는 정책이 없었다면 발생했을 상황에 대한 것이다. 반사실적 추론에서는 사전(ex ante)과 사후(ex post) 상황 모두가 '만약' 일어난 경우를 가정하기 때문에 두 상황 모두를 '추측'한다. 그러나 사업이나 정책 개입의 목표 역시 추측인 것은 동일하다. 이러한 분석 방식은 당연히 공공과 민간 부문 사업 모두에 활용할 수 있다.

25. Williamson(1982; 1993; 1994)의 연구는 워싱턴 컨센서스의 주요 특성을 정리한 가장 권위 있는 연구로 인정받는다. 신자유주의적 접근의 주요 관점을 파악하려면 Tribe(2006)의 연구를 참고하자. Stiglitz(1998)는 최근에 비판을 받기도 하지만, 정반합의 논리로 포스트 워싱턴 컨센서스를 이끈 유망한 경제학자 중 한 명이다.

26. 유사한 분석적 문제는 후세인과 파르퀴(Husain and Farquee, 1994: 7)의 연구가 내린 결론에도 잘 나타난다. 이 연구는 사하라 이남 6개국에서 열악한 무역 환경으로 감소한 국제수입을 국제원조가 보상해 주지 못하고 있다는 결론을 내렸다. 애초에 이는 국제원조의 목적에 부합하지도 않는다.

참고문헌

Acheampong, I. and Tribe, M. (1998) 'The response of Ghana's manufacturing sector to structural adjustment', in Cook, P., Kirkpatrick, C. and Nixson, F. (eds), *Privatization, Enterprise Development and Economic Reform*. Cheltenham: Edward Elgar. pp. 63-85.

Apthorpe, R. (1972) Rural Cooperatives and Planned Change in Africa: An Analytical Overview. Geneva: UNRISD (United Nations Research Institute for Social Development).

Apthorpe, R. (1999) 'Development studies and policy studies: in the short run we are all dead', *Journal of International Development*, 11(4): 535-546.

Apthorpe, R. and Atkinson, P. (1999) *Towards Shared Social Learning for Humanitarian Programmes*. London: ALNAP (Active Learning Network for Accountability and Performance in Humanitarian Action). Available from http://www.reliefweb.int/rw/lib.nsf/db900SID/LGEL-5JHM5L/$FILE/alnap-shared-jul99.pdf?OpenElement (accessed 7 June 2007).

Apthorpe, R. and Gasper, D. (eds) (1996) *Arguing Development Policy: Frames and Discourses*. London: Frank Cass.

Aryeetey, E. and Goldstein, M. (2000) 'The evolution of social policy', in Aryeetey, E., Harrigan, J. and Nissanke, M. (eds.), *Economic Reforms in Ghana: The Miracle and the Mirage*. London: James Currey. pp.284-303.

Balls, E. and O'Donnell, G. (eds) (2002) *Reforming Britain's Economic and Financial Policy: Towards Greater Economic Stability*. London: Palgrave Macmillan for HM Treasury.

Baum, W.C. and Tolbert, S.M. (1985) *Investing in Development: Lessons of World Bank Experience*. New York: Oxford University Press for the World Bank.

Belshaw, D.G.R. (2003) 'Sustainable agricultural and rural development in Sub-Saharan Africa', in Tribe, M., Thoburn, J. and Palmer-Jones, R. (eds.), *Development Economics and Social Justice: Essays in Honour of Ian Livingstone*. Aldershot: Ashgate. pp.159-181.

Brown, A., Foster, M., Norton, A. and Naschold, F. (2001) *The Status of Sector Wide Approaches*. Working Paper 142, Centre for Aid and Public Expenditure, Overseas Development Institute, London. Available from http://www.odi.org.uk/publications/working_papers/index.html

Canadian International Development Agency. (1999) *Results-Based Management in CIDA: An Introductory Guide to the Concepts and Principles*. Results-Based Management Division, Performance Review Branch, January. Available from http://www.acdi-cida.gc.ca/CIDAWEB/acdicida.nsf/En/EMA-218132656-PPK (accessed 9 October 2006).

Chambers, R. (1994a) 'The origins and practice of participatory rural appraisal', *World Development*, 22(7): 953-969.

Chambers, R. (1994b) 'Participatory rural appraisal (PRA): analysis of experience', *World Development*, 22(9): 1253-1268.

Chambers, R. (1994c) Participatory rural appraisal (PRA): challenges, potentials and paradigm. *World Development*, 22(10): 1437-1454.

Charlton, R. (2005) 'Deconcentration, devolution and donors: explaining centralisation - decentralization cycles in developing countries', in Tribe, M., Thoburn, J. and Palmer-Jones, R. (eds), *Development Economics and Social Justice: Essays in Honour of Ian Livingstone*. Ashgate: Aldershot. pp.84-96.

Collier, P., Radwan, S., Wangwe, S. and Wagner, A. (1986) *Labour and Poverty in Rural Tanzania. Ujamaa and Rural Development in the United Republic of Tanzania*. Oxford: Clarendon Press.

Cracknell, B. (1989) 'Evaluating the effectiveness of the logical framework in practice', *Project Appraisal*, 4(3): 163-167.

Deininger, K., Squire, L. and Basu, S. (1998) 'Does economic analysis improve the quality of foreign assistance?' *World Bank Economic Review*, 12(3): 385-418.

Department for International Development. (2001) *Poverty: Bridging the Gap - Guidance Notes*. London: HMSO. Available from http://www.dfi d.gov.uk/Pubs/fi les/poverty_bridgegap_guidance.pdf

DFID. (2005) *Evaluation of General Budget Support: Inception Report June: Joint Evaluation of GBS*. Available from http://www.dfi d.gov.uk/aboutdfi d/performance/fi les/evd2-inception-report.pdf (15 August 2006).

DFID and GTZ (2005) *Principles for PSIA Process in Policy Cycles and Stakeholder Participation*. Available from http://www.dfi d.gov.uk/mdg/aid-effectiveness/newsletters/

psia-policy-cycles.pdf (accessed 30 May 2007).

DFID et al. (2005) *Joint Assistance Strategy Paper for Uganda 2005-2009*. Available from http://www.dfid.gov.uk/pubs/fi les/joint-assistance-strat-uganda.pdf (accessed 16 August 2006).

Directorate General for Development (1993) *Project Cycle Management: Integrated Approach and Logical Framework*. Brussels: Commission of the European Communities.

Escobar, A. (1995) *Encountering Development: The Making and Unmaking of the Third World*. Princeton NJ: Princeton University Press.

Fritzen, S.A. (2007) 'Can the design of community-driven development reduce the risk of elite capture? Evidence from Indonesia', *World Development*, 35(8): 1359-1375.

Ghai, D. and Green, R.H. (1979) 'Ujamaa and Villagisation in Tanzania', in Ghai, D., Khan, A.R., Lee, E. and Radwan, S. (eds), *Agrarian Systems and Rural Development*. London: Macmillan for the International Labour Organization. pp.232-256.

Gittinger, J.P. (1982) *Economic Analysis of Agricultural Projects*, 2nd ed. Baltimore: Johns Hopkins University Press for the Economic Development Institute of the World Bank.

Government of Malaysia. (1991) *Sixth Malaysia Plan 1991-1995*. Kuala Lumpur: National Printing Department.

Government of Pakistan. (1988) Seventh Five Year Plan 1988-93 and Perspective Plan 1988-2003. Islamabad: Planning Commission.

Government of Tanganyika. (1961) *The Economic Development of Tanganyika*. Baltimore: Johns Hopkins Press for the International Bank for Reconstruction and Development.

Government of Uganda. (1961) *This is Your Plan: Uganda's First Five Year Development Plan*. Entebbe: Government Printer.

GTZ (Deutsche Gesellschaft fur Technische Zusammenarbeit). (1992) *Guidelines for Project Progress Review*. May.

GTZ (Deutsche Gesellschaft fur Technische Zusammenarbeit). (1997) *ZOPP: Objectives-Oriented Project Planning*.

Harper, C. (1997) *The Power in Participatory Practice: Strengthening Participation in Donor Assisted Projects and Policy*. London: Save the Children Fund.

HM Treasury. (1997) A*ppraisal and Evaluation in Central Government: Treasury Guidance*, 2nd ed. London: HMSO.

Huq, M.M. (1989) T*he Economy of Ghana: The First Twenty-five Years since Independence*.

Basingstoke: Macmillan.
Husain, I. and Faruquee, R. (1994) 'Adjustment in Seven African Countries. Introduction', I. Husain and R. Faruquee (eds), *Adjustment in Africa: Lessons from Country Case Studies*. Washington: World Bank. pp.1-10.
Hyden, G. (1975) 'Ujamaa, villagisation and rural development in Tanzania', *ODI Review*, 1: 53-72.
Hyden, G. (1980) *Beyond Ujamaa in Tanzania: Underdevelopment and an Uncaptured Peasantry*. London: Heinemann.
Killick, T. (1995) *IMF Programmes in Developing Countries: Design and Impact*. London: Routledge.
Kirkpatrick, C., Polidano, C. and Clarke, R. (2002) *Handbook on Development Policy and Management*. Cheltenham: Edward Elgar.
Klugman, J. (2002) *A Sourcebook for Poverty Reduction Strategies*, 2 Vols. Washington: World Bank.
KNOTS (Knowledge, Technology and Society Team). (2006) *Understanding Policy Processes: A Review of IDS Research on the Environment*. Brighton: Institute of Development Studies, University of Sussex.
Kokor, J. and Kroes, G. (2000) *Central Grants for Local Development in a Decentralised Planning System, Ghana*. Dortmund: SPRING Centre, University of Dortmund.
Kusek, J.Z. and Rist, R.C. (2004) Ten Steps to a Results-Based Monitoring and Evaluation System: *A Handbook for Development Practitioners*. Washington: World Bank.
Lewis, W.A. (1953) *Report on Industrialization and the Gold Coast*. Accra: Government of the Gold Coast.
Little, I.M.D. and Mirrlees, J.A. (1969) *Manual of Industrial Project Analysis in Developing Countries: Vol. 2. Social Cost Benefi t Analysis*. Paris: Organization for Economic Co-operation and Development.
Little, I.M.D., Scitovsky, T. and Scott, M.Fg. (1970) *Industry and Trade in Some Developing Countries: A Comparative Study*. London: Oxford University Press for the OECD.
Livingstone, I. (1979) 'On the concept of integrated rural development planning', *Journal of Agricultural Economics*, 30(1): 49-54.
MacArthur, J.D. (1993) *The Logical Framework: A Tool for the Management of Project Planning and Evaluation*. Discussion Paper 42, Development and Project Planning Centre, University of Bradford. A version of this paper is reprinted in Analoui, F. (ed.) (1994) The Realities of Managing Development Projects. Aldershot: Avebury.

pp.87-113.

MacArthur, J.D. (1994) 'The project sequence: a composite view of the project cycle', in MacArthur, J. and Weiss, J. (eds), *Agriculture, Projects and Development.* Aldershot: Avebury. pp.127-154.

MacArthur, J.D. (1995) *The Evaluation of Development Projects: A Review of the Approaches and Experiences of Donor Agencies.* New Series Discussion Papers No 61, July, Development and Project Planning Centre, University of Bradford, Bradford.

MacArthur, J.D. (1997) 'Stakeholder analysis in project planning: origins, application and refinements', *Project Appraisal,* 12(4): 251-265.

MacArthur, J.D. (1998) *Project Failure: Causes and Rehabilitation: A Review of International Evidence.* Discussion Paper Series 2 No 10, February. Development and Project Planning Centre, University of Bradford, Bradford.

McCulloch, M. (1986) 'Project frameworks - a logical development for more effective aid', in *Overseas Development Administration: British Overseas Aid in 1985.* London: HMSO. pp.52-55.

Meier, G.M. (1995) *Leading Issues in Economic Development,* 6th ed. New York: Oxford University Press.

Mikkelsen, B. (2005) *Methods for Development Work and Research: A Guide for Practitioners,* 2nd ed. London: Sage Publications.

Mohan, G., Brown, E., Milward, R. and Zack-Williams, A.B. (2000) *Structural Adjustment: Theory, Practice and Impacts.* London: Routledge.

Mosley, P. and Eeckhout, M.J. (2000) 'From project aid to programme assistance', in Tarp, F. and Hjertholm, P. (eds.), *Foreign Aid and Development: Lessons Learnt and Directions for the Future.* London: Routledge. pp.131-153.

Mosley, P., Subasat, T. and Weeks, J. (1995) 'Assessing adjustment in Africa', *World Development,* 23(9): 1459-1473.

Mosley, P., Toye, J. and Harrigan, J. (1995) *Aid and Power: The World Bank and Policy-based Lending - Volume 1: Analysis and Policy Proposals,* 2nd ed. London: Routledge.

Newiger, N. (1967) 'Village settlement schemes: the problems of cooperative farming', in Ruthenberg, H. (ed.), *Smallholder Farming and Smallholder Development in Tanzania.* Munich: Weltforum Verlag. pp.249-274.

NORAD. (1996) *The Logical Framework Approach (LFA),* 3rd ed. Oslo: Norwegian Agency for Development Cooperation.

Oakley, P. (1995) *People's Participation in Development Projects: A Critical Review of Current Theory and Practice.* INTRAC Occasional Papers series, No. 7. Oxford: IN-

TRAC.

Oakley, P. et al. (1991) *Projects with People: The Practice of Participation in Rural Development.* Geneva: World Employment Programme, International Labour Office.

Organization for Economic Cooperation and Development. (2000) *Results Based Management in the Development Co-operation Agencies: A Review of Experience.* DAC Working Party on Aid Evaluation. Paris: OECD. Available from http://www.oecd.org/dataoecd/16/25/1886519.pdf

Organization for Economic Cooperation and Development. (2001) *Improving Policy Instruments through Impact Assessment.* SIGMA Paper No 31. Paris: OECD. Avalable from http://www.oecd.org/puma/sigmaweb

OXFAM. (1995) *The Field Director's Handbook: An OXFAM Manual for Development Workers.* Oxford: Oxford University Press for OXFAM.

Picciotto, R. and Weaving, R. (1994) 'A new project cycle for the World Bank', *Finance and Development*, 31(4): 42-43.

Potts, D. (2002) *Project Planning and Analysis for Development.* London: Lynne Rienner.

RCPLA Network. (2007) *Resource Centres for Participatory Learning and Action Network.* Available from http://www.rcpla.org/about.htm (accessed 9 June 2007).

Republic of Kenya. (1984) *District Focus for Rural Development (rev June 1984).* Nairobi: Office of the President.

Republic of Kenya. (1986) *Economic Management for Renewed Growth.* Nairobi: Government Printer.

Republic of Uganda. (1966) *Work for Progress: Uganda's Second five-Year Plan 1966-1971.* Entebbe: Government Printer.

Republic of Uganda. (1972) *Uganda's Third Five-Year Development Plan 1971/2-1975/6.* Entebbe: Government Printer.

Republic of Uganda. (2000) *Revised Volume I of the Poverty Eradication Action Plan (PEAP): Final Draft.* Kampala: Ministry of Finance, Planning and Economic Development.

Rietbergen-McCracken, J. (ed.) (1996) *Participation in Practice: The Experience of the World Bank and other Stakeholders.* World Bank Discussion Paper No 333. Washington: World Bank.

Robinson, M. (ed.) (2007) 'Decentralising service delivery?', *Special Issue - IDS Bulletin*, 38(1): 1-90.

Ruthenberg, H. (1964) *Agricultural Development in Tanganyika. Ifo-Institut fur Wirtschaftsforschung, Afrika-Studienstelle - Afrika-Studien Nr. 2.* Berlin: Springer.

Scoones, I. (1998) *Sustainable Rural Livelihoods: A Framework for Analysis*. Working Paper 72, Institute of Development Studies, University of Sussex, Brighton.

Sen, A. (1999) *Development as Freedom*. Oxford: Oxford University Press.

Stewart, F. (1977) *Technology and Underdevelopment*. London: Macmillan.

Stiglitz, J. E. (1998) *More Instruments and Broader Goals: Moving toward the Post-Washington Consensus*. WIDER Annual Lectures 2, United Nations University World Institute for Development Economics Research: Helsinki. Available from http://www.wider.unu.edu/

Sutcliffe, S. and Court, J. (2006) *A Toolkit for Progressive Policymakers in Developing Countries*. London: Overseas Development Institute.

Sutton, R. (1999) *The Policy Process: An Overview*. Working Paper 118 August. London: Overseas Development Institute.

Tarp, F. and Hjertholm, P. (eds.) (2000) *Foreign Aid and Development: Lessons Learnt and Directions for the Future*. London: Routledge.

Thomas, J.W. and Grindle, M.S. (1990) 'After the decision: implementing policy reforms in developing countries', *World Development*, 18(8): 1163-1181.

Toye, J. (2003) 'Changing perspectives in development economics', in Chang, H.-J. (ed.), *Rethinking Development Economics*. London: Anthem Press. pp.21-40.

Tribe, M. (2006) 'Globalization, free trade and market asymmetry', in Carling, A. (ed.), *Globalization and Identity: Development and Integration in a Changing World*. London: I.B. Tauris. pp.43-54.

United Nations. (2007) *The UN Millennium Development Goals*. Available from http://www.un.org/millenniumgoals/ (accessed 30 May 2007).

United Nations Development Programme. (2002) *Handbook on Monitoring and Evaluating for Results*. New York: United Nations. Available from http://stone.undp.org/undpweb/eo/evalnet/docstore3/yellowbook/

Wälde, T. (1995) *A Requiem for the 'New International Economic Order' The Rise and Fall of Paradigms in International Economic Law*. Centre for Energy, Petroleum and Mineral Law and Policy, University of Dundee: Dundee, Discussion Paper 8. Available from http://www.dundee.ac.uk/cepmlp/journal/html/Vol1/article1-2.html (accessed 30 August 2006).

Waterston, A. (1979) *Development Planning: Lessons of Experience*. Baltimore: John Hopkins University Press for the World Bank.

Williamson, J. (1982) 'On the characterization of good economic policy: Is there a consensus?' *World Development*, 10(9): 695-700.

Williamson, J. (1993) 'Democracy and the "Washington Consensus"', *World Development*, 21(8): 1329-1336.

Williamson, J. (1994) 'In search of a manual for technopols', in J. Williamson (ed.), *The Political Economy of Policy Reform*. Washington: Institute of International Economics. pp.23-47.

Wolfensohn, J. D. (1998) *The Other Crisis: 1998 Annual Meetings Address*. Washington: International Monetary Fund and the World Bank. Available from http://web.worldbank.org/WBSITE/EXTERNAL/NEWS/0,,contentMDK:20023629~menuPK:34472~pagePK:34370~piPK:34424~theSitePK:4607,00.html (accessed 9 October 2006).

Wollman H. (ed.) (2003) *Evaluation in Public-Sector Reform: Concepts and Practice in International Perspective*. Cheltenham: Edward Elgar.

Wood, A., Apthorpe, R. and Borton, J. (eds.) (2001) *Evaluating International Humanitarian Action: Reflections from Practitioners*. London: Zed Books.

World Bank. (1983) *World Development Report*. New York: Oxford University Press for the World Bank.

World Bank. (1998) *Public Expenditure Management Handbook. Poverty Reduction and Economic Management programme*. Washington: World Bank. Available from http://siteresources.worldbank.org/INTPEAM/Resources/part1.pdf (accessed 9 October 2006).

World Bank. (2006) HIPC History. Available from http://web.worldbank.org/WBSITE/EXTERNAL/TOPICS/EXTDEBTDEPT/0,,contentMDK:20263277~menuPK:528655~pagePK:64166689~piPK:64166646~theSitePK:469043,00.html (accessed 16 August 2006).

Yaffey, M., and Tribe, M. (1992) *Project Rehabilitation in Adverse Environments*. Aldershot: Avebury.

제7장

개발학의 미래는?

개발학 연구가 미래에도 존재할까? 그래야만 하는 것인가? … 개발학 연구는 쇄신을 통해 북부 국가와 남부 국가 간의 상호연계, 각 지역과 국제사회 사이 연결성, 권력계층의 교육법, 북부 지역의 사회변화, 개발학의 다학문성 강화를 다룰 수 있도록 재정립되어야 한다. … 마지막으로, 필자는 다음 40년이라는 기간 동안 개발학 연구가 변화 과정을 연구하는 것에서 그치지 않고 그 변화의 일부로 녹아들 수 있기를 희망한다(Mehta et al., 2006: 5).

1. 서론

우리는 이 책을 통해 다음 두 가지 주요 질문을 집중적으로 다루었다.

• 개발학이란 무엇인가?
• 개발학에서 엄격한 연구란 어떠한 요소들로 구성되어 있는가?

다음 2절에서 필자는 개발학에서 '지식의 근원'에 해당하는 내용을 요약하고, 이어 3절에서는 개발학의 미래에 대한 고찰을 논의하며 이 책을 마무리할까 한다.

2. 개발학에서 '지식의 기본'

우리는 이 책의 각 장에서 개발학에서 지식의 기본과 관련된 주요 질문을 던졌다. 논의는 베번(Bevan, 2006: 7-12)의 지식의 기본 개념구조에서 도출한 질문들을 중심으로 전개했다. 각 장에서 중점적으로 다룬 질문들은 아래와 같이 구성되었다.

• 제1장: '개발'이란 무엇인가? (그리고 개발학 범위는 어디까지인가?)
• 제2장: 개발학의 목적은 무엇인가?
• 제3장: 개발학으로 '알' 수 있는 것은 무엇인가?
• 제4장: 개발학이 그리는 '큰 그림'은 무엇인가? (이론의 역할과 특성에 초점을 맞추었을 때)
• 제5장: 개발학에서 '엄격성'이란 무엇인가?
• 제6장: 개발학에서 연구와 실무는 어떻게 연결되는가?

박스 7.1에는 각 장에서 다룬 이 주요 질문들의 세부 사항이 간략히 정리되어 있으며, 논의 과정에서 우려했던 주요 이슈들도 요약되어 있다.

3. 마무리 고찰: 개발학의 미래

비평가들은 개발학을 아무리 높게 평가하더라도, 삶의 수준 개선이라는 목표도 달성하지 못한, 현실과는 동떨어진 학문에 불과하다고 주장해 왔다. 가장 나쁜 평가로는 개발학은 신식민주의적 성향의 학문으로, 서구사회 스스로가 '타자'를 잘 이해하고 무엇이 '타자'에게 필요한지를 안다고 착각하며 폐를 끼치는 데 일조하고 있다는 주장이 있다. 20세기 말에 이르러 일부 비평가는 냉전 종식으로 '제3세계'라는 개념이 사라졌으므로 개발학 자체가 종말에 이를 것으로 예측했다. 그러나 개발학은 오히려 더욱 융성해졌으며, 앞서 언급한 비판에도 불구하고 (혹은 비판에 대한 반작용으로) 그 역할이 확대되고 있다. 국제 정책상의 관심, 개발학 분야의 논문 수, 개발학을 배우는 학생 수를 고려해 보았을 때, 개발학은 단언컨대 쇠퇴하지 않았다.

개발학은 '유효하지 않다'는 비판에 응수하자면, 사회적 진보의 정도와 범위 및 그 본질에 대해서는 아직 논란의 여지가 있으나, '제3세계'의 상당수는 분명 긍정적인 변화를 겪었다. 특히 동아시아와 중국은 많은 변화를 이루었다. 개발학이 이런 변화의 과정에서 역할을 했는지는 논란의 소지가 다분한 주제이다(물론 역할을 했다!). 신중한 평가가 필요하나, 인도와 베트남과 같은 국가에서 개발 '성공 사례'를 찾을 수 있으며, 국제개발지표가 '개선'되기도 했다. 물론 1950년대에 개발학이 등장한 이후에도 별다른 변화나 진보를 경험하지 못한 국가도 존재하는데, 사하라 이남에서 대표적인 사례들을 찾을 수 있다.

아포르페(Apthorpe, 1999: 544–545)가 '개발학에 미래가 있는가?'라는 질문을 제기했을 때, 단순히 '예' '아니오'부터 '예, 하지만, …' '아니오, 그러나…'와 같은 복잡한 응답까지 다양한 답변이 존재했다. 이 중에는 아래와 같이 개발학은 필요하지만 변화해야 한다는 주장도 존재했다(Mehta et al., 2006: 5).

박스 7.1

개발학에서 지식의 근원

1. 연구의 초점, 범위 또는 문제: 관심의 대상은 정확히 무엇인가?	제1장: '개발'이란 무엇인가? • '개발'에 대한 모든 정의는 가치에 대한 가정을 내포하며 정책/조치를 시사함. • '개발'에 대한 정의는 다음 세 가지 중 한 가지 혹은 세 가지 모두에 해당됨. 1) 사회의 구조적 변화 과정, 2) 이상적인 사회경제적 결과물, 3) 지배적인 담론의 결과물 • 개발 연구는 개발도상국에 초점을 맞추고 있으나, 구조적 변화 관련 이슈 중 다수는 산업국을 비롯한 모든 국가와 관련 있음.
2. 가치/관점/관념: 관심을 가지는 이유는 무엇인가?	제2장: 개발학의 목적은 무엇인가? • 개발학은 현실 문제 해결에 책무를 가지고 있음. • '개발'과 다양한 사회문화적 배경을 가진 사람들의 상황을 평가할 때는 지속적인 심사숙고가 필요함. • 기본 가정과 연구자의 사회적 위치는 명백히 드러나야 함.
3. 존재론과 인식론: 세계를 어떻게 가정하는가? 세계는 어떻게 인식될 수 있는가?	제3장: 개발학에서 '알' 수 있는 것은 무엇인가? • 개발학의 교차학문성으로 인해, 학문들은 서로 다른 인식론 또는 전통을 가지고 있다는 사실을 수용해야 함. • 체계적인 연구는 엄격한 접근 방법을 취하는 것이 핵심 이슈임. • 개발학 내에서 지식은 명확성보다 개연성 개념을 내포하고 있으며, 대부분은 단정적인 결론은 지양해야 함.
4. 이론/개념적 틀과 모델: 연구 대상을 어떻게 설명하고 이해할 수 있나?	제4장: 개발학이 그리는 '큰 그림'은 무엇인가? • '개발' 연구에 가장 적합한 이론의 본질이 무엇인지에 대해서는 여러 지식 분야에 걸쳐 논쟁이 있음. 그러나 연구를 위한 체계적 접근에 이론이 필요하다는 사실 자체에는 논란이 없어야 함. • 개발학에는 크게 두 가지 이론이 있음. 개발에 대한 거시적 이론과 각 상황에 초점을 맞추는 이론이 있음. 전자는 개발에 대한 전반적인 관점에 대한 것이며, 후자는 구체적인 실증적 사례에 관한 것임. • 학문마다 이미 이론이 존재하며, 이는 여러 학문에 걸쳐 있는 개발학 연구에 적용될 수 있음. 많은 개발학 연구자들은 유관 학문의 이론에서 도출한 함의들을 융합하려 하기도 함. • 이론의 기본과 가정을 인지함으로써 어떻게 개발학을 엄격하게 연구할 수 있으며, 그리고 표면적으로든 내면적으로든 그 연구에 편견이 얼마나 반영되어 있는지를 이해하는 데 중요함.

5. 연구 전략, 방법론,	제5장: 개발학에서 '엄격성'이란 무엇인가?
연구 도구, 분석 방식, 실증적 결론: 무엇이 '정말' 발생하는지 어떻게 확립할 수 있나? 연구로부터 어떤 결론을 도출할 수 있나?	• 방식을 혼합하는 것, 특히 양적·질적 방식을 혼합하는 시도가 개발학에서 보편화되고 있음. • 학술적 연구에서 연구의 질과 '엄격성'에 관한 이슈에 관심이 전반적으로 높아지고 있음. • 엄격성은 연구 절차가 연구 '주기'에 어느 정도로 부합하는지에 따라 1차적으로 결정됨. • 엄격성의 기준은 전통적으로 신뢰도, 반복성, 일반화 가능성, 정당성으로, 개발학에서는 새로운 기준이 필요할 수 있음.
6. 수사법과 이론의	제6장: 개발학에서 연구와 실무는 어떻게 연결되는가?
활용: 개발학 연구의 방법과 기술은 어떻게 사용되고 적용되는가? 개발학 연구의 접근법은 개발학 실무자들에게 어떤 의미를 가지는가?	• 개발학 연구자와 저술가들은 담론에 중점을 두는 그룹과 실증주의 그룹으로 구분할 수 있음. 양 그룹은 접점이 많지 않음. • 연구를 통해 정책/실무상 함의를 도출할 때에 시간적 제약이 있다고 해서 연구 수행에 있어 엄격성이나 체계적 접근의 필요성이 낮아지지는 않음. • 정책/실무와 관련된 연구는 맥락을 고려하고, 기존 방법론과 기법을 활용할 때에는 정책의 위계구조와 주기를 고려하는 것이 매우 중요함. • 그간 개발학 관련 연구와 저서들은 새로운 방법론과 기법을 개발하거나 차용해 오는 인벤토리 역할을 했으며, 일부 방법론과 기법은 개발도상국이라는 맥락에서 개발되었음에도 이 외 환경에도 적용이 가능함. • 정책 목적(예로 거버넌스 개선)과 정책적 틀(예로 융자 조건) 사이 구분이 필요함. 특히 주관적인 판단과 편견이 이미 개입된 경우(예로 개발도상국 내 구조조정 프로그램의 영향 평가)에 구분이 더욱 필요하다.

필자는 개발학 연구가 식민주의 연구가 겪은 운명을 반복하지 않을 수 있다고 보며, 부유한 국가와 가난한 국가 모두의 개발과 소외에 대해 배우는 방안으로 역할할 수 있다고 본다. 나아가 각각 세계와 지역 차원의 이슈, 정책, 해결 방안, 연구자를 모두 잇는 새로운 접근법들을 구축하는 데 앞장설 수 있을

것으로 본다. 이를 현실화하기 위해서는 북부와 남부의 연구자 및 연구기관 사이 평등한 관계를 구축하고 연구 절차의 분산화를 추진해야만 한다. 마지막으로 향후 40년간 개발학 연구는 단순히 변화 과정을 탐구하는 것이 아니라, 변화 과정 자체의 중요 부분으로 녹아들 수 있기를 희망한다(Mehta et al., 2006: 5).

요약하자면 우리는 국제개발에서 국제개발학 분야의 연구자와 실무자의 역할에 대해 반성하고, 지식, 영향력, 사회변화 간의 관계성에 대해 돌아볼 필요가 있다.

참고문헌

Apthorpe, R. (1999) 'Development studies and policy studies: in the short run we are all dead', *Journal of International Development*, 11(4): 535-546.

Bevan, P. (2006) *Researching Wellbeing Across the Disciplines: Some Key Intellectual Problems and Ways Forward*. Wellbeing in Developing Countries (WeD) Research Group Working Paper 25. Bath, UK: WeD.

Mehta, L., Haug, R. and Haddad, L. (2006) 'Reinventing development research', *Forum for Development Studies*, 33(1): 1-6.

이 책은 개발학(또는 국제개발협력) 분야의 연구와 실무를 아우르는 개론서로, 개발학이 학문과 실천을 겸하는 새로운 분야로 자리매김하기 위한 기초적 내용을 담고 있습니다. 국제개발의 핵심이라 할 수 있는 해외원조와 국제개발협력은 실행적 성격이 강한 분야이나, 동시에 그 바탕을 이루는 이론적 논의는 다양한 분야의 접근 방법과 관점을 포괄하는 종합적이며 실제적인 이해가 필요한 분야입니다. 저자들이 이 책의 대상이 학술이나 실무 차원에서 개발학을 다루는 연구자와 사업수행자라고 밝히고 있듯이, 분명히 이 책의 가장 큰 가치는 개발을 위한 학문과 실무 차원의 고민이 고루 반영되어 있다는 점입니다.

한국이 개발원조 수원국에서 공여국으로 변모한 성장 국가로 국제사회의 인정을 받고, 특히 2010년 OECD 개발원조위원회(DAC)에 가입하면서, 국내에서 개발학에 관한 관심이 높아지고 있습니다. 이러한 추세에 맞춰 국내에서도 다양한 국제개발 관련 서적들이 출간되고 있는데, 국제정치, 개발경제 접근 등 개발의 이론, 역사, 분야 등에서 주로 주류 공여국의 관점을 담고 있습니다. 전반적으로 한국이 국제개발협력에 참여한 기간이 짧은 만큼 관련 개론서나 연구 성과가 여전히 부족한 편이며, 그나마 이용 가능한 개론서는 실행 측면에 치우쳐 있어 사업 분야를 중심으로 내용을 구성하는 경우가 많다고 생각합니다.

최근 국제사회에서 한국의 위상이 높아지는 만큼이나 대학가에서 국제개발협력에 관한 관심도 증가하고 있습니다. 이에 국내 개발학계에도 연구와 실무에 도움이 될 다양한 개론, 전문 서적이 출간되었으면 하는 바람에서 이 책을 번역하게 되었습니다. 연구 측면에서는 사회과학 분야의 양적 그리고 질적 접근법을 고루 다루며 개발학 연구방법론을 제시한다는 면에서 가치가 있으며, 실행 측면에서도 개발 정책의 기획과 실행 관리를 학문적 접근과 연결하여 개발의 기초에서 적용까지 전 과정을 정리하여 제공하고 있어 실무자에게도 유용할 것으로 생각합니다.

이 책의 번역에는 쉽지 않은 고민과 노력이 따랐습니다. 연구 측면에서 관련 교과목 운영과 연구 성과를 소개하는 학문적 관점을 포함하면서, 실무 측면에서 실제 사업 현장에서도 적절하고 보편적으로 사용하는 용어를 선택하고자 부단히 노력했습니다. 국내 국제개발협력 연구와 실무의 연결고리는 기대만큼 공고하지 않았습니다. 현장감 없는 연구로 공허한 방향성만 제시하거나, 이론적 기반이 없는 실무로 빠르게 변하는 논의를 따라가지 못하는 경우가 허다합니다. 대학과 한국국제협력단에서 근무하는 역자들이 의기투합하여 번역한 이 개발학 개론서는 다양한 참고서적이 필요한 한국의 실정에 부합하고 이론과 실제를 겸비한 책으로 국내 연구와 실무 분야의 모든 참여자가 한번은 읽어 볼 필요가 있는 책이라 생각하며 작업을 진행했습니다. 실제로 번역에 참여한 교수는 한국국제협력단에서 '국제개발협력 민관협력사업 인큐베이팅' 연수를 받으며, 학창 시절 교육받았던 사회과학 연구방법론을 복습하는 느낌을 받았던 좋은 기억이 있습니다. 또 다른 두 명의 실무자 역시 개발학을 통해 개발협력사업의 이론적 기반과 방향성을 학습함으로써 각자가 기획하고 수행하는 사업의 품질과 성과가 실제로 개선되는 결과를 체감할 수 있었습니다. 이 책에 담긴 연구방법론은 어찌 보면 단절된 연구와 실무 분야가 긍정적으로 상호작용하여 시너지를 낼 수 있는 매개체라 확신합니다.

개발학이 아직 대학의 전공 분야로 굳건하게 자리 잡지는 못한 상태여서 독자층이 두텁지 않지만, 번역서 출간을 결정하고 지원해 준 푸른길에 감사를 드립니다. 이전 푸른길에서 대학 개론서로 출간한 번역서 『국제개발협력개론』이 기대를 넘어 고등학교 학생들이 읽어야 할 책으로 선생님들의 추천을 받으며, 국제개발협력에 대한 관심이 생각보다 넓다는 사실을 실감했습니다. 이번에 번역한 『개발학개론: 연구와 실무를 위한 이론과 방법』은 대학, 실무자뿐만 아니라, 빈곤과 발전에 관심이 있는 모든 분께 이론에 기반한 실무의 토대를 제공하는 기본서 역할을 했으면 하는 기대를 해 봅니다.

2022년 1월

역자 일동

약어 목록

BCE/BC	Before the Common Era, Before Christ (서력)기원전
BRICs	Brazil, Russia, India, China 브라질, 러시아, 인도, 중국
BRICET	Brazil, Russia, India, China, Eastern Europe, Turkey 브라질, 러시아, 인도, 중국, 동유럽, 터키
CDF	Comprehensive Development Framework 종합개발프레임워크
CIDA	Canadian International Development Agency 캐나다국제개발청
CPIA	Country Policy and Institutional Assessment 국가 정책 및 제도 평가
DANIDA	Danish International Development Agency 덴마크 국제개발기구
DARG	Developing Areas Research Group (of the UK Royal Geographical Society) (영국 왕립지리학회의) 개발지역연구회
DFID(DfID)	Department for International Development, UK 영국 국제개발부
DS	Development Studies 개발학
DSA	Development Studies Association (UK and Ireland) (영국과 아일랜드) 개발연구협회
EADI	European Association of Development Research and Training Institutes 유럽 개발연구와 훈련기구 협회
EU	European Union 유럽연합
FAO	Food and Agriculture Organization 식량농업기구
G77	Group of 77 77그룹
GDI	Gender Development Index 성개발지수
GDP	Gross Domestic Product 국내총생산
GEM	Gender Empowerment Measure 여성권한척도
GIC	Ghana Investments Centre 가나투자센터
GTZ	German Technical Assistance (Deutsche Gesellschaft für Technische Zusammenarbeit (GmbH) 독일 국제협력기관
HDI	Human Development Index 인간개발지수
HDR	Human Development Report 인간개발보고서
HPI	Human Poverty Index 인간빈곤지수 (빈곤지수-1은 개발도상국/저소득국,

빈곤지수-2는 산업국)

HIPC	Heavily Indebted Poor Country 고채무빈곤국
HIV/AIDS	Human Immunodeficiency Virus/Acquired Immuno Deficiency Syndrome 인체면역결핍바이러스/후천성면역결핍증후군
IBRD	International Bank for Reconstruction and Development (the World Bank) 국제부흥개발은행
IDTs	International Development Targets 국제개발목표[새천년개발목표(MDGs) 참조]
IFI	International Financial Institutions 국제금융기구. 주로 월드뱅크(World Bank)와 국제통화기금(International Monetary Fund)
ILO	International Labour Office (or Organization) 국제노동기구
IMF	International Monetary Fund 국제통화기금
IRDP	Integrated Rural Development Project 통합적 농촌개발프로젝트
LDC	less developed country 저개발국
LIC	low income country 저소득국
LICUS	low income country under stress 곤경에 처한 저소득국
LLDC	land-locked developing country 내륙개발도상국
LMC	lower middle income country 중저소득국
MDGs	Millennium Development Goals 새천년개발목표
MIC	middle income country 중간소득국
NGO	Non-Governmental Organization 비정부기구
NICS	Newly Industrializing Countries 신흥공업국
NIEO	New International Economic Order 신국제경제질서
NORAD	Norwegian Agency for Development Cooperation 노르웨이개발협력기구
ODI	Overseas Development Institute (London) 해외개발연구소(런던)
OECD	Organization for Economic Cooperation and Development 경제협력개발기구
OED	Operations Evaluation Department (of the World Bank) 세계은행 사업평가부서
OXFAM	Oxford Committee for Famine Relief 옥스팜(옥스포드 빈곤구조위원회)
PPA	Participatory Poverty Assessment 참여적 빈곤평가

PRA	Participatory Rural Appraisal 참여적 농촌평가
PRSPs	Poverty Reduction Strategy Papers 빈곤감소전략보고서
PSA	Public Service Agreement (UK HM Government) 공공서비스협약 (영국 정부)
PSIA	Policy and Social Impact Analysis 정책 및 사회적 영향 평가
RAB	Resource Accounts Budgeting (UK HM Government) 자원회계예산 (영국 정부)
RBM	Results Based Management 성과기반관리
RCPLAN	Resource Centres for Participatory Learning and Action Network 참여 연구 및 행동을 위한 자원센터 네트워크
ROAMEF	Rationale, Objectives, Appraisal, Monitoring, Evaluation, Feedback (UK HM Treasury Green Book) 배경, 목적, 감정, 모니터링, 평가, 환류 (영국 재무부 간행물)
RRA	Rapid Rural Appraisal 신속농촌평가
SAPs	Structural Adjustment Programmes 구조조정 프로그램
SDGs	Sustainable Development Goals 지속가능개발목표
SIGMA	Support for Improvement in Governance and Management (Joint programme of the OECD and EU) 거버넌스와 관리 개선 지원 (OECD와 EU 공동)
SWAP	Sector Wide Approach 범분야 접근
TNCs	Transnational Corporations 다국적기업
UMC	upper middle Income country 중고소득국
UNCTAD	United Nations Conference on Trade and Development 유엔무역개발회의
UNDP	United Nations Development Programme 유엔개발계획
UNICEF	United Nations Children's Fund 유엔아동기금
UNRISD	United Nations Research Institute for Social Development 유엔사회개발연구소
UNU-WIDER	United Nations University - World Institute for Development Economics Research UN 대학교-발전경제학연구세계기구
USAID	United States Agency for International Development 미국국제개발처
WDR	World Development Report 세계개발보고서
WTO	World Trade Organization 세계무역기구

찾아보기